I0489355

Sandrine BUZIN

Univers cycliques :
Une nouvelle approche de l'Information
Universelle...

A ma famille,
à mes amis qui m'ont soutenue
et à l'humanité

© *21 décembre 2012, Sandrine BUZIN*

http://www.copyrightfrance.com/phtml/copyright.php

« L'homme est un enfant né à minuit :
quand il voit le soleil, il croit qu'hier n'a jamais existé »

Proverbe chinois

Sommaire

Préambule   ***P.10***

Introduction : quelques énigmes cosmologiques   ***P.14***

Généralités sur la théorie des univers cycliques   ***P.18***

Partie 1 : La pensée, une information créatrice
- Introduction   P.31
- Quelle est la nature de la pensée ?   P.43
- L'esprit domine t-il la matière ?   P.54
- Un pont entre esprit et matière : les preuves   P.62
- L'ère de l'hyper-communication par la lumière   P.80
- Information et Référentiels   P.88
- Hasard, déterminisme et causalité   P.101
- Une source commune   P.111
- Rien ne se perd, rien ne se créé, tout se transforme   P.122
- Communication hyperspatiale   P.133

Partie 2 : Entropie ou néguentropie ?
- Généralités   P.146
- L'entropie invalide t-elle la théorie des univers cycliques ?   P.148
- Entropie et thermodynamique : une vision myope de
  l'énergie-matière   P.161
- On ne meut pas ! Le champ intracellulaire H3 d'Emile Pinel   P.164
- SOS Parasites : Information et parasitages   P.169
- Oscillations néguentropiques   P.175
- Information dynamique, résonances et homéostasie   P.182
- Le chaos : une fluctuation néguentropique   P.192

Partie 3 : Architecture du vivant et de la matière : une matrice universelle
- Architecture matricielle du cosmos et du vivant en <u>images</u>   P.201

Partie 4 : **Big Bang, matière noire et autres énigmes : l'illusion conceptuelle**

- L'autre visage de l'Univers   P.219
- Zoom sur les grandes énigmes du cosmos   P.122
- Le support de la lumière : un champ de tachyons ou d'ondes stationnaires ?   P.237
- Des mondes dans les mondes   P.240
- L'entropie et le problème de la singularité initiale   P.254
- Singularité initiale ou pas ? Big bang ou pas big bang ?   P.258
- Un pluri-cosmos ?   P.262

Partie 5 : **L'éternel recommencement**

- L'éternel recommencement   P.268
- Origines des forces de pression et modalités des phases de rebond de l'univers   P.275
- Duplication de l'information et concept de « mitose dimensionnelle »   P.278
- Un grand Corps Cosmique   P.284
- Coexistence Méta-mondes super-lumineux et Espace-temps   P.288

Sache qu'avant la création, seule existait la lumière supérieure
Qui, simple et infinie, Emplissait l'univers dans son moindre espace.
Il n'y avait ni premier, ni dernier, ni commencement, ni fin
Tout était douce lumière harmonieusement et uniformément équilibrée
En une apparence et une affinité parfaites,
Quand par Sa volonté furent créés le monde et Ses créatures,
Dévoilant ainsi Sa perfection,
- source de la création du monde -
Voici qu'Il se contracta en Son point central,
Il y eut alors restriction et retrait de la lumière,
Laissant autour du point central entouré de lumière
Un espace vide formé de cercles.
Après cette restriction, d'En-haut vers En-bas
Un rayon s'est étiré de la lumière infinie
Puis est descendu graduellement par évolution dans l'espace vide.
Épousant le rayon, la lumière infinie dans l'espace vide est alors descendue,
Et tous les mondes parfaits furent émanés.
Avant les mondes, il n'y avait que Lui,
Dans une Unité d'une telle perfection,
Que les créatures ne peuvent pas en saisir la beauté,
Car aucune intelligence ne peut Le concevoir,
Car en aucun lieu Il ne réside,
Il est infini, Il a été, Il est et Il sera.
Et le rayon de lumière est descendu
Dans les mondes, dans la noire vacuité,
Chacun de ces mondes étant d'autant plus important
Qu'il est proche de la lumière,
Jusqu'à notre monde de matière, au centre situé,
A l'intérieur de tous les cercles, au centre de la vacuité scintillante,
Bien loin de Celui qui est Un, bien plus loin que tous les autres mondes,
Alourdi à l'extrême par sa matière,
Car à l'intérieur des cercles il est,
Au centre même de la vacuité scintillante

Le Ari, Grand Kabbaliste du XVI°siècle, extrait de «L'Arbre de Vie»

Univers cycliques :
Une nouvelle approche de l'Information
Universelle...

« la physique qu'on nous apprend dans les collèges et les universités est la physique de l'énergie, elle a à voir avec les lasers, les couleurs, les particules, la masse et les champs, l'accélération, l'inertie, et toutes ces choses qui vous ont été enseignées à l'école. Le problème est qu'ils nous ont aussi appris que l'information et l'énergie sont les deux facettes de la même pièce, mais ils n'ont pas pris la peine de nous enseigner la physique de l'information, ils continuent de nous apprendre la physique de l'énergie ».

Jacques Vallée,
Bruxelles le 22 novembre 2011
dans le cadre des Rencontres du « TEDx Bruxelles »

Préambule

L'idée séduisante d'un univers renaissant de ses cendres à la fin de sa longue vie avait cheminé en moi depuis des années.

A l'instar du biologiste passionné désireux de percer le mystère de la vie, ainsi en est-il de ma quête insatiable du secret des origines de l'univers, et de sa fin lointaine. Pas un humain sur Terre ne s'est un jour posé la question de savoir ce qu'il fait sur Terre et ce qui adviendra au terme de son existence. La question de savoir s'il est possible, humblement, d'envisager autre chose que la mort physique est légitime autant de louable, à mon sens. L'important n'est pas tant le résultat escompté que la quête elle-même. Cependant, ce serait mentir que de ne pas prétendre souhaiter de tout son cœur élucider cette grande énigme...

De cette passion pour notre maison cosmique est née ma recherche. Une intuition profonde alimentée et renforcée par la pratique de la méditation a changé ma conception de la Vie, de l'être au sein du cosmos, de la nature de la pensée et son indéniable pouvoir procréateur, et de la conscience en tant que réalité profonde et source de causalité.

Dans un souci de logique, je me devais d'étayer la conviction personnelle que toute « chose » subit un processus de transformation aboutissant à une renaissance. Je me tournai donc naturellement vers la physique quantique, la cosmologie, la biologie, la thermodynamique, la théorie de l'information, les recherches menées sur la pensée créatrice, la théorie du champ unifié, la théorie des univers cycliques, les concepts d'entropie et de néguentropie, la cybernétique, et quantité d'autres domaines scientifiques. Ce que je découvris me stupéfia. Les réponses dépassaient de loin mes espérances.

Cette quête semblable au Graal ne cessa de m'époustoufler et d'engendrer un entrelacs de questions-réponses, cadencé par mes recherches.

J'assistai au plus fabuleux réseau d'échanges jamais imaginé. Par comparaison, Internet ressemble à un pâle reflet de ce qui se produit dans l'univers et au cœur même du vivant. Ce réseau d'échanges d'informations et d'énergie n'est pas ordinaire car ses moyens de communication sont phénoménaux, dépassant de loin nos technologies de pointe. C'est pourquoi j'utilise l'expression d'hypercommunication par la lumière, dans mon livre, car à l'image de la fibre optique, les données utilisent la lumière comme support, mais une lumière qui n'a pas grand chose à voir avec les photons. Si je devais nommer ce réseau je l'appellerais « réseau neuronal cosmique » opérant depuis les invisibles et indétectables sources de potentialités jusqu'aux rives de la matière. Je parle bien de potentialités et d'espace de potentialités puisque le dénominateur commun est l'information universelle. Or, l'un des principes matriciels de manifestation de cette information est le Tore. La forme toroïdale se retrouve partout ; la science ne fait que démontrer la présence de cette forme matricielle dans l'univers. Mais cela va bien plus loin que ce que je viens de vous énumérer...

L'essentiel est invisible pour les yeux, disait fort à propos Antoine de St Expupéry dans son livre « Le petit prince ».

Il est impossible de considérer les mécanismes subtiles de la vie tout comme les mécanismes subtiles universels sans une dose proportionnelle de conscience.

Mais qu'est-ce que la conscience ? C'est ce que nous explorerons avec un minimum de préjugés...

Je ne vous parlerai pas de la *conscience* vue par le *new-age*[1] et son pendant l'ésotérisme, et ne tenterai pas de dévoyer le terme en l'associant à des croyances mystiques invérifiables... Je me contenterai de vous exposer les nombreuses expériences menées dans le cadre de recherches scientifiques et au détour de nombreux recoupements, je vous en ferai une analyse cohérente – du moins je m'y emploierai. A vous de tirer vos conclusions finales...

Et puisque le sujet de l'après-vie est encore marginalisé, je tenterai de donner un éclairage nouveau à cette grande inconnue revêtue d'habits de lumière. Certains l'ont expérimentée et en sont revenus avec des réponses défiant l'imagination - bien souvent au grand Dam de certains zététiciens pure souche !

Mais qu'en est-il du cosmos ? D'aucun pensent que l'univers est un grand corps peuplé de beaucoup de vide et d'un peu de matière. Est-ce là tout ? Pourtant, notre univers naît, vit et grandit... Son information s'enrichit à chaque instant, de sorte qu'il s'informe et en s'informant, se réactualise... Qui dit sagesse, dit conscience. En ce sens, l'Univers, peuplé de consciences, réagit comme le ferait un cerveau constitué de neurones en faisant l'expérience de la Vie. L'information y est omniprésente, au delà même des processus physiques, de ce qui est quantifiable aux yeux de nos organes sensoriels et de nos instruments de mesure. Quant à la loi de cause à effet, n'en est-il pas le fier représentant avec ses échanges d'énergie-matière engendrant la vie et le renouveau à chaque micro-instant ?

Ceci nous amène à vouloir entrer dans le sanctuaire du Cosmos et à vouloir percer le secret de l'information universelle.

Qu'est-ce que l'information, au final ?

Si l'univers en est empli, à l'instar de nos organismes vivants, quel est **son rôle, sa nature véritable ?**

Comment transite t-elle et interagit-elle ?

---

[1] mouvement ésotérique répandu actuellement

Quels sont ses supports, son véhicule et la nature de son énergie ?

Quel rôle l'Information joue t-elle dans le fonctionnement du cosmos et de la matière ?

L'information dicte t-elle le devenir de l'Univers ?

Si l'univers est informé, est-il conscient ?

Avec ses millions de milliards de galaxies, le cosmos est sans doute la machine à générer le plus d'informations.

Si la théorie de l'information de Shannon quantifie principalement le contenu moyen en information de messages transmis par des voies de communication, j'avais envie d'explorer plus avant l'idée d'une information universelle, **ses mécanismes** à travers l'inerte et le vivant, et enfin, **déterminer ce qui se passe à la mort de l'univers.**

L'univers renaîtra t-il de ses cendres tel le Phœnix immortel ?

Si oui, comment ?

L'information universelle peut-elle jouer un rôle si éminent dans le processus de renaissance de l'univers ?

A mesure que je me documentais en physique quantique et cosmologie, je réalisais qu'il existe une **connexion entre matière et non matière.**

Mais ce fut en janvier 2011 que j'eus véritablement ma révélation. Ce moment de clairvoyance pure paracheva véritablement mes recherches et apporta le clou final à ma quête.

Soudain je venais de comprendre comment **l'information universelle constituait le véritable moteur d'impulsion des univers à rebond.** Ce qui n'était au départ qu'une intuition avait fini par prendre forme dans mon esprit de façon aussi soudaine que claire, d'une logique extrême.

Relevée d'un bond sur mon lit, je me levai, pris en hâte un cahier et commençai à tracer des schémas, lesquels prenaient vie sous mes yeux. A mon plus grand étonnement, je venais de formaliser une *fleur de vie cosmique,* cousine de la fleur de vie (re)découverte par Rupert Scheldrake, apparue pour la première fois dans un temple d'Abydos en Égypte il y a des milliers d'années.

Ce n'est qu'après avoir tracé cette ébauche sur papier que je compris la portée de ma découverte puisque de toute évidence la fleur de vie reprenait ses droits en tant que matrice première universelle.

Mais le clou final revenait à l'équation que je décris dans le dernier chapitre de ce livre. Cette équation simple **démontre très simplement comment l'univers se doit de revivre à la fin de son « temps ».** Elle explique la nature des forces de pression responsable du rebond de l'univers.

Vous la trouverez en fin d'ouvrage avec son développement.

La majeure partie de ce livre se déroule comme une intrigue qui vous conduit à saisir la portée holistique de l'information universelle sous toutes ses formes et non-forme, **vers des horizons bien lointains des conceptions mécanistes actuelles**.

Vous comprendrez alors que vous êtes maître de votre Vie et que nulle destinée ne peut s'imposer à vous...

Après avoir exploré la **pensée créatrice** et les nombreuses expériences scientifiques démontrant que **l'esprit domine la matière**, vous voyagerez vers » l'horizon cosmologique » le plus lointain : le **big bang, avec une belle incursion dans ce qu'on pourrait nommer le temps zéro**.

Mais attention : vous devrez abandonner en cours de route le lourd bagage des *a priori*, croyances de tout acabit, ainsi que certaines des théories actuelles pour considérer que le big bang et la singularité initiale sont des illusions de l'esprit ! De même, l'entropie, synonyme de chaos, de désordre et de dégradation, sera revisitée de fond en combles ! En tant que 2e principe de la thermodynamique, l'entropie a été galvaudée et réduite à son expression matérielle la plus basique : échanges d'énergie, de chaleur, notions d'irréversibilité, etc. Or, appliquée au cosmos, l'erreur a été de l'invoquer pour invalider la théorie des univers cycliques...

Enfin, après avoir exploré la frontière du tangible ainsi que la 4e dimension (celle du temps !), **vous aurez un aperçu de l'au-delà du réel : le non-temps !**

Comment envisager le big bang et l'avant big bang, l'Ère de Planck, et la fin de l'univers ? Ce sont là quelques unes des questions abordées.

Concevoir une réalité fondée sur la stricte matière et échanges d'énergie, revient à observer la partie émergée d'un iceberg en croyant qu'il n'existe rien sous la surface de l'eau... Or, tout ce que la science nie, malgré les nombreuses découvertes récentes de tout poil, fait apparaître une réalité fondée sur une dynamique de l'information-lumière. Mais si je résumais l'univers à cela, ce serait encore une autre erreur. Comme vous le verrez au fil des chapitres, les réalités sont multiples et l'accès à ces réalités nécessite de nouveaux yeux, et de nouveaux outils. A nous de les confectionner ! La physique de l'information est une partie de l'équation...

Introduction...

Quelques énigmes cosmologiques

Avant de débuter ce livre, il est m'est apparu important de commencer à poser (et à se poser) les bonnes questions.

Commençons brièvement par la naissance de l'univers : le big bang

Le corpus scientifique, dans sa très grande majorité, pense que le big bang marque le début de notre univers de matière. Cependant, bon nombre de questions restent encore inexpliquées notamment sur ce qu'ils nomment la « singularité initiale » et l'expansion universelle...

Mais au fait, vous vous demandez peut-être ce qu'est le big bang...
Le big bang correspond à une dilatation très rapide de l'univers évoquant une explosion (à tord).
Selon la définition générale, il s'agit d'une **époque très dense et très chaude** qui exista il y a environ **13,7 milliards d'années sans qu'elle présuppose l'existence d'une instant initial et/ou d'une singularité initiale**.
En fait il est tout à fait acceptable de dire que l'univers a débuté dans un grand « chaos »...
Il existe une **autre théorie en vogue** depuis peu, celle de la **matière et énergie noires** (ou sombres). La matière noire censée cohabiter dans notre univers de matière agirait comme une force antigravitationnelle, expliquant ainsi la cohésion et la pérennité des galaxies dans le temps.
Cette théorie tente d'expliquer la magnifique cohésion des galaxies en dépit de la trop faible quantité de matière visible. Pour autant, matière et énergie sombres restent indétectables par les instruments de mesure et ce, depuis de nombreuses années. Plus récemment, les scientifiques ont réintroduit la *constante cosmologique* qu'Einstein avait abandonnée[2] afin de justifier leur théorie. Selon eux, la constante cosmologique représente une force (hypothétique) ayant pour effet, notamment, d'accélérer l'expansion de l'univers. Cette constante ainsi replacée dans la théorie de la relativité générale devrait selon eux rendre possible la soit disant accélération de l'expansion universelle. Nous reviendrons sur ce point sensible...

---

[2]   En février 1917, Einstein avait ajouté ce paramètre à ses équations de la relativité générale (1915) afin de rendre sa théorie compatible avec l'idée d'un Univers *statique*. En réalisant que l'univers n'était pas statique mais en expansion, Einstein abandonna ce paramètre.

Citons donc quelques autres grandes questions afférant à l'univers :

- D'où provient la matière ?
- L'univers est-il né d'un big bang ?
- Temps zéro : quand a t-il lieu ?
- Singularité initiale ou pas ?
- L'expansion universelle : réalité ou fiction ?
- L'univers est-il ouvert ou fermé ? Est-il fini ?
- Quelle est sa topologie probable ?
- La gravitation dicte t-elle le devenir de l'univers ?
- Avons-nous une alternative à la matière et énergie sombre ?
- Où se cache l'antimatière ?
- Pouvons-nous envisager plus de 4 ou 5 dimensions à l'univers ?
- Quelles interactions peuvent exister entre ces dimensions et comment ?
- Avons-nous une alternative à la constante cosmologique ?
- Comment envisager de façon logique et cohérente l'harmonie cosmique ?
- Existe t-il des lois cosmiques ? Si oui, lesquelles ?
- Qu'est-ce que l'Information et d'où provient-elle ?
- L'information a t-elle besoin de supports pour se manifester ?
- Si oui, quels sont ses supports ?
- Comment l'information s'accumule t-elle et se transfère t-elle ?
- L'univers utilise t-il le principe de sauvegarde informatique ?
- Boucles cybernétiques et principe de feedback : le cosmos est-il cybernétique ?
- Quelle est la nature des échanges cosmiques ?
- Quel sont le rôle, la nature et l'origine des fluctuations quantiques du vide ?
- Fluctuations quantiques : le haut de l'iceberg ?
- Onde-particule : que se cache derrière t-il ce couple ?
- $E=mc2$: qu'y a t-il derrière l'équivalence « énergie-matière » ?
- Y a t-il une entropie pour le cosmos ?
- L'entropie aura t-elle raison de l'univers ?
- L'entropie invalide t-elle la théorie des univers cycliques ?
- Pouvons-nous redéfinir le couple entropie-néguentropie ?
- La thermodynamique explique t-elle tout ?
- Ordre et chaos : quel secret se cache derrière cette dualité ?
- Le chaos : une fluctuation néguentropique ?

- Comment revisiter la 2e loi de la thermodynamique ? Vers une nouvelle théorie de l'énergie ?...
- L'univers entre t-il en résonance ? Si oui, comment ?
- Y a t-il un lien direct entre Géométrie sacrée et information ?
- Nombres, information et résonances : une réponse matricielle ?
- Pourquoi l'information est-elle le pilier central des mécanismes universels ?
- L'information transite t-elle par des lieux intermédiaires ?
- Pourquoi l'univers est-il bruité ?
- L'information peut-elle disparaître voire être supprimée ?
- Membrane cosmique et ADN cosmique ?

...etc.

On ignore encore de nombreuses choses sur notre « maison universelle » malgré les fabuleuses découvertes qui ont eu lieu depuis plus d'un siècle et qu'il ne faut pas désavouer. Les progrès de la science sont louables.
 Quant à la vie, elle reste encore assez mystérieuse. Malheureusement, des pistes intéressantes restent encore classées dans la rubrique « impossible »... Pour autant, si nous étions dépourvus de croyances de toutes sortes, nous serions surpris de ce que nous découvririons. Par exemple, la science nous a permis de mieux comprendre le fonctionnement du corps humain, et aujourd'hui, la mort est bien mieux définie ou cadrée qu'il y a un ou deux siècles.

Des exemples et expériences concrets abondent et prouvent que l'esprit domine la matière. Il existe réellement en chacun de soi un pouvoir illimité bio-disponible car présent en Tout, à condition de le savoir et de mettre à profit ce savoir dans sa vie. Je vous en exposerai un certain nombre.

De façon plus généraliste, peut être vous demandez-vous quelle est la place de l'homme au sein du cosmos ?
- Quel pouvoir est en nous ?
- Vie et Mort, une boucle sans fin ?
- Qu'y a t-il après la mort ?
- Qu'est-ce que la conscience et comment se relier à elle ?
- Une conscience universelle ?
- Quelle est la nature de la conscience universelle et comment opère t-elle ?
- Qu'est-ce que le chaos et l'ordre ?
- Quelles sont les lois cosmiques ?

- Quelle est la place de l'information dans le vivant et l'inerte ?
- Existe t-il une « constante » dans la manifestation de toute chose ?
- Au delà du corps et de l'esprit, qu'est-ce qui nous anime ?
- Hasard, destinée?... Les illusions du mental et de la dualité...
- Comment êtes-vous informé en permanence ?
- Comment vibrez-vous ? Sur quel mode ?
- Quel est le lien entre conscience, esprit et matière ?
- Qu'est-ce que le temps ?
- Le temps est-il linéaire ?
- Comment vous nourrissez-vous du temps ?
- Comment prendre conscience de votre pouvoir personnel ?
- Pouvez-vous habiter en conscience un espace de non-temps ? Si oui, comment ?
- L'univers et la Vie obéissent-ils à l'Entropie ? Ordre ou désordre ? Une autre option est-elle possible ?
- Comment la conscience interagit-elle avec l'esprit et le corps ?
- Tout est-il conscience ?
- D'autres plans de conscience cohabitent-ils ensemble ?
- Fréquence et conscience : quel est le lien ?
- Tout est UN ?

La liste n'est pas exhaustive... et l'ouvrage tente d'y répondre.

Je m'attacherai donc à **explorer les mécanismes universels et la façon dont ils s'articulent ensemble pour former un tout cohérent et harmonieux** - car l'ordre est ce qui sous-tend l'harmonie...

Et puisque la thématique eschatologique s'attache à ce devenir lointain de l'univers, incluant les êtres vivants qui le peuplent, je définirai dans les grandes lignes ce qu'on entend par univers cyclique avant d'entrer plus avant dans le sujet.

En attendant, bonne lecture, en espérant vous embarquer dans un voyage qui vous transformera de chenille en papillon !

Généralités sur la théorie des univers cycliques

Au commencement, la lumière fut...

La théorie des univers cycliques est une théorie basée sur une succession d'univers par « rebond » . Naissance, croissance, vie et mort. Renaissance.

Pour faire simple, nous vivons dans un univers né il y a environ 15 milliards d'années, si l'on s'accorde sur les chiffres énoncés par la majorité du corps scientifique.
Puis l'univers s'est mis à grandir comme le fait un enfant jusqu'à son age adulte. Un jour il s'éteindra comme nous tous... Seule la façon dont il s'éteindra nous échappe encore.
Pour l'heure je me cantonnerai à dire que l'univers n'a peut être même pas fini sa croissance, si l'on en croit l'observation des redshifts, à moins qu'il ne soit déjà fini !
Ceci étant, il est logique de penser que le cosmos mourra un jour.

D'après ce que la plupart suppose, l'univers est né d'un big bang duquel l'espace et le temps ont pris leurs dimensions. On considère que l'univers connu en possède au moins 4, la quatrième dimension étant le temps.

La question de savoir s'il est possible qu'un nouvel univers succède au notre reste encore de l'ordre de la spéculation, bien que le principe que j'expose en fin d'ouvrage tende à soutenir cette thèse.

Principe :
Dans la théorie énoncée par **John Wheeler**, auteur de la théorie sur les univers à rebond, l'univers connaîtra une phase de contraction après une expansion maximale, et finira dans un point de densité phénoménal comparable au big bang, dénommé le *big crunch*.

On pourrait représenter le processus ainsi :

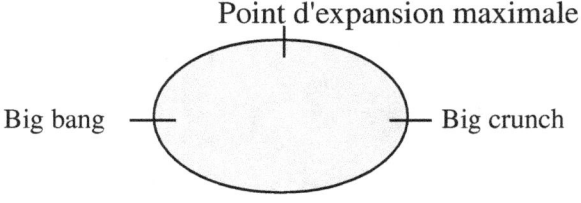

Point d'expansion maximale

Big bang — Big crunch

En réalité, big bang et big crunch se positionneraient plutot ainsi :

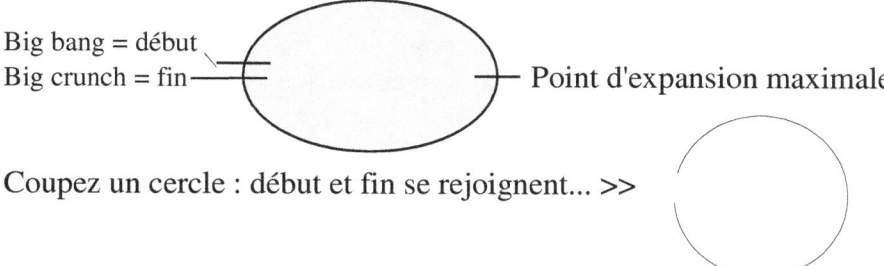

Big bang = début
Big crunch = fin ———— Point d'expansion maximale

Coupez un cercle : début et fin se rejoignent... >>

A chaque rebond correspondrait un nouvel univers « (re)naissant » des cendres de l'ancien.

Ces univers de plus en plus gros et vieux se succéderaient sans toutefois êtres semblables, selon J. Wheeler. Les lois qui les gouvernent ne seraient pas non plus les mêmes.

Ainsi, l'univers actuel ne serait ni le premier ni le dernier, mais le numéro x d'une longue liste, chaque univers étant plus grand et plus vieux que les précédents... Et par conséquent plus riche en informations, selon toute logique !

C'est une idée à laquelle j'adhère et vous comprendrez pourquoi mais aussi comment, dans la suite de l'ouvrage.

La **théorie** des **univers cycliques** énoncée par Wheeler **se base sur l'existence présumée d'un big bang et d'un big crunch**, fondée sur la gravitation.

Explications : à une phase dense et chaude suivrait une phase d'expansion maximale au delà de laquelle l'univers entamerait une lente phase de contraction dénommée ***Big Crunch***. L'univers vivrait alors un « big bang inversé », condensé dans un volume plus petit que la plus petite des particules élémentaires connue.

Dans ce modèle, la gravitation dicterait donc le devenir de l'expansion de l'univers. Si cette dernière est ralentie par la gravitation, l'univers finira par retomber sur lui-même. Topologiquement, l'univers est dit fermé.

En effet, **le big crunch aura lieu si la densité de masse de l'univers est supérieure à la densité critique.** Or, cette densité critique a été mesurée (en se fondant sur la masse totale visible de l'univers) ; elle est égale à : 10^{-29} g/cm3 et mesure le taux d'expansion. Or, l'expansion est ralentie par la gravitation, sans quoi l'univers se dilaterait bien plus encore... Dans ce modèle big bang / big crunch, les équations montrent que si la densité de matière est supérieure à la densité critique, l'expansion de l'univers ralentira au point de s'inverser : l'univers finira par retomber sur lui-même...

Pour comprendre le principe, imaginez que vous lanciez une balle à partir de la surface de la Terre. « Si la force de lancée initiale n'est pas assez puissante pour vaincre la gravitation terrestre, la pierre finira par retomber sur le sol ou par se mettre en orbite autour de la Terre (comme un satellite). Il s'agirait alors dans ce schéma d'un univers fermé. Par contre, si la vitesse de la pierre dépasse la vitesse de libération, le projectile échappera définitivement à l'attraction terrestre et s'éloignera indéfiniment de la Terre. Ce serait le cas de l'univers ouvert. »[3]

Par conséquent, l'expansion de l'univers est dictée par l'impulsion de départ.

L'expansion est comparable à un ballon qui gonfle indéfiniment... mais cette dilatation peut être amenée à être ralentie parce que le souffle manque… Quand vous sautez sur un trampoline, vous savez que l'attraction de la terre va vous ramener au sol. C'est la masse du « ballon-univers » qui exerce cette force gravitationnelle ayant pour effet de ralentir l'expansion de l'univers.

Chronologie :

L'époque du big bang était une fournaise ! **Le temps de Planck** marque l'époque la plus reculée de l'univers en deçà de laquelle le temps, l'espace, et toutes les constantes de la physique s'effondrent. La température atteignait $1,416 \times 10^{32 \text{ degrés}}$ Kelvin. Autant dire que rien sur Terre ni dans l'univers ne pourrait nous représenter une telle température ! A cette époque là (1 millième de seconde !), aucun noyau atomique ne peut se former à cause des trop hautes températures ; seule existe une soupe constituée de particules et leurs antiparticules : photons (il est aussi sa propre anti-particule), neutrinos et antineutrinos, protons et antiprotons, neutrons et antineutrons, électrons et antiélectrons...

Puis les protons et neutrons s'annihilent avec leurs antiparticules. Ne resta que les Photons qu'ils avaient produit et 1 hadron (proton et neutron) sur un milliard !

A 13 secondes la température est de 3 milliards de degrés ; il ne reste plus que 1 électron/antiélectron sur un milliard...

Et à 1 milliard de degrés, l'univers a une minute. Se produit alors la **nucléosynthèse primordiale[4] .** Cette dernière aurait permis la formation

---

[3]   Explication de wikipedia : http://fr.wikipedia.org/wiki/Big_Crunch

[4]   La formation du deutérium lors de la nucléosynthèse primordiale est remise en question, car s'il est le 7e élément le plus abondant dans l'univers, il est aussi le plus fragile des noyaux atomiques. Il se désintègre facilement au million de degrés kelvin lors de réactions nucléaires... Au moment du big bang, sa durée du vie est nécessairement très courte, facilement désintégré par un photon de haute énergie.

des atomes légers grâce aux interactions de particules élémentaires et expliquerait la présence d'éléments comme le deutérium, l'hélium 4 et le lithium 7. Le processus de nucléosynthèse stellaire (réactions nucléaires au sein des étoiles produisant la majorité des noyaux atomiques) est reconnu comme étant trop faible pour expliquer l'abondance de l'hélium 4 dans l'Univers.

« grâce à la chaleur de l'ordre du milliard de degrés, des atomes légers se seraient formés par les interactions de particules élémentaires »[5]. Les noyaux d'hélium se forment.

A 35 minutes, la nucléosynthèse primordiale est achevée et l'univers est constitué de 75% d'hydrogène et de 25% d'Hélium.

L'ère radiative commence et durera 700 000 ans : énergie-matière sont sous forme de rayonnement car photons et matière interagissent continuellement. Durant cette période, le couple matière et antimatière s'est presque totalement auto-annihilé... Ne restera que peu de photons...

A 3000 degrés, la chute de la température fait que les photons peuvent enfin vivre leur vie et ne plus interagir avec la matière... et les atomes neutres se forment. [6]

On parle de découplage rayonnement-matière.

L'hydrogène et l'hélium, à l'instar des photons originels, voient leur température chuter tandis que les premières étoiles et galaxies se forment !

Le découplage est intervenu 380 000 ans après la naissance de l'univers, au moment où l'univers s'est suffisamment refroidi pour permettre la combinaison[7] des noyaux atomiques avec les électrons libres en formant des atomes.

La longueur d'onde des photons s'est donc allongée dans le temps ; la température du fond diffus cosmologique qui était au départ un enfer est aujourd'hui proche du zéro absolu (-270°C le zéro absolu étant -273,15 °C)....

Univers cycliques, une boucle sans fin :

Retenons que ces **univers** se succédant les uns aux autres ne se ressembleraient pas forcément, étant **déconnectés les uns des autres** comme des ballons de taille différentes placés comme suit :

---

[5] Définition de Wikipedia

[6] Se référer à la fantastique B.D de Jean-Pierre PETIT, « Big Bang », sur : http://www.savoir-sans-frontieres.com

[7] C'est également la raison pour laquelle on appelle cette phase la *recombinaison* mais aussi la phase de *découpage rayonnement-matière* puisque c'est l'époque où les atomes ont commencé à se former... Le rayonnement a évolué avec la dilatation de l'univers, constitué des photon originels, et la matière composée d'atomes a pu former par la suite étoiles et galaxies...

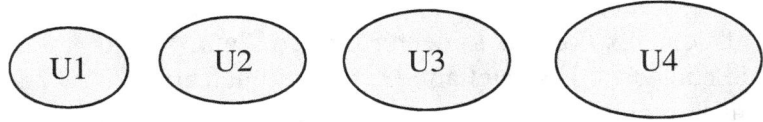

Ayez à l'esprit que ce formalisme se base sur une logique linéaire qui n'a pas forcément de réalité concrète !

On peut se demander d'ailleurs s'il y eut un univers N°1 dans ce type de configuration.

Si on considère une boucle, peut-on affirmer que le point A situé sur cette boucle constitue le commencement de la boucle ou seulement un critère arbitraire de début de quelque chose de virtuel ?

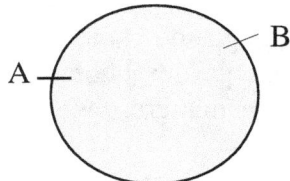

L'avant-espace-temps a t-il dès lors une quelconque réalité physique ou métaphysique ? De même, l'après espace-temps a t-il une quelconque signification ou réalité sur cette boucle ?

Le B est un autre point qui n'a pas plus d'existence que le A à moins de s'en servir comme point de repère afin de mesurer quelque chose de virtuel entre ces deux points, telle que la distance entre A et B.

Afin de représenter l'infini, l'esprit scientifique a symbolisé le zéro et ce qu'il y a avant le zéro et après le zéro : autrement dit une séquence infinie de nombres.... Tout ceci existe (pour l'esprit) et n'existe pas. Il n'y a en réalité pas de paradoxe entre le fait de dire « ceci existe » et ceci « n'existe pas », car le paradoxe naît dans l'esprit de dualité et dans l'esprit qui souhaite donner une existence à ce qu'il conceptualise. Cette réalité attribuée arbitrairement par l'intellect n'a pas plus de consistance que ce zéro né de nulle part, placé nulle part car il est impossible de placer un début à ce qui n'en a pas. La seule réalité ontologique qui puisse exister est conditionnée à ce A et B placés sur un cercle... Une réalité pour une partie du Soi qui en décide ainsi. Considérez que ce qui existe pour vous en cet instant précis ne l'est déjà plus dix milliardième de seconde plus tard. Voilà une pâle virgule dans le flux du cours de la Vie... éphémère et impermanente.

Avant le Big Bang :

Globalement, les scientifiques actuels se basent sur l'idée qu'il existe des particules toujours plus petites les unes que les autres. On traque ces sous-particules comme s'il s'agissait du saint Graal... sans prendre le temps de réaliser que la matière naît du néant, du vide « plein d'énergie » qu'on connaît sous l'expression des fluctuations quantiques du vide... et qu'il existera probablement des particules toujours plus petites les unes que les autres, jusqu'à ce qu'on touche un seuil plancher – sans doute la longueur de Planck en deçà laquelle notre réalité s'effondre. Or, tout se joue dans cet « avant-réel » et donc dans un « avant-matière ».

Les frères Bogdanov dans leur livre « Avant le big bang » tentent de découvrir les origines de l'Univers. Leur modèle implique toutefois qu'il y ait eu un big bang et singularité initiale.
Selon eux, l'univers aurait été condensé en une sorte d'« artefact » quantique qu'ils nomment l'« instanton primordial de taille zéro » et « instanton gravitationnel singulier de taille zéro ». Un peu abscons n'est-ce pas ? Pourtant le développement l'est moins. Le concept d'information est bon à prendre, une fois dépouillé. Selon eux, matière, énergie et temps seraient remplacés durant la période précédant l'ère de Planck par ce qu'ils appellent de l'« information » conceptualisée en formules mathématiques pures. Malheureusement, leur livre comporterait de nombreuses erreurs d'après les spécialistes... D'ailleurs, sans avoir recours à un instanton primordial qui prend encore pour référence la coordonnée temps, il est possible d'associer l'ère de Planck au principe d'information.

Pour comprendre comment a pu naître l'univers, on peut procéder à une analogie, celle de la fécondation.
Tout comme les contractions amènent à la délivrance, **la naissance de l'univers résulte de forces de pression**. Mais il s'agit là du travail amenant à la délivrance. **Or, on ignore encore la nature de ces forces de pression.**

De quoi provient le big bang à partir duquel la matière, l'espace et le temps sont nés en un corps qui ce cesse de croître ? Que sait-on de la fécondation ? Rien.
Comme il serait absurde de prétendre qu'un enfant est né de l'esprit saint (sauf exception il y 2000 ans, selon la croyance judéo-chrétienne), pouvons-nous prétendre que l'univers est né sans qu'il y ait une cause première ? Et encore que l'intervention divine serait en soi une causalité première, vous en conviendrez... Ma foi !
Rien n'apparaît par hasard si l'on considère avec attention la relation de cause à effet.
Exemple simpliste de cause à effet :
Je me cogne le pied contre une chaise à 8H00 = cause
J'ai mal à 8H01 = conséquence

La séquence des événements est dictée par le flux du temps, nous concernant.

Mais si on ôte le temps, que devient la causalité ? Elle cesse, mais l'information qui lui est associée reste engrammée... quelque part.

La question est donc : quelle est la nature des forces de pression ayant engendré l'univers et où résident-elles ? Nous y viendrons petit à petit...

Un pluri-cosmos :

Dans le concept que je développe, notre cosmos est multidimensionnel, l'ensemble des dimensions agissant par échange permanent d'information.

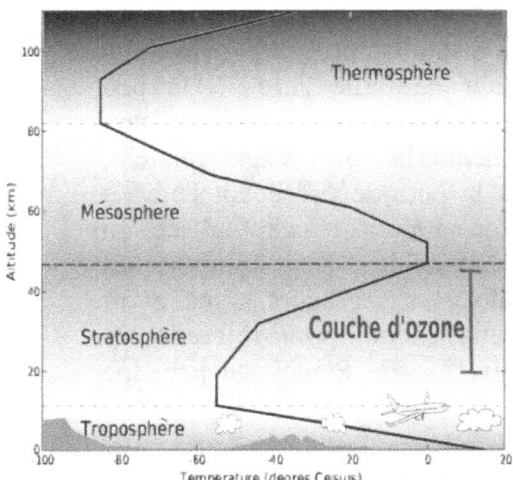

Sur terre, il existe plusieurs plans interagissant ensemble : le ciel, le sol, les océans, les cavités souterraines, les strates de notre atmosphère terrestre... Tout ceci fonctionne en symbiose.

Ainsi notre biosphère est constituée de niveaux différents, tous interconnectés et interdépendants sans considération de « haut », « bas », « largeur », « hauteur », « laté-ralité », « horizontalité »...etc.

Certes, l'esprit humain établit un repérage spatial et nous disons que le ciel est en haut et la terre est en bas, ceci étant accentué par la pesanteur. Cette définition localisée est une projection de l'esprit afin de nous aider à nous repérer dans cet espace où le corps est en mouvement. Nous balisons notre environnement spatial de points de repères et nous nous situons par rapport à ces points de repère. Il nous faut un « début » et une « fin » bien que début et fin n'aient pas forcément de sens pour le ciel qui réagit aux échanges et non à un repérage spatial.

Nous mêmes sommes composés d'un corps, d'un esprit, d'un subconscient relié à la partie consciente du cerveau. Le fragmenter en zones nous aide simplement à mieux comprendre et envisager son fonctionnement, ce qui ne signifie pas que cette projection de l'esprit s'applique au fonctionnement réel de notre corps. D'ailleurs, les médecines orientales ont une conception toute autre, holistique de l'être vivant, contrairement aux occidentaux qui ont tendance à étiqueter chaque espace, organe en le dissociant de sa nature véritable... Il n'y a jamais eu autant de maladies dégénératives que depuis l'explosion de nos sciences et technologies... Nos sociétés se sont coupées de la Terre, et par conséquent, ne savent plus qui elles sont et quel rôle elles jouent aussi bien individuellement que collectivement. Nous avons oublié ce que vivre en symbiose signifie. Il n'y pas de niveaux inférieurs ou supérieurs, mais des états en équilibre.

Ne sommes-nous pas familiers des dimensions, jusque dans nos jeux vidéos où nous nous amusons à créer des niveaux où nos personnages favoris évoluent ? Nous sommes par là même des créateurs de réalités multi-niveaux et joueurs par notre capacité à évoluer dans ces interfaces où l'être se projette dans des réalités différentes.

Les niveaux peuvent évoluer, tout comme l'univers se renouvelle lui-même au fil des cycles cosmiques en se perpétuant. De façon identique, nous nous perpétuons chaque année lorsque les 98 % de nos cellules se renouvellent. Par ailleurs, sommes-nous les mêmes quand nous dormons, quand nous regardons la télévision ou par rapport à ce que nous étions à l'âge de 5 ans ? En étant les observateurs et les acteurs de notre vie, nous évoluons en permanence en créant l'illusion de la continuité dans le temps. L'impermanence inhérente à toute « chose » nous prouve que l'univers, de même que chaque être, vit des niveaux de conscience divers. En étant de conscience modifiée, par exemple lorsque nous nous coupons du monde en lisant un livre, nous sommes dans un autre « monde », une autre réalité, tout aussi concrète pour autant.

La terre elle aussi se compose de strates, ce qui s'avère lors de fouilles archéologiques. Ces states sont des zooms directs sur le passé lointain de la Terre. Contrairement à notre mémoire volatile, la terre a trouvé le moyen de ne rien oublier. Tout y est gravé.

Pourquoi un *pluri-cosmos* ou *multivers* ? Parce qu'un seul plan hébergeant notre espace-temps ne permet pas de résoudre les énigmes auxquelles se heurtent les scientifiques : matière noire et énergie noire, redshifts anormaux, forts effets de lentille gravitationnelle, trous noirs, fluctuations quantiques du vide, disparition de l'antimatière de notre plan de matière...

Dans cet ordre d'idées, je vous montrerai que la constante cosmologique et la matière sombre associée à l'énergie sombre sont des pistes qui ne mènent nulle part car on ne cherche pas au bon endroit. Pourtant la piste est valable : une force répulsive agit bel et bien et assure la cohésion des galaxies. Je m'y attarderai plus amplement dans les chapitres dédiés à ce thème.

Vous pourriez plus sûrement concevoir l'idée de **multi-dimenionnalité ou pluricosmos** comme une lampe à fibre optique où chaque fibre constitue une dimension partant d'un nœud de convergence central... (comme sur la photo ci-contre). L'interconnexion entre les dimensions est en réalité bien plus subtile, chaque dimension pouvant être reliée aux autres dimensions par des phénomènes physiques et non physiques.

Le soir de janvier 2011, voici ce que je vis :

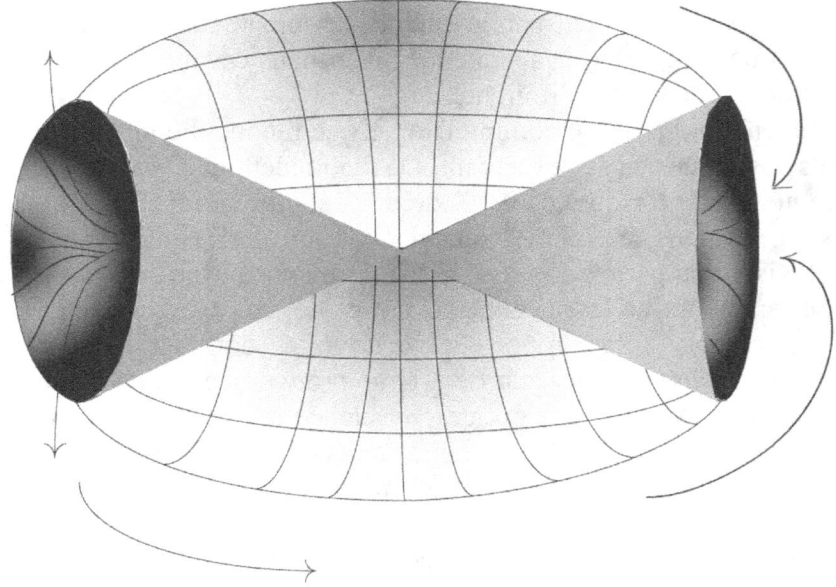

Il s'agissait d'un double vortex et son sens d'écoulement...

La structure de l'univers m'apparaissait comme étant toroïdale et à mon plus grand émerveillement l'image fut modélisée à la perfection sur un extraordinaire documentaire fait par « THRIVE Movement » dont je me permets d'extraire en fin d'ouvrage l'image la plus parlante...

N'étant pas assez rompue aux arts de la conception graphique, je regrette de ne pouvoir vous en fournir une version personnelle.

En conceptualisant sur papier mon idée de pluri-cosmos, dans le sens de multivers (univers à plusieurs dimensions), voici ce que cela donne ci-après.

Fleur de vie du pluri-cosmos

Univers à n dimensions

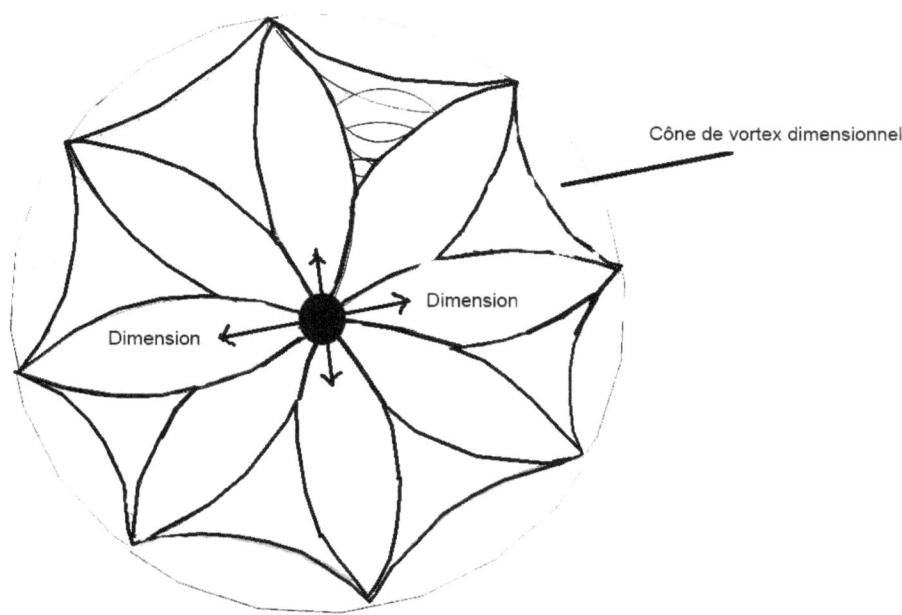

Cône de vortex dimensionnel

Dimension

Dimension

Cette version est une ébauche en deux dimensions. Son formalise simpliste est destiné à introduire le concept de multidimensionnalité.

La version finale insérée dans le dernier chapitre est autrement plus élaborée et comporte des éléments complémentaires cruciaux que nous aurons abordés précédemment.

Vous serez sans doute étonné de la similitude frappante avec la fleur de vie décryptée par Rupert Sheldrake dans son livre « l'ancien secret de la fleur de vie » dont je ne connaissais pas la théorie au moment où j'ai formalisé mon dessin. Cette représentation graphique est en deux dimensions - il faut donc concevoir la *fleur de vie cosmique* en trois dimensions puisque l'univers présente un volume mais aussi une dynamique en mouvement.

Enfin, je vous expliquerai ce que je conçois par « **mitose dimensionnelle** » par référence à la mitose cellulaire. Pour extravagant que cela puisse paraître, la logique prouve que toute manifestation suit un processus de répétition de formes « primaires » (ce que développe également très bien Rupert Sheldrake dans sa théorie de la résonance morphique).

En effet, l'**interactivité entre dimensions pourrait se faire sans avoir recours à des phénomènes quantiques, lesquels sont inopérants dans des dimensions de non-temps par exemple.**

Certains verront sûrement au travers des dimensions naissant par « *mitose cosmique* », une autre formulation de la Vie et de la renaissance. Ainsi, l'univers, en prenant sa dimension d'espace et de temps, semble *s'incarner*.
Le concept d'univers cyclique ne fait-il pas inconsciemment référence au **principe de la réincarnation** des bouddhistes et des hindous ?
Platon fit référence à la métempsychose appelée aussi transmigration des âmes. Pour Pythagore, "ce qui a été renaît" (*palin ginetaï* ; Porphyre, *Vie de Pythagore*, § 19).

Pour les hindous, l'âme individuelle (*âtman*) doit se fondre dans l'Âme cosmique, dans le Brahman immanent et absolu, afin de se dégager du cycle des renaissances (*samsâra*).
« Car ce qui est né est assuré de mourir et ce qui est mort, sûr de naître », deuxième lecture, 27, page 116 du livre de Henri Hartung : Présence de Ramana MAHARSHI (179-1950), grand éveillé hindou du XXe siècle.

Tenter d'appréhender la fin de l'univers revient à s'attarder sur sa propre « mort »...
Les religions et/ou influences spiritualistes approchent toutes la question de la vie après la mort et tentent d'y répondre avec leurs outils propres. La cosmologie ne fait pas mieux ou pire en cherchant des réponses à notre devenir. Les outils sont différents, la quête est la même. Chacun a un parcours différent, une personnalité, une éducation, un conditionnement social et culturel différents. Le souffle qui nous anime est pourtant le même. En cela il n'y aucune différence.

Il me semble que le moyen le plus pertinent d'approcher l'**eschatologie individuelle et cosmique** est de tourner son regard vers d'autres possibles, l'esprit ouvert.

Si vous en êtes à ce point du livre et que cette approche ne vous convient pas, vous pouvez toujours refermer cette lecture sans aucun regret. Je ne vous maudirai pas pour autant ; le cheminement individuel implique des détours et des étapes pour chacun d'entre nous. Il n'y a rien à regretter ou à juger.
Si en revanche, ce discours vous parle, alors vous entamerez un voyage riche et haut en couleurs, parfois même surprenant et déroutant. Dans la

mesure où l'homme a été conditionné à concevoir notre réalité comme la seule véritable réalité, en trois dimensions, il va falloir vous défaire de votre lourd manteau d'illusions et de croyances.

Arrivés en haut de la montagne, vous aurez un panorama bien différent de celui que vous aviez en lisant ces premières lignes.

A ce propos, je pense souvent à l'allégorie de l'homme dans la caverne de Platon, tant elle est appropriée. Nous vivons encore dans une caverne, ne connaissant rien d'autre que nos ombres se projetant sur les parois irrégulières d'une grotte mal éclairée, tentant d'interpréter à qui mieux mieux ces formes étranges et mouvantes.

Cet ouvrage est comme un édifice dont la clé de voûte est « l'information universelle, une information-lumière comme étant le véhicule de ce qui anime et informe l'univers, l'appelle à se transformer, à se transmuter et à réaliser qui IL est. Ceci doit amener à la question : Qui suis-je ? en suivant la voie de l'**Ātma vicāra (atma Vichara)** qui est introspection analytique permanente « sur la nature ultime de sa propre réalité intérieure » (wikipedia).

Ce livre tente donc humblement de répondre à la thématique eschatologique individuelle et cosmique. Car en répondant à la question de savoir ce qu'il y aura (peut-être) à la fin de l'univers, je réponds par la même occasion à ce qui adviendra à la fin de votre vie, par voie de corrélation.

Je vous propose une vue sur la Vie après la Vie dès à présent en utilisant un référentiel différent afin de vous construire vos propres outils qui vous dégageront de votre servitude personnelle.

Le bourreau n'est pas un étranger, il est tapi en vous. Le bourreau et la victime cohabitent mais ne s'en rendent pas compte... Ceci étant, ne faites pas de cette nouvelle approche un dogme nouveau, car ce n'est probablement qu'une partie de l'équation universelle.

J'ai conçu ce livre autour de **cinq grandes thématiques** qui font le tour du sujet de la façon la plus complète possible. Du moins je l'espère.

Vous y trouverez de nombreuses **références scientifiques**, car il est nécessaire et primordial de conserver un cadre strictement *a dogmatique* notamment par le biais de l'expérimentation scientifique. Physique et métaphysique ont bien plus en commun que ce que les médias, le martelage éducatif et notre héritage culturel occidental nous font croire.

Les **notes de bas de page** vous fourniront de nombreux compléments d'informations, sources littéraires et explications diverses. Science et conscience sont-elles compatibles ? Vous le saurez bientôt !

1. La pensée, une Information créatrice

La pensée, une information créatrice

Introduction :

L'univers étant l'utérus ou la matrice où nous nous développons, nous avons beaucoup à gagner à nous renseigner sur les liens que nous entretenons avec notre conscience, pas seulement en tant qu'outil pour appréhender le monde, moyen de le toucher, mais encore pour mieux nous connaître et nous observer afin d'habiter la Grande Vie Cosmique...

Le mental fragmente, juge et appose une étiquette alors que la conscience sans égo, se contente d'être ; « Je suis » dit-elle. Le « Je suis » fragmente t-il, juge t-il, étiquette t-il ? Qui en vous dit et pense « je suis intelligent », « je suis fatigué », « je suis victime de sa méchanceté » ?...

Ramana Maharshi, un des grands éveillés du vingtième siècle, a dit :
« Je ne suis pas ceci, mon corps, mon mental ;
Qui suis-je ?
Je suis Cela, le Soi ».

Certains ont acquis la certitude que notre conscience est comme un pont entre deux mondes : le notre et celui des dimensions spirituelles très lumineuses où l'âme est censée résider... Ceci reste pour la plupart des hommes une hypothèse incertaine. Et pourtant... Plus la recherche avance, plus il apparaît que rien n'est isolé, séparé.

Pour prendre un exemple simple, nous viendrait-il à l'esprit de penser que le moteur de notre voiture n'entretient aucune relation avec le reste des pièces de la voiture ou que les nuages du ciel n'entretiennent aucune relation avec la terre là où ils déversent la pluie qui abreuve tant d'écosystèmes ?

Notre conscience n'est pas qu'une réponse à des stimulus psychophysiologiques. C'est bien plus que cela.

Ce n'est pas un hasard si, en état de méditation profonde, beaucoup atteignent des niveaux de conscience où les mots « information totale », conscience, étant de présence et paix prennent tout leur sens. Mais l'information ne doit pas être dépourvue de toute sensation. Si l'Ego parasite l'état de présence et de silence dans lequel le Soi s'observe, le fait de court-circuiter les processus mentaux permet de ressentir une plus grande joie et une plus grande conscience de soi. Informer ne signifie pas seulement acquérir de l'information mais être ouvert à de nouveaux possibles. Vous vous demandez sans doute en quoi cela concerne la pensée.

Pourtant, la pensée est un des prolongements de la capacité de tout individu à engendrer de l'information. La pensée est souvent associée à nos ressentis profonds, nos émotions, sentiments, plaisir et déplaisir. Pour autant, il existe un autre niveau de perception et de conscience où il est possible de ressentir sans faire appel à la pensée. Il s'agit ici de s'informer en sautant la case « penser ». Cela implique nécessairement de s'écouter et d'accepter ses émotions et sentiments que la pensée rationnelle dissèque en autant de conflits que l'être a reçu de conditionnements. Combien de fois ne culpabilisons-nous pas de ressentir de la colère, du ressentiment ou de la peine ? La pensée est malheureusement très sujette aux influences diverses, conditionnement social, culturel, éducatif... C'est pourquoi dominer ses pensées en faisant abstraction de ses propres freins et projections mentales est aussi productif que se flageller en pensant trouver la rédemption. A quoi sert-il de chercher le pardon ailleurs s'il vous ne vous l'accordez pas en premier ?

Accepter ces émotions sans faire intervenir la pensée et l'intellect, par la voie de l'amour, permet de libérer leur pouvoir destructeur. Je ne parle pas de l'amour-sentiment ou l'émotion d'une flamme amoureuse. Je parle d'un état de conscience où le Soi EST Amour. S'aimer implique d'accepter ce que l'on ressent sans se juger. C'est pourquoi en état de méditation, le désir et la volonté cessent car la volonté engendre le désir et donc la frustration. L'illusion de l'absence/séparation engendre le chaos mental, la haine, les émotions négatives aliénantes... Remarquez comme les hommes s'entre-déchirent en pensant n'être que des individus isolés où l'autre représente une menace – qu'elle soit réelle ou imaginaire. Pour l'homme moderne, il n'y a pas de lien entre lui et le reste du monde. En se considérant seul et abandonné, il recherche l'amour et l'approbation d'autrui et lorsqu'il ne la trouve pas, il accuse les autres. Dans cette quête d'amour et de fusion, il cherche Dieu et ce faisant, lui attribue des qualités anthropocentriques, faisant naître toutes sortes de croyances en un enfer, purgatoire ou paradis... Ignorant le lien qui l'unit à toute chose – dont les preuves abondent dans le monde physique et quantique - il se tourne vers l'extérieur en pensant ingénument y trouver les réponses qui pourtant, ont toujours été présentes en lui. Une particule de lumière – le photon – n'entretient-il aucune relation avec le Soleil ?

Ce que je viens de dire n'implique pas que la pensée est inutile ; cela signifie seulement que la pensée est un des outils par lequel vous pouvez impacter votre quotidien de façon positive ou négative, comprendre le pouvoir qui est en soi, à condition de laisser votre conscience explorer son cours sinueux. Bon nombre des pensées qui traversent notre esprit sont comme des étrangers croisant notre route. Nous accordons peu d'intérêt à ces pensées, qui, pourtant, ont un immense pouvoir sur notre vie, notre santé, la façon dont nous voyons les choses, la vie, les autres...

La porte entre l'esprit et la conscience permet des échanges permanents. S'il est donc possible de court-circuiter le passage en allant directement chercher l'information au niveau supérieur (la conscience) sans passer par le mental, il est tout aussi important d'accorder de l'intérêt à votre outil de procréation : la pensée. Car cet outil n'est pas là par hasard, son utilité est puissante et la façon dont vous pouvez optimiser son pouvoir procréateur peut faire de vous un être plus conscience de lui-même, et vous rapprocher de votre essence véritable... Tout comme les rayons du soleil sont un prolongement de « lui-m'aime », votre pensée est-elle un prolongement de « vous-m'aime ».

Si la pensée est utilisée à son plein potentiel, les parasitages du mental auront peu de prise, voire aucune. Mais la pensée n'est pas votre mental (fonctionnement psychique), tout comme un producteur de légumes n'est pas la machine qui laboure ses champs ni les ouvriers qui s'occupent des terres ni encore la coopérative agricole qui gère l'écoulement des légumes. La pensée produit, comme un semeur plantant des graines, le mental s'assure du fonctionnement de la machinerie psychique. Une maladie mentale n'empêche pas de produire des pensées, mais peut les influencer vers des idées négatives, des obsessions, des peurs. Les perceptions que nous avons de nous même, des autres, du monde extérieur sont aussi influentes que les courants océaniques dans la dynamique du climat.

Le mental est comme une télévision allumée 24h/24. Ce bruit de fond, le mental l'associe indirectement aux pensées parce que c'est sa fonction que de produire des besoins, des idées, des raisonnements... Je dis bien « indirectement », car la pensée n'est pas cloisonnée au mental, et vous comprendrez pourquoi un peu plus loin. La pensée est un processus d'élaboration qui passe par au moins deux canaux : le cerveau/mental et la conscience qui, elle aussi, est une génératrice d'information.

En revanche, si vous éteignez votre télévision mentale, vous accéderez à un silence nouveau ; un silence qui ne subit par l'interférence de l'Ego par exemple ! Ce silence ne signifie pas que vous êtes incapable de produire des pensées. Il est illusoire de croire que le cerveau ne peut fonctionner qu'avec le mental. Etes-vous vos pensées?

Quand je médite, je n'ai plus de pensées, et pourtant je suis pleinement consciente, et je dirais même d'autant plus consciente !

Voilà donc une porte ouverte sur une connaissance à laquelle vous pouvez soudain avoir accès en accueillant la paix au cœur de Soi.

La conscience n'a donc pas forcément besoin du mental pour vivre consciemment. Quand vous éteignez la télévision, votre maison cesse t-elle de s'animer ? Les rires des enfants, les discussions cessent-elles ? Au contraire, la paix n'a jamais été un frein au plein épanouissement.

Être éclairé :

La lumière et la connaissance ont toujours été étroitement liées. Et pour cause ! Ne dit-on pas que la connaissance éclaire ?

Nous avons adopté de nombreuses expressions évocatrices vis à vis de ce lien étroit.

Citons-en quelques-unes : « tiens, j'ai eu un éclair de génie ce matin » ; « Ce gars là, il n'a pas la lumière à tous les étages ! » ; « C'est un illuminé ! » ; « Quelle personne éclairée ! ».

Quelle que soit la manière dont le mot lumière soit utilisé, on décrit invariablement un état de conscience porteur de génie, connaissance, sagesse...

Mais la connaissance est bien souvent dévoyée au profit de l'intellect. On associe à mauvais escient connaissance et sagesse alors que la connaissance de l'esprit n'a souvent rien à voir avec la connaissance véritable : la sagesse liée à l'amour.

Un homme intelligent tel que Hitler a t-il été bon envers les autres ? Et pourtant c'était un homme dit-on très intelligent.

Lucifer, le porteur de lumière, porte t-il la lumière de l'Amour ou la Lumière associée au mental et à « l'Ego-ïsme » ?

La connaissance s'applique donc à autre chose que l'acquisition de savoirs liés à l'esprit. En revanche, la connaissance par l'esprit peut y mener à condition que la recherche s'attache aux qualités de l'amour et à la connaissance de Soi.

Quand la recherche « d'elle-m'aime », par la connaissance de Soi, pénètre le Soi, la lumière éclatante illumine les ténèbres de l'ignorance, du désir, et ôte le voile des illusions de l'esprit, révélant le joyau de tous les joyaux : la non-dualité, l'extase de se fondre dans l'essence ultime. La joie de ne rien être, pour reprendre le sous-titre du livre d'Eric BARET « Le sacre du dragon vert ».

J'aimerais vous citer ce très beau passage de la Baghavad-Gitâ (texte sacré hindou) :

« Quand l'homme s'affranchit, ô fils de Pritha, de tous les désirs qui hantent l'esprit, qu'il trouve sa satisfaction en soi et par soi, on dit qu'il est en possession de la sagesse ». Deuxième lecture, 71.

Nul ne vous demandera d'atteindre un tel niveau de conscience – néanmoins en avoir le désir vous en rapprochera assurément.... Il s'agit là d'un désir non pas charnel, mais du désir intrinsèque, non dualiste, propre à tout être conscient. Ce n'est pas un désir égoïste, mais l'aspiration de toute personne à s'élever, à se rapprocher de son but véritable. La réminiscence de cet état de présence, de conscience pure, par sa simple évocation, aussi ténue soit-elle, n'est-elle pas la preuve que nous portons en nous ce pouvoir de s'affranchir de toute peur ? Si l'évocation de cet état suscite en soi un état de bien être, n'est-ce pas là le témoin discret mais direct d'un état de conscience présent en soi ?

Les *experienceurs* décrivent l'au-delà selon des termes précis : ils évoquent systématiquement La Lumière éclatante qui n'éblouit pas. Certains passent dans un tunnel sombre où ils sont entraînés irrésistiblement vers la Lumière. Une lumière consciente, pensante et aimante, selon leurs termes...
Dans les évangiles nous retrouvons de nombreuses références à cette lumière.
Jésus a dit : « je suis la lumière du monde. Celui qui me suit ne marchera absolument pas dans les ténèbres, mais il possédera la lumière de la vie ». (jean 8:12)

A quelle lumière faisait-il référence ?

D'un point de vue très mécaniste, **la lumière transporte l'information, à l'instar des fibres optiques** utilisées de nos jours pour transporter à la vitesse de la lumière des paquets considérables de données. On s'en sert particulièrement pour l'ADSL, c'est à dire l'internet haut débit connectant nos ordinateurs à ce réseau mondial de données mises en commun. Ce réseau mondial fait penser étrangement à ce que décrivent les experienceurs qui disent avoir eu accès à une connaissance totale.
Or, d'un point de vue scientifique, il est établi que la **lumière** est également **liée au temps**.

Ainsi, dans notre espace-temps, la lumière navigue à une vitesse plancher de presque 300 000 km/sec. On considère que c'est une vitesse limite indépassable – cette vitesse de la lumière nommée « c » étant une des constantes de la physique.

Concernant l'au-delà, il est question de non-temps. Bien des experienceurs précisent que le temps n'y est pas opérant et n'a d'ailleurs aucune consistance, tout comme le corps spirituel des défunts. Au sein de ce monde très lumineux leurs perceptions, sensations et facultés ne sont pas amoindries, contrairement à ce qu'on aurait pu penser, mais sont considérablement accrues, d'après leurs descriptions. Les témoignages retranscrits dans les ouvrages du Dr Moody en témoignent et sont concordants avec ceux reportés dans d'autres ouvrages d'auteurs différents sur le sujet.

Si la connaissance est totale, la liberté de mouvement et de sensation l'est tout autant au sein de cet espace très lumineux, est-ce à dire que notre esprit et notre corps brident l'information dans notre espace-temps où la lumière est limitée à une certaine vitesse ?

Les experienceurs disent qu'une fois délivrée du corps, la conscience de l'individu devient La Lumière en ce qu'elle intègre cette Lumière, se fond en elle. Ils perçoivent avec une acuité accrue tout ce qu'ils vivent dans leur corps spirituel et leur mémoire autrefois délitée au fil du temps, est intégrale. Certains ont vu non seulement leur passé depuis leur naissance, mais aussi leur futur. La mémoire intégrale de leur existence leur est comme restituée au moment où ils quittent leur corps.

Question : cela signifie t-il que la conscience ne peut réellement percevoir, sentir et comprendre que lorsqu'elle est libérée du corps ?

De plus, non seulement les facultés sensorielles telle que l'ouïe, la vue, les émotions et sentiments sont très amplifiés, mais les êtres se découvrent également des facultés nouvelles dont la télépathie, la capacité à ressentir totalement les émotions des autres comme s'il s'agissait d'eux mêmes, la capacité à se déplacer instantanément d'un endroit à un autre, de voir à 360 degrés... Que dire alors de nos capacités sensorielles humaines ?

Les organes sensoriels humains ne seraient que des récepteurs au même titre que la conscience désincarnée ; cette faculté de pouvoir capter, percevoir et ressentir serait dès lors inhérente à chaque conscience à chaque corps de chair.

En revanche, nos sens physiques seraient la version bridée et physique de cette capacité propre à la conscience, à l'instar d'un modem 56 ko comparé à de la fibre optique. Par conséquent, la conscience serait un émetteur-récepteur de très hautes fréquences capables de traduire et ressentir à des degrés infiniment plus affinés ce que nos organes sensoriels sont capables de faire depuis notre espace-temps. De plus il nous faut reposer la question de la matérialité de la conscience et de notre dimensionnalité. En effet, notre espace-temps serait une dimension sous-lumineuse, si on la compare à l'espace de conscience sans égo que l'âme intègre dès sa décorporation. Cette version bridée de notre cosmos – l'espace-temps - où la conscience joue un rôle d'interactions avec d'autres consciences dans des corps de chair, peut alors expliquer que les sensations sont comme amoindries.

La théorie Super-lumineuse de Regis et Brigitte Dutheil va en ce sens. Et c'est ce qui m'oblige à ajouter ce bout de texte à mon exposé initial. Regis Duteil parle de la conscience comme d'une conscience superlumineuse. Et c'est ce qui m'a tout de suite plu.

Parlant des personnes ayant vécu une NDE, Régis Dutheil agrégé de médecine, professeur de physique et de biophysique à la faculté de médecine de Poitiers, déclare pour le magasine N.D.E N°3 de novembre 2011, page 19 : « nous avançons l'idée que la sensation appartient déjà à l'espace-temps superlumineux, que la cause de la sensation n'est pas le stimulus physique, c'est à dire la lumière, mais qu'il y a simple corrélation. ». Régis Dutheil faisait référence à la perception d'une couleur par l'œil. Selon lui, la stimulation visuelle, par exemple, n'est pas dûe à la perception d'une couleur, mais il y a corrélation entre la stimulation électrique de l'œil et la conscience qui a déjà la perception de la couleur.

Parlant des sujets ayant vécu une NDE, il ajoute toujours page 19 : « ils perçoivent des sensations beaucoup plus fortes, beaucoup plus intenses que d'habitude, notamment par rapport aux couleurs et à la lumière. (…) Finalement on pourrait dire que ce que nous voyons, les sensations que nous éprouvons sont des sensations affaiblies par le passage à travers le cortex. Cela signifie que les organes des sens seraient des filtres qui atténueraient les sensations. » Plus loin il dit encore : « Je vois que si l'on admet que la sensation appartient vraiment à l'espace-temps tachyonique[8], (superlumineux) elle serait l'information dans cet univers superlumineux. **La sensation décuplée, la sensation totale serait l'information**. » (page 19 - extrait de l'interview pour le magasine NDE N°3 de novembre 2011, entre Régis Dutheil et Evelyn Elsaesser-Valarino, auteur de « D'une vie à l'autre » au éditions Dervy).

Selon la théorie de la relativité restreinte, « ni information, ni énergie ne peut se déplacer dans un référentiel galiléen à une vitesse supérieure à la vitesse limite d'information de la cause ».

Dans un univers tachyonique, la vitesse de la lumière est toujours supérieure à la vitesse de la lumière dans notre espace-temps. Par rapport à nous, des particules de ce type navigueraient dans un espace non temporel. En effet, du moment que la vitesse de la lumière dans est atteinte, le temps devient nul puisque « c varie avec t ».[9] (La constante vitesse de la lumière varie avec la coordonnée temps).

De fait, la causalité perd son sens puisque le temps devient nul. En effet, sans trop entrer dans le détail car j'y reviendrai plus loin, ce qui est intéressant de retenir ici est que nous pourrions être en présence d'un cosmos à moins deux référentiels. Le référentiel de résidence des tachyons serait un plan dimensionnel où le temps n'existe pas et où l'information transite sans être limitée par une vitesse limite de propagation. J'aurai de nombreux éléments physiques à vous exposer en ce sens.

De ce fait, si on ôte la coordonnée temps on ôte également la cause qui lui est associée et enfin la vitesse de la lumière devient infinie au sein de ce référentiel. La séquence temporelle passé-présent-futur perd alors son sens. Puisque la cause dépend d'une séquence temporelle (passé vers futur), la causalité cesse dans un univers de type tachyonique à temps imaginaire.

Or, il est établi que si les tachons existent vraiment, ils naviguent forcément à une vitesse supérieure à notre vitesse de la lumière. Sachant que si vous naviguiez dans l'espace à la vitesse plancher de « c », soit 299 792 458 m/s, vous seriez hors du temps pour un observateur résidant sur Terre par

---

[8] tachyon : particule hypothétique satisfaisant aux équations de la relativité restreinte supposée voyager à des vitesses systématiquement supérieures à la vitesse de la lumière dans le vide ; ces particules appartiendraient à une autre dimension, super-lumineuse – tachyon vient du grec tachus qui signifie « rapide ». L'existence des tachyons a été émise pour la première fois par le physicien Gerald Feinberg en 1964
[9] C = vitesse de la lumière ; t = temps

exemple.

Prenez l'exemple d'un rouleau de papier qu'on déviderait tout en courant tandis qu'un pendule trace une sinusoïde... Jean-Pierre Petit avait représenté cette idée sur la bande dessinée Big Bang disponible sur son site internet savoir sans frontières. Si vous calibrez le pendule à une certaine vitesse (exemple : 10 oscillations/minute), le trait sera calé sur une certaine fréquence tandis que vous vous déplacez, correspondant à une certaine longueur d'onde. Mais imaginez que vous vous mettiez à courir très très vite avec votre dévidoir. Que se passera t-il ? Le trait va s'allonger jusqu'à tracer une ligne presque droite. C'est à peu près ce qui se passe à la mort d'un individu dont on mesure l'activité électrique sur un E.E.G. Le tracé devient plat. Quand vous vous êtes mis à courir, la fréquence n'était plus calée sur 10 oscillations/minute mais sur 100, ce qui a étiré la sinusoïde.... et donc a modifié la fréquence.

Notre espace-temps est constitué d'ondes (ondes-particules) calé sur la vitesse de la lumière. Nous vibrons donc sur une certaine fréquence.

La longueur d'onde des photons s'est d'ailleurs considérablement allongée depuis le début de l'univers et s'est calée sur la vitesse de 299 792 458 m/s, ce qui est peu somme toute. Cette fréquence est donc bridée conformément à ce que décrivent les experienceurs.

La théorie développée par Régis Dutheil est intéressante à plus d'un titre, non seulement parce qu'elle se fonde sur des faits scientifiques mais aussi parce qu'elle pose les bonnes questions. Elle tend à démontrer que la conscience est super-lumineuse... de type tachyonique. Les tachyons (du grec ancien *tachus* signifiant « rapide ») sont des particules ou plutôt une classe de particules hypothétiques hypervéloces non encore découvertes

$$E = \gamma_v mc^2 = \frac{mc^2}{\sqrt{1 - \frac{v^2}{c^2}}}.$$ mais prédites par le physicien Gérald Feinberg et satisfaisant aux équations de la relativité restreinte.

Si ces particules se déplaçaient, elles le feraient systématiquement à une vitesse supraluminique, c'est-à-dire supérieure à c (vitesse de la lumière).

Bien que les tachyons n'aient pas encore été détectés, il est intéressant de noter que dès 1924, **Louis de Broglie avait découvert qu'une onde, dans ses calculs, se déplaçait toujours à une vitesse supérieure à la vitesse de la lumière !**
Il faut en conclure que le constituant de l'univers, c'est à dire les ondes, est superlumineux.
Or, toute onde est également une particule selon l'équivalence onde-particule. C'est l'entité *bi-polaire* qui constitue notre univers à l'instar des cellules constituant 100% de notre corps.

En établissant **qu'une onde se déplace toujours à une vitesse supérieure**

à la vitesse de la lumière - vitesse dite de « phase » - Louis de Broglie a mis dans l'embarras de nombreux scientifiques et le dogme de la constante c (vitesse de la lumière) énoncée comme infranchissable. Pire, si la vitesse de la lumière peut être dépassée, cela signifie que l'univers comporte au moins un autre niveau de vélocité sans avoir à contredire la vitesse de la lumière de 300 000 km/s ! Les tachyons ne seraient pas de la fiction. Le fait qu'ils soient indétectables ne pose pas de problème dans la mesure où ces « entités » sont hypervéloces, occupant leur propre référentiel. On peut alors considérer que la constante de la vitesse de la lumière dans notre référentiel marque effectivement une frontière, bien qu'il soit possible de la franchir ou que notre espace-temps subisse l'influence de particules tachyoniques. Ceci reste à explorer et nous le ferons d'une certaine manière.

D'ailleurs, comme pour river le clou, en septembre 2011 au CERN, dans le plus grand accélérateur de particules du monde, les neutrinos ont récemment défié les constantes de la physique : par deux fois, ces particules qui traversent absolument tout, ont dépassé de peu la vitesse de la lumière... A Genève, l'effervescence autour de l'expérience OPERA suscite des questionnements et certains infirment les résultats, arguant que l'erreur viendrait d'une horloge de synchronisation ou d'un problème de branchement... Pourquoi pas, mais une autre question se pose: et si les neutrinos avaient réellement dépassé la vitesse de la lumière ?

Après avoir pris connaissance de cette découverte, j'avais écrit un article sur la question. J'y expliquais que dans la mesure où les neutrinos ont/auraient violé la constante c, alors il faut envisager que ces particules perdent leur masse (leur masse devient imaginaire) et par conséquent leur temps devient nul. J'y reviendrai. Si c'est le cas, on pourrait reclasser les neutrinos dans la catégorie des « particules » super-véloces (si tant est qu'on puisse nommer *particule* une entité sans masse). Notre espace-temps cohabiterait donc avec un espace super-lumineux sans entrer en conflit avec quoi que ce soit...

Quoi qu'il en soit, l'expérience de Genève sur les neutrinos ainsi que la découverte de Louis de Broglie montrent que notre univers n'héberge pas qu'un seul plan dimensionnel. La « violation » de la constante « c » impliquerait qu'il existe des influences non physiques qui n'obéissent pas forcément aux lois établies par l'homme.

Beaucoup de ceux qui se rappellent de l'au-delà, témoignent que la vie ne s'arrête pas aux confins de la mort physique. Les « expérienceurs » disent que l'existence terrestre n'est qu'une étape dans la Grande Vie. Certains autres ayant expérimenté une régression dans une ou plusieurs vies antérieures acquièrent la certitude du cycle des incarnations et de l'immortalité de l'âme. Après une régression sous hypnose, beaucoup ont guéri des maux qui résistaient aux médecines conventionnelles (y compris les psychothérapies). La réminiscence des causes profondes de leurs troubles, la compréhension holistique des « racines du mal » dont le souvenir résidait en leur âme, devint l'outil de leur auto-guérison.

A ce titre, la lecture du livre du **Docteur Brian L. WEISS « Nos vies antérieures »** offre de nombreux témoignages, tous plus édifiants les uns que les autres.

A la page 69 du livre, il déclare : « la régression vers les vies antérieures se révèle particulièrement efficace dans le traitement des douleurs musculaires, des migraines rebelles aux médications, de l'asthme ou des troubles dus au stress ou liés à un affaiblissement des défenses immunitaires (...). En certains cas, elle semble résorber les lésions ou tumeurs cancéreuses. Après avoir essayé la régression sous hypnose, beaucoup de mes patients ont pu cesser de prendre des analgésiques. Elle a aussi permis d'éliminer des troubles affectifs profonds en mettant au jour le lien entre, d'une part, les émotions et, d'autre part, le malaise physique et son origine dans une vie antérieure. »

Parfois des relations conflictuelles dans un couple sont révélatrices de vies communes antérieures dans des rôles parfois dramatiques. Ce fut le cas de Dan et de Mary Lou aux États Unis où Dan avait tué et frappé sa compagne à plusieurs reprises dans leurs vies communes précédentes. J'ai moi même compris pourquoi l'une de mes relations amoureuses avait échoué. J'avais déjà vécu avec cette personne au 4e siècle et notre relation d'abord harmonieuse s'était mal terminée pour nous deux (mort par effondrement d'un mur de notre maison). Il a été frappant pour moi de constater que cet homme avait reproduit la même tactique qu'il avait employée à l'époque pour me conquérir et qu'il avait conservé de nombreux traits de personnalité de cette époque là.

Le cas mondialement connu d'**Anita Moorjani** prouve que les **NDE** ont des effets spectaculaires sur la santé et la transmutation des peurs en amour inconditionnel. Anita était atteinte d'un cancer incurable et sa mort était imminente. Elle avait basculé dans un coma dépassé et la famille savait qu'elle ne s'en sortirait pas. On ne lui donnait que 36 heures au maximum. C'est alors qu'Anita Moorjani expérimente une NDE ; baignée dans la lumière elle saisit soudain la cause profonde de son cancer : la peur. La peur de tout. Elle ressort de son coma totalement guérie, emplie d'amour et de lumière, encourageant les âmes à réaliser le pouvoir qui réside en chacun. Elle guérit de son cancer en quelques semaines à la plus grande stupéfaction du corps médical qui n'explique toujours pas sa rémission totale ni la sortie de son coma dépassé.

Si vous souhaitez visionner son témoignage merveilleux, il disponible sur internet à l'adresse indiquée en note de bas de page[10]....

Bien sûr, je ne chercherai nullement à convaincre le lecteur de la réalité de ces phénomènes encore marginalisés bien que la lecture de ces témoignages offre des réponses bénéfiques.

D'ailleurs, je vous invite à lire mon ouvrage avec esprit critique mais ouvert... Il est conçu pour vous offrir un panorama différent à l'aide de « lunettes » différentes. Comme des bébés, nous sommes myopes, ne distinguant que les formes étranges et les lumières bigarrées du mobile évoluant au dessus du berceau afin d'éveiller nos sens. La conscience est pourtant bien là, il suffit d'ouvrir la porte pour la laisser explorer toutes les parties de Soi. Nous avons besoin de nous ouvrir à des angles de vue plus larges. Les œillères que l'éducation, les médias et la société ont placé sur nos yeux nous empêchent de voir les « choses » telles qu'elles le sont réellement et nous vivons comme des prisonniers dont le geôlier n'est autre que nous même ; il ne tient qu'à SOI d'éveiller sa conscience à d'autres possibles...

Il n'existe pas selon moi de Vérité absolue si ce n'est celle de l'amour inconditionnel et de l'état de présence pur : présence à soi même, sans égo, en incarnant l'instant présent, observateur de qui nous sommes... de sorte que, pour définir ce qui est extérieur à Soi, comment distinguer la projection personnelle de ce qui existe indépendamment de soi, sans y laisser son propre reflet ?

Guy Finley nous dit dans son merveilleux livre « Un an pour lâcher prise » aux éditions Pocket Evolution : « L'esprit tranquille reflète tout ce qui le traverse, et il est incapable de savoir si sa nature est de refléter une forme ou d'être la forme qu'il reflète. L'amour – et la compassion, sa compagne -, c'est l'impossibilité de distinguer entre ces deux oppositions. »

Il est possible d'établir des connexions et rapprochements fondés sur une certaine appréhension élargie tout en adoptant l'attitude du chercheur perpétuel en quête d'un Graal cosmique, de sa propre pierre Philosophale à l'instar des hermétistes et alchimistes. L'or alchimique n'est-il pas au sens spirituel la transmutation des scories par la voie de l'amour en lumière consciente ?

Comment l'être conscient réalise t-il son plein potentiel ? En se délestant de tout superflu. Niché au cœur de son esprit réside un potentiel créateur infini. La réalisation de ce plein potentiel via la connaissance de soi libère du fardeau de la peur, car la peur se nourrit du mental et de la dualité. Or, la conscience réunit, relie, explore tout en étant immobile... Le silence intérieur d'un esprit tranquille permet cette exploration intérieure sans entraves du mental. Dessiller ses processus mentaux requiert d'etre attentif

---

[10] http://apreslavielavie.over-blog.com/article-temoignage-d-anita-moorjani-interview-de-lilou-mace-91168966.html

41

à ce qui se passe en Soi. Quand nous vibrons sur le mode de l'observation analytique et de l'amour, la joie s'éveille et avec elle sa sœur la paix.

Après tout, sommes-nous nos processus mentaux, nos pensées et nos actes ? Les vagues sont-elles l'océan ?

Quel lien subtile existe t-il entre la pensée, l'intention, les vibrations, l'univers et l'information ? L'orientation de vos pensées peut-elle modifier votre vie, (re)définir vos succès ou vos échecs, votre devenir et votre comportement, votre perception de la vie et du monde et agir concrètement sur la matière ? Comment la pensée opère t-elle pour agir à ce point sur votre vie ? Comment l'intention qui n'est pas un élément matériel a t-elle un impact sur la santé, vos choix ou des événements futurs ? Pouvez-vous modifier votre vie ?

En bref, l'esprit domine t-il la matière et si oui, comment ? L'information au sens large du terme est-elle une clé de voûte de l'édifice qu'est votre esprit, l'humanité, le Vivant et l'Univers ? Le sujet est vaste et il faut commencer par définir et donner un cadre à ce dont on parle. **Nous allons commencer par la pensée, car d'elle partent toutes nos conceptions et paradigmes.**

Quelle est la nature de la pensée ?

Étymologiquement, le mot penser nous vient du latin « penso » qui signifie **peser, soupeser.** Mais que soupèse t-elle au juste ?

A priori, la pensée soupèse une idée porteuse elle même d'une information.

En grec ancien, le nom **idée** ιδέα apparenté au verbe ιδεῖν, « **voir** », suggérerait le sens d'« **image** ». L'idée serait alors l'image formulée par la pensée, la façon dont la pensée voit les choses.

Mais une idée, c'est quoi au juste ? L'image de la pensée est comme un reflet sur un miroir. Que reflète donc l'idée ? Réponse : l'image ou le reflet de l'information secrétée...

Nous véhiculons des ondes mentales mesurables via un E.E.G par exemple, mais ces ondes mentales ont un impact concret comme les classiques réactions bio-chimiques et psychopsysiologiques.

Par exemple, l'idée de devoir comparaître en jugement suscite inquiétudes voire angoisses.

Sir John Eccles, neuro-physiologiste australien, auteur de « Évolution du cerveau et création de la conscience » (Fayard, 1992) croit en l'existence d'une conscience indépendante du cerveau. Dans son livre « Evolution du cerveau et création de la conscience », Sir John Ecclès développe ses recherches en ce sens. Il découvre notamment que l'intention et l'attention qui ne sont pas des phénomènes physiques provoquent un acte volontaire. Il déclare : « Avant l'accomplissement d'un acte volontaire, une zone définie du cortex commence à s'exciter. Qui l'incite à s'animer avant ? ».

Il est intéressant de remarquer que Intention et Attention sont interchangeables et donc équivalentes. Quand on porte attention à quelque chose, c'est notre intention qui est orientée vers ce quelque chose.

Pour le **docteur Morse**, nous serions « un corps dans une âme » et non une âme dans un corps et il pense que le lobe temporal droit du cerveau peut nous relier au reste de l'univers. Il approuve le Dr Ecclès et l'idée d'une conscience indépendante du corps et du cerveau.

A ce titre, une **découverte scientifique** risque de tout bouleverser en ce domaine. En effet, des **neurologues** de l'University of California de San Diego ont découvert en 1997 qu'en en soumettant le **lobe temporal droit à un champ électromagnétique très faible**, on peut recevoir des messages mystiques. D'où le nom donné à cette zone spécifique du cerveau : « **le**

module de Dieu ». C'est également dans cette zone que nous puiserions nos souvenirs d'après eux. Ce n'est pas sans rappeler les fameuses annales akashiques de l'Inde où serait stockée toute la mémoire universelle et individuelle. Cette mémoire akashique non localisée bien que présente dans le principe universel, servirait de zone mémorielle pour tout un chacun. Nous y reviendrons car il y a beaucoup à dire sur la *non-localité,* y compris de la mémoire...

Plus stupéfiant encore, il y a quarante ans, le **neurochirurgien Wilder Penfield** découvrit qu'en stimulant une zone du **lobe temporal droit,** il provoquait chez les personnes **divers phénomènes** : certains entendaient de la musique céleste, d'autres rencontraient des proches défunts, d'autres encore disaient voyager hors de leur corps et enfin certains voyaient leur vie défiler devant leurs yeux à l'instar de ce qui se passe lors d'une NDE.

Il me semble que ce lobe temporal droit **agit comme** une **interface** mettant **le cerveau et la conscience en connexion** avec des plans supérieurs d'existence. Le fait de stimuler cette zone provoquerait exactement les mêmes effets qu'une décorporation suite à un incident physique...

La façon dont l'information parvient au cerveau sous la forme de visions ou de ce que certains appelleraient des hallucinations visuelles et auditives, montre qu'un mécanisme au moins physique doit être activé, ce qui doit arriver aux personnes dans un état de conscience altéré comme c'est le cas pour un coma ou un arrêt des fonctions vitales. Le cerveau se comporte alors comme un récepteur exécutant au besoin des commandes induites depuis un 'ailleurs'...

Pour autant, il n'est pas forcément nécessaire d'être confronté à des événements personnels dramatiques et brutaux pour percevoir ce que nous pouvons nommer de la prescience. Combien d'entre nous n'ont pas vécu au moins une fois dans notre vie une expérience inexpliquée ?

La conscience ne serait donc pas une composante physique du cerveau, mourant avec la dernière étincelle de vie, mais entrant en connexion physique avec le cerveau.

Concernant l'information, on ne pas dire qu'elle soit à proprement parler physique bien qu'elle puisse s'incarner en prenant littéralement forme dans la matière sous les traits d'ondes mentales, d'enzymes, de protéines, de réactions hormonales, de signaux électriques, etc.

Une information est constituée d'un ensemble de datas, c'est à dire de données dont la configuration doit comporter un sens pour l'esprit humain. Ce n'est pas le cas d'un ordinateur pour lequel une succession de lettres, signes ou nombres saisis au hasard est mémorisée sans que cela doive obligatoirement comporter un sens pour lui. Contrairement à l'esprit humain, un ordinateur n'a pas besoin de donner de sens ou d'utilité à ce qu'il mémorise. En revanche, pour un programme informatique destiné à faire marcher un robot, le programme doit comporter une application cohérente comme pouvoir marcher de façon autonome.

Les japonais ont d'ailleurs mis au point des robots d'apparence humanoïde (nommés Asimo) pouvant se déplacer et communiquer.

Un système hautement organisé ne peut fonctionner correctement avec des fonctions purement aléatoires ou être régi par des mouvements browniens (régis par les seules lois du hasard).

Les informations qui transitent dans un système complexe composé de centaines de milliards de milliards de cellules, elles mêmes fonctionnant comme des micro-processeurs autonomes, ont une visée particulière et néguentropique (accumulation d'information et auto-organisation).

Or, qu'est-ce qu'une auto-organisation si ce n'est le fait de se connaître soi même aux seules fins de s'auto-réparter, s'auto-réguler, s'auto-instruire, s'auto-corriger... etc ?

Que fait un être conscient comme l'être humain, composé de cellules dont on dit qu'elles sont des systèmes auto-organisés ? Il se connaît lui même, du moins la finalité de sa vie est-elle d'apprendre à mieux se connaître par retour sur information.

Les organes d'un être vivant sont conçus pour s'auto-réparer... Les informations qui sous-tendent ces programmes du vivant sont comme des flux comparables au sang dans les veines ; il nourrissent l'organisme et visent sa bonne santé et sa pérennité.

Vous comprendrez dans la suite de l'ouvrage la relation intime qui relie les systèmes auto-organisés et la forme toroïdale...

Bien que la mort nous attende tous, **le programme de la vie fonctionne sur une actualisation constante de l'information.**

Mais d'où provient l'information ? Est-elle physique à la source ? Nous allons voir cela en détail dans les chapitres suivants mais d'ores et déjà je peux dire qu'elle implique des transferts et influences dont certains effets sur la matière sont mesurables, observables et reproductibles.

Information et pensée humaine : l'étymologie à la rescousse !

Revenons pour l'instant à la pensée humaine.

Pour l'esprit, la pensée est comme un générateur de programmes autonomes destiné à permettre au corps-esprit de fonctionner de façon optimale tout en apportant quelque chose de supplémentaire et d'utile à l'ensemble, la visée étant d'obtenir plus que la somme des parties. Ne sommes-nous pas plus que la somme nos cellules ?

Sans entrer dans le domaine de la psychologie, comment appréhender la pensée humaine et son rapport avec l'information ? Comment cela s'articule t-il ?

Si la pensée pèse et soupèse « quelque chose », de quoi est fait ce quelque chose ?

Face à des choix à faire face à une situation donnée, l'esprit doit procéder à une sélection, comme quand vous soupesez la qualité d'une tomate vis à vis d'une autre. Ces choix impliquent des informations différentes dont il va falloir examiner le contenu avant de prendre une décision.

Concrètement, qu'est-ce que l'information ?

Information nous vient du verbe **Informer**, du latin *informare*, préfixe in : « dans » et « forma » signifiant forme.

Informer veut donc dire : donner une forme, instruire (la forme) et donner une structure.

L'information est donc l'instruction ou le code-source qui renseigne sur la forme.

La forme résulte du code-source ou programme ; la forme est donc instruite depuis une cause première non physique.

En informatique, le code-source est l'instruction qui va permettre d'exécuter une fonction, un ordre. Il en résultera l'affichage de pages dynamiques incluant des objets : texte, images, vidéos, formulaires, etc...

Pour voir la forme et non le code-source, **il faut un un traducteur**, comme sait le faire par exemple un logiciel de traduction ou comme une télévision qui vous restitue l'image et le son. Concernant l'homme, la traduction se fera par le cerveau via l'esprit.

Mais l'esprit ne peut fonctionner seul et s'il n'est pas organisé et ordonné, il affichera tout et n'importe quoi dans l'esprit. Il lui faut donc sélectionner les informations utiles – des instructions sur la forme – afin de ne pas etre submergé de mille et une informations sans intérêt pour son hôte.

Voilà où intervient la pensée et la formulation d'idées.

Du Latin *pensare* signifiant *peser*, **la pensée pèse l'« instruction sur la forme », telle une balance.** C'est donc une sorte de filtre de l'esprit qui implique de faire des **choix pour sélectionner ce qui vient à lui.**

Du latin *idea et du grec ancien ιδέα idéa*, le mot *idée* signifie « forme visible, aspect ».

Après avoir été pesée et retenue, l'information sélectionnée prend donc la forme d'une idée, c'est à dire de l'aspect et forme visible du code-source.
Cette forme-pensée peut alors être projetée sur le grand écran 3D de l'esprit...

C'est une information codifiée comme un modèle informatique portant l'instruction de la forme, dont l'image apparaît en étant projetée sur l'esprit grâce au réseau neuronal... Mieux qu'au cinéma n'est-ce pas ?

L'instruction de la forme est par conséquent ce qui *In-forme*.

Le programme est l'information initiale codifiée. L'image obtenue peut prendre les traits d'une vraie projection en relief avec sa composante émotionnelle, affective, l'aspect d'une impression diffuse ou d'une idée, d'une sensation, etc. La constellation émotionnelle/affective octroie à la forme une tonalité importante influant sur nos choix.

Qu'est-ce qui motive nos choix ? La seule raison ?
La raison puise dans la mémoire, les conditionnements, les influences extérieures (amis, parents, conjoints...), et dans la constellation affective. Par ailleurs, une information se doit de comporter un sens pour vous comme nous l'avons vu.
Par exemple, une émotion de peur va puiser dans une **pensée-racine** orientée vers la peur. Votre pensée-racine subit une orientation : positive quand elle est orientée vers l'amour et négative quand elle est orientée vers la peur.
C'est ici qu'intervient **le concept d'intention** : l'intention est la faculté que possède tout être à orienter ses pensées vers le positif ou le négatif.
La pensée est tributaire de la polarité positive ou négative qui fait partie du fonctionnement même du cosmos. Comme pour le courant électrique, la pensée peut être d'orientation positive ou négative.

En ancien français, *entencium (entendement, opinion),* **du latin scholastique *inentio* implique l'action de tendre ; l'application de la pensée, l'attention ; l'effort vers un but.** (définition de wiktionary).
Vous noterez que attention et intention sont quasi-interchangeables.

De façon consciente, nous n'aimez pas l'idée de nourrir vos pensées et votre vie de négatif. Qui a envie de vivre une vie malheureuse ? Pour autant, quand la peur envahit notre esprit, il est parfois difficile de ne pas penser négativement.

Par exemple, vous avez vécu des situations stressantes liées au manque d'argent. Face à une fin de mois difficile, votre subconscient va recréer les conditions d'une peur liée au manque et à l'insécurité. Le mental influence pour beaucoup ces états d'âme, en incitant votre esprit à ne retenir que des pensées de tristesse, de peur, de manque.... Tout ce qui a été ressenti et perçu comme quelque chose de désagréable va renforcer le sentiment de revivre à nouveau cette situation et entraîner une profusion de pensées anxiogènes.

Votre intention n'est pas forcément de penser négativement ; pour autant, celle-ci **peut tendre vers du négatif via la pensée qui sélectionnera ce choix en lui donnant une image visible (idée négative).**

Votre pensée-racine est née de votre intention première qui est elle même assujettie à votre conditionnement mental, émotionnel, moral, physique, etc. Ces facteurs influent considérablement sur l'orientation de votre pensée-racine, laquelle focalisera sur une information qui aura correspondu à cette intention première. Même si la personne en question n'avait pas l'intention d'être anxieuse face à cette fin de mois difficile, elle produira malgré tout une intention orientée vers la peur, sauf si la personne en est consciente, d'une part, et d'autre part qu'elle inverse la tendance par un travail sur la confiance, la gestion du stress, le développement d'inclinaisons positives, la recherche des causes intérieures menant à des comportements néfastes, etc.

Concevez le programme initial ou causal **comme une onde porteuse d'un message.** Les ondes radio véhiculent de nombreuses données. Avec un poste radio vous pouvez les capter et les interpréter puis les entendre de façon audible via les haut parleurs.

Concernant l'intention première, comparez-la à des courses en supermarché. Supposons que vous ayez l'intention de faire une soupe mais qu'il vous manque des ingrédients. Vous allez donc soupeser les bons ingrédients au rayon légumes, un par un, avant de composer la bonne formule.

L'intention cherche donc à tendre vers un but, en appliquant ses ressources vers cet objectif... **Il s'agirait en somme de l'orientation consciente ou inconsciente de la pensée qui s'applique à atteindre un but.** Dans cette perspective, nous avons le conscient et le subconscient, ce dernier dictant de beaucoup nos décisions à la manière d'un pilote automatique dans un avion.

L'intention est influencée par le désir teinté d'émotion visant la satisfaction de ses besoins : trouver un bon travail, améliorer sa santé, mieux se connaître...

Il y a de nombreux facteurs interférant avec l'orientation de la pensée.

Si vous décidez de fonctionner sur du courant « + », vous allez formuler une intention dite positive. Si l'orientation de la pensée se dirige vers l'optimisme comme la certitude de mener à bien un projet ou de réussir dans la vie, la pensée va sélectionner une information qui sera en accord avec cette intention.

Cette information va littéralement INFORMER votre être, vos cellules et induire des modifications de vos ondes mentales, dont la conséquence sera la production de messages bio-chimiques dans l'ensemble de votre corps à partir du cerveau.

C'est un peu comme si vous décidiez d'ensemencer un champ. Si vous ensemencez des carottes, vous récolterez des carottes, mais si vous laissez votre champ sans l'arroser ni l'entretenir, vous allez vous retrouver avec une récolte décevante... L'intention est donc la semence, mais il faut ensuite prendre soin des graines ensemencées afin qu'elles germent et deviennent fruits ou légumes savoureux.

Ainsi, il faut également savoir que quelle que soit la graine, elle germera si elle est arrosée, plantée, bénéficiant de lumière, ...etc. **Quelle que soit l'orientation de votre pensée-racine, elle fera germer l'instruction que vous lui avez donnée !** Cette information sélectionnée jugée conforme à l'intention (le désir) prendra forme.

Votre désir détermine donc la sélection des informations utiles à vous même. Mais vous pourriez objecter qu'une orientation vers du négatif n'est pas utile et qu'il faudrait ne semer que du positif si on veut du positif dans sa vie. **Toute la clé du succès est là : se poser la question de savoir ce que vous préférez manifester.** Mais attention : ne projeter que le binôme désir-manque produira de l'insatisfaction si vous ne lâchez-pas prise une fois votre intention formulée. L'intention peut tout simplement impliquer la confiance en la vie.

Ici il faut se méfier des désirs : quand vous exprimez un désir, un besoin, vous croyez exprimer une chose positive comme avoir plus d'argent. En réalité, quand vous demandez à la vie plus d'argent, un meilleur travail, plus de temps pour votre famille, mais que vous accompagnez cela du sentiment d'insatisfaction et de manque, vous exprimerez un manque... Et ce manque est la graine que vous allez semer. Votre intention ne sera donc pas la profusion mais le manque. C'est pourquoi la gratitude accompagnant l'expression d'un désir est un appel à l'univers vers plus d'abondance. L'univers entendra l'intention positive de la gratitude associée au désir. C'est l'assaisonnement de votre plat qui le rendra savoureux et non amer...

L'esprit devient donc le support et réceptacle d'intentions et d'idées, début d'une longue réaction en chaîne, depuis les semailles à la récolte, quelles que soient vos intentions. Or, des idées et donc des pensées, le cerveau en produit des milliers voire des milliards par jour... en fonction de vos intentions.

Par ailleurs, voici ce que dit Bruno Lallement, coach en développement personnel[11] dans un de ses cours : **« ce ne sont pas vos pensées le plus important. Vos pensées ne sont rien d'autre que des productions que votre mental crée en permanence en fonction de vos perceptions mentales. (…) Jamais vous ne pourrez changer vos pensées si vous ne changez pas vos perceptions »** (Leçon N°13 via email.).

Peut-être serait-il plus agréable pour vous de revoir vos perceptions de vous même, des autres et de la Vie et ses mécanismes ?

Le cerveau est constamment entre train d'élaborer des idées, donc des images tout en voyant ces images traverser son esprit... Le mental peut alors être littéralement envahi de toutes sortes de pensées parfois contradictoires, conduisant à un état de mal être général.

Si le *code-source de la pensée* n'est pas encore reconnu par le monde scientifique comme étant *délocalisé* du cerveau, il n'en demeure pas moins que la pensée influe considérablement sur nos états psychiques, physiques et émotionnels. Elle a donc un impact majeur sur notre santé et sur notre comportement dans la vie par le lien physique et psychique.

La pensée se sert de l'esprit comme d'un support, tel un système d'exploitation informatique, ce qui engendre des réactions bio-chimiques dans le corps, comme la production d'états émotionnels. Mais à la source de la pensée, qu'y a t-il ? De l'information.

Or, qu'est-ce qu'une instruction tant qu'elle n'est pas transférée sur un support ?

On ne peut pas observer, détecter ou mesurer les flux informationnels dans l'enceinte de la pensée, on ne sait que lire (du moins tenter de lire) les effets de la pensée sur la chimie et réactions du corps. Le système de projection sous forme d'images mentales est comparable à un hologramme. Je reviendrai plus en détail sur ce point dans la suite du livre. Mais dans l'idée, l'objet qui se trouve projeté sous la forme d'une image en trois dimensions prend racine ailleurs que dans le projecteur-traducteur qu'est l'esprit. L'information codifiée traduite et transférée n'est pas telle que nous la voyons et percevons ; elle n'est pas non plus physique, bio-chimique, électrique ou de toute autre nature physique car cela supposerait qu'une

---

[11] Auteur du livre « les grands secrets du bonheur et de l'accomplissement de soi » : http://www.methode-developpement-personnel.com/livre/livre.html

conséquence soit sa propre cause ou que la réaction précède l'action.

Nous ne pouvons que mesurer l'impact de la pensée, non la cause car la cause est non-locale. Les trains d'ondes perçus par nos sens sont déjà la traduction physique de quelque chose d''antérieur. Nous mesurons donc la conséquence, non la cause.

Face à un danger ou un stress, votre pensée galope en créant littéralement toutes sortes de situations virtuelles qui finissent par vous nouer les entrailles. A savoir que l'anagramme de TRIPES est ESPRIT ! Ce n'est pas sans raison car les intestins sont considérés comme le 2e cerveau en raison du nombre très important de neurones en son sein.

Pour en revenir à la pensée, tout ce qu'on peut détecter physiologiquement sont les zones de votre cerveau sollicitées, mais pas l'information-source. On peut analyser les ondes cérébrales, voir les zones du cerveau sollicitées lors de tel ou tel processus de réflexion par exemple, lors d'un stress, et l'on en déduira un certain nombre de conclusions d'ailleurs très pertinentes. En revanche, on ne saura jamais à quoi vous pensiez à tel moment. Du moins pour l'instant, car avec le progrès des neurosciences, on peut s'attendre à faire de nombreuses autres découvertes étonnantes dans les décennies à venir !

En l'état actuel des choses, l'homme n'a accès mentalement qu'à la sélection faite par la pensée via le champ informationnel. C'est un choix fait parmi de nombreuses possibilités, de nombreuses informations. Car enfin, **peut-on faire un choix entre plusieurs légumes destinés à une soupe si en magasin il n'y a que trois ou quatre légumes différents ?** Ce ne serait plus un choix, n'est-ce pas ? **La pensée ne pourrait soupeser quoi que ce soit sans diversité, sans un panel important de possibilités.** Et ces possibilités sont quasi-infinies au départ. Nous ne voyons émerger qu'un petit échantillon de ce qui est possible en un temps donné. Nous avons pourtant de nombreuses voies devant nous mais notre intention, puis notre pensée ne sélectionnent qu'un choix limité de voies sur lesquelles nous irons. Pourtant au départ les voies sont presque infinies !

Il est difficile de dire si le cerveau est l'unique créateur de notre réalité virtuelle, mentale, mais il en est certainement le locataire.
Si la pensée ne fait que formaliser et faire émerger des datas, alors d'où provient l'information brute ? D'un champ informationnel bio-disponible, comparable à ce supermarché où vous avez le choix entre de nombreux articles. Désolée de prendre l'exemple d'un supermarché qui n'est qu'un très pâle reflet de la bio-diversité, mais au moins a t-il le mérite de vous représenter les choses concrètement. J'aurais pu prendre l'idée d'un champ où toutes sortes de fruits et de légumes pousseraient et l'image serait d'autant plus agréable !... Voyez comment le conditionnement de la société

est à l'œuvre !

L'information étant « ce qui a instruit la forme », ce qui n'a pas été manifesté en tant que forme résiderait dans le champ informationnel bio-disponible.

Conscience et pensée :
La conscience pourrait-elle être le « cerveau moteur » de notre pensée ?
Pour commencer, peut-on définir la conscience ?
Le nom *conscience* provient du latin *conscientia* composé du préfixe con (avec) et scientia (science)[12].
Une première traduction donnerait donc « avec la science ».

Science et savoir sont liés. La conscience est par conséquent celle qui sait, celle qui a la connaissance innée, intrinsèque, immanente.

Conscience et mental : la difficile collaboration !
Quand on sait où se diriger, alors les choix sont plus simples, mais quand la conscience est parasitée par le mental, alors le dialogue se fait mal et les pensées deviennent chaotiques. On peut comparer ce bruit de fond mental à de nombreux logiciels monopolisant les ressources de l'ordinateur en l'empêchant de fonctionner à son plein potentiel...
Imaginons maintenant un bateau : nous avons un capitaine, un pilotage automatique, un commandant en second et un personnel de bord, chacun ayant une fonction précise. Si on ôte le capitaine qui prend les décisions, l'équipage sera désorganisé et chacun pourrait vouloir prendre la direction, à commencer par le commandant en second (l'esprit). C'est ce qui se passe souvent dans le cerveau. Le mental veut souvent prendre le dessus et les choix ne sont pas toujours judicieux.
Nous ne sommes pas réduits à notre mental ou à notre esprit ; l'ensemble doit être « piloté » par le capitaine qui sait mieux que quiconque quelle route prendre, quels écueils éviter, en raison de sa connaissance et de son expérience.
Prenons un autre exemple. Vous êtes dans un tunnel sombre et vous allumez une lampe torche. Celle-ci vous aidera à explorer tous les recoins de ce tunnel et mettre en lumière ces zones d'ombre qui étaient inconnues de vous. Les parties du tunnel étaient déjà là, mais sans lumière, il n'y avait aucun moyen de les connaître. De même, votre conscience est un projecteur explorateur de toutes les parties de votre être, qui, sans sa lumière, restent méconnues de vous. La conscience vous permet donc de mieux vous connaître en allant explorer munie de sa lampe, les zones sombres tapies en vous.

---

[12] Définition du wiktionary, à cette adresse : http://fr.wiktionary.org/wiki/conscience

On sait que que la conscience nous permet de nous identifier, de nous différencier des autres et du reste du monde. Elle permet de savoir que « je suis » existe sans le qualificatif de l'EGO qui l'étiquette en « je sais », « je veux », « je peux », « je suis meilleur que », etc.

La conscience incarne le « JE SUIS » en habitant l'instant présent, ici et maintenant et non dans un « après » ou un « avant ». Elle est comme un guetteur depuis sa tour de guet. Elle voit arriver les événements et connaît son camp, sa population... mais aussi la relation de cause à effet car elle sait que toute action entraîne une réaction. Elle possède le savoir. Pourquoi ? Parce qu'elle est de la même étoffe que l'information universelle. Ce qui la constitue n'est pas physique. De plus la conscience intègre également des notions éthiques telles que le bien et le mal. Elle n'a pas besoin de prouver quoi que ce soit, elle EST tout simplement, sait et se suffit à elle même, permettant de faire contre-poids aux effusions du mental.

Bien sur, nos conditionnements, habitudes, génétique, tempérament et personnalité font que nos choix sont assujettis à notre propre individualité. La conscience constituerait alors une sorte de guide supérieur auquel nous pourrions faire appel en mettant en veille notre mental par le biais notamment de la méditation où le temps devient très relatif.

Suivant le principe de l'équilibre sur une balance, la conscience pourrait constituer le contre-poids destiné à maintenir l'équilibre du système, à condition de prendre conscience que nous ne sommes pas que des impulsions nerveuses.

Résumons :

Influences externes et internes
(conditionnements, milieu socio-culturel, éducation, personnalité, désirs personnels, influence de la conscience...)

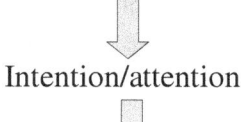

Intention/attention

Sélection d'un ensemble de Datas dans le champ informationnel global

Formulation d'une pensée-racine

Idée

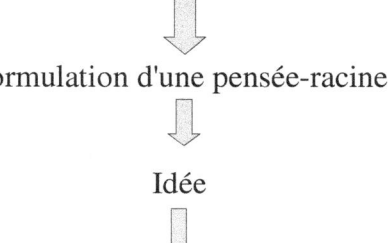

Projection sur l'écran 3D de l'esprit d'une image

L'esprit domine t-il la matière ?

Par quel moyen l'information interagit-elle avec la pensée ?
Y-a t-il des preuves d'une influence de l'esprit sur la matière ?

David Bohm, auteur entre autres de la théorie sur l'univers holographique, a publié un texte que je trouve très pertinent, sur la façon dont l'information devient active, selon ses termes, selon que notre imagination – entre autres – rend une situation virtuelle concrète selon que la situation le permet. Voici un extrait que j'ai pu traduire de son livre « Meaning and Information », téléchargeable au format pdf (voir note de bas de page)[13] :
« Il est important de considérer le fait que l'activité ayant un sens peut être virtuelle plutôt que réelle. L'activité virtuelle est plus qu'une simple potentialité. Il s'agit plutôt d'une sorte d'action suspendue. Par exemple, la signification d'un mot ou de toute autre forme peut agir de la même manière que l'imagination le fait. Bien qu'il n'y ait aucune action visible à l'extérieur, il y a néanmoins une action, ce qui implique évidemment l'activité somatique du cerveau et le système nerveux, et peut également impliquer les hormones et la tension musculaire, si la signification a une forte charge émotionnelle. Cependant, à un certain niveau, cette action peut cesser d'être suspendue, de sorte qu'il en résulte une action extérieure. Par exemple, en lisant une carte, les formes sur le papier constituent l'information, et sa signification est appréhendée comme un ensemble d'activités virtuelles (par exemple dans l'imaginaire), représentant les actions que nous pourrions prendre dans le territoire représenté par la carte. Mais parmi elles, une seule sera actualisée à l'extérieur, selon l'endroit où nous nous trouvons à ce moment là. Les informations sur la carte sont donc potentiellement actives de bien des façons, mais tout au plus réellement active d'une seule façon. »

Le cerveau se contente de traduire quelque chose qui a été à l'origine d'une « demande » comportant un sens. Si notre imaginaire fertile nous embarque dans des aventures où l'action – bien que virtuelle et suspendue – est appelée à devenir réellement active dans notre « présent », l'information de cette réalité virtuelle procède forcément d'un déclencheur. Et ce déclencheur n'est quant à lui pas issu du cerveau, même si le cerveau en devient l'hôte et le logiciel de traitement des données... David Bohm souligne bien l'importance du sens lié à l'information, pour la bonne raison que ce qui a un sens a un impact d'autant plus important sur notre vie

---

[13] http://www.implicity.org/Downloads/Bohm_meaning+information.pdf

qu'une information n'en comportant pas. Réagiriez-vous à cette série de mots ? « Xdoufouesd douosuf=v , aoiuyvent ? »
Ou à : « courir donner banane dans le ventre assorti de pates » ?

La pensée crée des idées en permanence via l'intention première. En allant pécher dans cette réserve inépuisable d'intentions – orientations ou inclinaisons de formes-pensée – nous péchons en réalité l'information utile dont nous avons besoin pour produire des pensées et idées. La raison d'être de toute personne est d'assouvir en permanence les besoins insatiables de notre corps, esprit, soma... Et puisque nous sommes nés pour produire des pensées via notre mental - son support matériel de traitement des données - autant focaliser sur des intentions positives et agréables, n'est-ce pas ?
L'intention permet la transformation d'un potentiel global à celui d'action suspendue, devenant une forme plus précise. Une *in-forme*-ation. Tel un potier sculptant une œuvre, il part de la terre glaise pour lui donner une forme selon son intention. Le champ d'information global est comme la terre glaise de laquelle le sculpteur (l'intention de la personne) prélève la portion dont elle a besoin pour façonner l'image souhaitée. De la même façon, l'intention est la première étape, essentielle, qui instruit ce qui était latent et sans forme, en une forme que la pensée-racine va affiner encore plus jusqu'à aboutir à l'idée : l'image de cette action suspendue. De cette idée, en sortira peut être le chef d'œuvre imaginé : la toile de maître, la sculpture rêvée, le métier tant attendu, la rencontre avec son âme sœur... etc.
L'esprit est donc une machine à fabriquer des images en suivant l'orientation de l'intention. Voyons plus précisément de quelle façon, par quels modes opératoires...

Les vibrations et les fréquences qui leur sont associées fournissent un début d'explication concernant le mode d'interaction entre pensée et information universelle...
Les sons et les vibrations ont toujours intrigué l'humanité.
Il est d'ailleurs étonnant de constater combien le principe de vibration des hermétistes *« Rien ne repose ; tout remue ; tout vibre »* et *« rien n'est à l'état de repos »* semble accréditer la célèbre formulation du Chimiste Lavoisier : *« Rien ne se perd, rien ne se crée, tout se transforme »*.

Au fait, qu'est-ce qu'une vibration ? Le dictionnaire Mediadico la définit ainsi : « oscillation, mouvement de va-et-vient très rapide ». Wikipédia nous dit que c'est un « mouvement d'oscillation autour d'une position d'équilibre stable ou d'une trajectoire moyenne ».
On entend parfois : « Ça me fait trop vibrer ! » en parlant d'une musique ou d'un film. Ce n'est pas un hasard puisqu'on entre en résonance avec le

monde et les objets en étant nous même des objets pensants et conscients.

Pythagore, philosophe mathématicien et scientifique grec (-580 av. J.-C.) découvrit le rapport entre nombre et vibrations en musique, posant les bases en musicologie actuelle.
En musique, l'harmonique est une composante du son. En physique, l'harmonique est un phénomène périodique se répétant durant un temps « t », formant une oscillation. L'ensemble de cette oscillation ressemble à une corde agitée longitudinalement et s'appelle « onde ».

Sur le schéma ci dessous, l'onde porte une fréquence fondamentale.
C'est ce qui confère à la musique une perception harmonieuse.

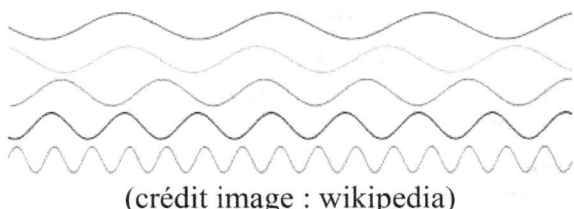

(crédit image : wikipedia)

Ceux parmi vous qui jouent d'un instrument de musique savent que deux notes qui sont accordées forment une ondulation telles des vaguelettes au bord de mer. Toute onde porte donc une fréquence fondamentale à partir d'harmoniques.

Le roulement d'un train sur des rails, les séismes, l'onde de choc d'un avion franchissant le mur du son, les vagues de l'océan sont autant de sources de vibrations et d'ondes.

Il a été admis en physique quantique que la matière est à la fois particules et ondes : ce phénomène appelé dualité « ondes-particules » a été mis en évidence par Louis de Broglie (1882-1987). C'est également Louis de Broglie, rappelons-le, qui découvrit que la vitesse dite de phase d'une onde est toujours supérieure à la vitesse de la lumière dans le vide. Cela signifie que toute matière, y compris le corps humain, présente à la fois des propriétés ondulatoires (ondes) et corpusculaires (particules) puisque le corps humain est composé d'atomes.
Or, à toute onde correspond une fréquence fondamentale composée d'harmoniques. La vitesse de phase de l'onde se déplace à une vitesse toujours supérieure à celle de la vitesse de la lumière (supérieure à 300 000 km/s), l'onde de phase ne peut être observée expérimentalement. C'est pourquoi on n'observe que le battement entre deux fréquences similaires. Et c'est ce battement ou pulsation, qui lui, se déplace à une vitesse

inférieure à la vitesse de la lumière dans le vide, ce qui fait croire illusoirement aux scientifiques que rien ne peut dépasser ce seuil et que notre réalité est purement énergétique et matérielle. En réalité, la pulsation « cardiaque » est temporelle et sa fréquence est donc inférieure à la fréquence fondamentale de l'univers dont le souffle est immatériel et superlumineux.

Il existe un autre fondement de la science, découvert par Einstein : l'équivalence entre matière et énergie via sa fameuse équation $E=mc^2$.
Il en ressort que notre monde de matière est à la fois particulaire et ondulatoire et que la matière est aussi de l'énergie en action, de l'énergie densifiée et quantifiable dont les effets sont connus en thermodynamique notamment.
L'équivalence entre énergie et matière revient donc à dire que tout est énergie. La dualité ondes-particules témoigne d'états superposés au cœur du monde quantique. Etre à la fois onde et particule n'est pas simple à concevoir... Mais ce paradoxe va plus loin encore car ce que nous percevons comme étant une onde et/ou une particule (nous ne percevons que l'un ou l'autre en tant qu'observateur) n'est en fait ni l'un ni l'autre, mais un objet extérieur se projetant sur les murs de notre réalité ontologique.

Alors, si l'énergie que nous captons n'est ni ondulatoire ni particulaire, et qu'elle n'est pas plafonnée au rythme sinusal (rythme cardiaque) de l'univers, alors comment définir cette énergie ?
Nous parlons donc d'une énergie différente de ce que nous connaissons comme étant de la chaleur, du froid, de l'électricité, du magnétisme... Pourtant, à la lumière des découvertes scientifiques de Broglie notamment, il nous faut redéfinir le concept d'énergie. Je vous propose donc de relier l'énergie à l'information et aux fréquences.

Le spectre du champ électromagnétique comporte des gammes de fréquences allant de la lumière visible aux ondes radio... C'est ce qui rend les rayons gamma mortels alors que la lumière visible nous permet de voir le monde. C'est aussi la raison pour laquelle la structure d'une plaque de cuisson n'est pas la même que la structure d'une chaise en bois.

Étrangement, l'équivalence énergie-matière rejoint là encore la formulation de Lavoisier et on la retrouve aussi pour l'onde et la particule.

Le comportement ondulatoire de la matière entre t-il en résonance avec l'esprit ?

Il est intéressant de noter que le nom « personne » est composé de « per » qui signifie à travers et « sonne » du verbe *Sonare* qui signifie « résonner ». Autrement dit, la personne est l'individu qui résonne à travers.

Quant à « cosmos » il provient du grec ancien *kósmos* qui signifie « ordre, bon ordre, parure ». Dans ce contexte, le cosmos pourrait être l'ordre qui paraît harmonieux en vibrant d'énergie dans la mesure où matière et énergie sont équivalentes...

Ce n'est pas tout...

Nos pensées sont constituées d'ondes mentales.

Ainsi, vos ***ondes cérébrales portent une fréquence vibratoire*** mesurée en hertz[14]. Toute fréquence sous-tend un renseignement, une information codifiée ayant un effet sur la matière, en l'occurrence *notre cerveau et notre corps*. Les ondes mentales renseignent sur l'activité cérébrale notamment. Les ondes alpha, par exemple, (fréquences comprises entre 8.5 et 12 Hz) indiquent un état de conscience apaisé notamment lorsque le sujet a les yeux fermés.

La façon dont nous percevons les objets peuplant l'univers nous ramène à la dualité onde-particule. Celle-ci rend compte d'un drôle de paradoxe que nous avons évoqué un peu plus haut. Ce paradoxe encore inexpliqué se trouve au cœur même de nos perceptions de la matière à l'échelle quantique.

Nous ne percevons pas le cylindre qui est l'entité portant l'onde (cercle) et la particule (rectangle).

Lorsque l'observation se porte sur le monde quantique, nous voyons le monde selon la dualité/polarité et donc selon la séparation ou la superposition comme ci-dessus.

De quoi peut provenir la perception polaire de la « réalité » ?

Si la nature du *cylindre* reste à déterminer, l'impact des ondes cérébrales sur la réalité matérielle pourrait fournir un début d'explication : les ondes cérébrales (4 à 40 hertz) véhiculent une fréquence vibratoire. Une hypothèse pourrait être que les ondes mentales agiraient en induisant une permutation de l'onde en particules selon le *regard* porté sur les choses, donnant **l'illusion d'une dualité** : onde ou particules. D'ailleurs, il est

---

[14] http://fr.wikipedia.org/wiki/Rythme_c%C3%A9r%C3%A9bral

prouvé que l'observation produit une modification des quantas : **si nous nous attendons à voir des particules, le monde quantique va répondre à cette attente en nous faisant voir des particules** et vice versa pour les ondes ! Nous nous attarderons sur ce point dans la suite de l'ouvrage.

Imaginez que vous êtes en train de penser « j'ai faim ! ». Aussitôt, votre cerveau traduit cette information causale en besoin qui se traduira en réactions biochimiques... Et vous aurez faim quelques instants plus tard ! Pensez maintenant « je me sens fatigué »... Votre corps va rapidement produire les conditions de la fatigue même si vous étiez il y a un instant bien alerte. Autre cas de conditionnement du corps par la pensée via l'esprit : vous vous levez le matin « du pied gauche ». Persuadé de passer une mauvaise journée, vous allez créer toutes les conditions pour que votre journée soit exécrable.
Parfois un événement désagréable vous fait dire : « la journée commence mal ! » et vous imaginez ce qui pourrait vous arriver en orientant votre mental sur une idée négative préconçue.. Comme en réponse à cet écho cérébral, une succession d'événements effectivement désagréables va se produire...
La pensée est porteuse d'une information chargée d'émotions (joie, tristesse, angoisse... etc). Elle injecte une quantité astronomique d'informations en vous et à l'extérieur de vous.
Mais il existe quantité d'autres exemples prouvant que l'esprit a un impact sur la matière. Avant d'entrer dans le vif du sujet, j'aimerais revenir un instant sur la façon dont nous concevons la vie et la mort. Globalement, un E.E.G plat indique la mort cérébrale puisque l'activité électrique du cerveau est nulle. Nous avons calibré la vie sur ce critère, reléguant la conscience à un état de potentiel électrique. Comme nous l'avons vu plus haut, le battement de cœur de l'univers n'est qu'un des indicateurs du fonctionnement du cosmos, non sa quintessence... C'est cette pulsation en mouvement qui nous fait dire que notre univers se résume à 4 dimensions et rien de plus. Le volume et le temps... Pourtant, si nous voulons un mouvement dans ce référentiel temporel, il nous faut encore une dimension supplémentaire, celle du sens d'enroulement de la charge électrique que l'on appelle dimension de Kaluza. Mais est-ce là tout ?

Une conscience pleine avec un E.E.G plat !
Les personnes qui ont vécu une *expérience de mort imminente* témoignent de la réalité de l'après vie. Une amie m'a récemment confié que durant son coma suite à un grave accident de la route, elle s'est retrouvée hors de son corps et qu'alors elle ressentit une paix totale, sans souffrance. Malgré des électroencéphalogrammes plats depuis de longues minutes, la conscience semble vivre et même revivre, non pas amoindrie mais possédant une

acuité bien supérieure aux organes sensoriels. Vision à 360°, déplacement instantané d'un endroit à un autre, ouïe fine, conscience accrue de ce qui se passe en soi et autour de soi...

Pourtant, lorsque le cœur cesse de battre, le cerveau n'est plus irrigué et son activité devient nulle.

Le cas célèbre de Pamela Reynolds est édifiant : opérée du cerveau après un anévrisme, elle raconte être sortie de son corps et rapporte les anecdotes entre infirmières, les instruments chirurgicaux utilisés puis le passage dans le tunnel, la lumière. Il faut savoir qu'une telle opération nécessite de mettre en place une circulation sanguine extra corporelle. Le cerveau est placé à une température de 15,5°C.

Durant 45 minutes, Pamela Reynolds[15] présentait donc un E.E.G plat c'est-à-dire sans aucune activité électrique détectable dans son cerveau, et pour cause ! Pourtant, sa conscience était en état d'éveil total.

Des aveugles ont raconté et décrit ce qui se passait en salle d'opération, les instruments utilisés. Certains ont pu dire ce qu'il y avait sous la table d'opération ou ce que leurs proches ont échangé pendant qu'ils étaient opérés.. et la liste s'allonge.[16]

Les *experienceurs* disent notamment avoir revécu le panorama de leur existence jusqu'aux détails les plus infimes de leur vie. Bien heureux est celui qui peut se remémorer les grandes et petites lignes de son parcours terrestre, se rappeler par exemple ce qui s'est passé à l'age de deux ans...

Dans le cas des NDE, le moindre instant, le moindre événement, la moindre pensée et émotion remontant aux instants les plus lointains de leur vie est revu et revécu. Tout a été enregistré, mémorisé quelque part, et voici que de l'autre coté du miroir, l'âme y a soudain accès.

Imaginez que vous puissiez faire un arrêt sur image dans le film de votre vie, faire un ralenti, avancer ou reculer à l'envi pour revoir une séquence..

La différence est que vous ne vous contentez pas de revoir le film, vous ressentez pleinement tout ce que vous avez vécu, subi et fait subir, incluant les émotions personnelles et celles des autres...

De la lecture de ces témoignages souvent très émouvants, il ressort que l'information de l'existence individuelle semble être passée sous presse, gelée au moment de la mort tandis que la conscience continue de vivre, d'une manière différente mais tout aussi réelle dans un monde superlumineux. Dans la suite du livre je développerai comment il est possible de concevoir une lumière qui n'aveugle pas, en me basant sur la physique quantique.

---

[15]   http://inrees.com/articles/Deces-de-Pamela-Reynolds-19-ans-apres-etre-revenue-de-la-mort/

[16]   recherche menée aux Etats Unis par Kenneth Ring et Sharon Cooper décrite dans le livre "Mindsight, Near-Death and Out of Body Experiences in the Blind".

En attendant, les témoignages sur les NDE et vies antérieures se multiplient car le sujet est de plus en plus pris au sérieux, y compris par le corps médical. En France, des cellules psychologiques spécialisées dans les EMI/NDE se sont même ouvertes, où les personnes peuvent enfin délivrer ce qu'elles ont vécu sans crainte d'être prises pour des illuminées. Aux livres du Dr Raymond Moody, quasiment le pionnier dans le domaine de l'après vie, d'autres ont succédé avec un regard toujours aussi neuf et désireux de comprendre. On peut citer parmi eux les ouvrages du Dr Jean-Jacques Charbonnier, médecin anesthésiste français, Jean-Pierre Jourdan Docteur en médecine, ou du docteur hypnothérapeute Michaël Newton spécialisé dans les régressions dans les vies antérieures, pour rester dans un cadre objectif vis à vis du phénomène. Le livre du Dr Newton, « Un autre corps pour mon âme », décrit au travers des récits sous hypnose le voyage dans l'au-delà, la raison de la réincarnation et le parcours initiatique de l'âme au travers de ses différentes vies...

Des pistes intéressantes semblent prouver qu'il existe un pont entre esprit et matière. Examinons lesquelles, voulez-vous ?

Un pont entre esprit et matière : les preuves

1. La résonance morphique

Jacqueline Bousquet, docteur en Sciences, Biologie et Biophysique, collaboratrice du Professeur Émile PINEL sur les « champs » en biologie s'est exprimée ainsi dans sa conférence « le mouvement de l'information dans le corps » : « les choses sont ce que vous pensez d'elles » et « Votre ADN réagit immédiatement à ce que vous pensez et ce que vous dites, et il créera votre réalité en conséquence ».

Rupert Sheldrake dans son livre « une nouvelle science de la vie », postule que tous les systèmes naturels possèdent leur propre champ individuel et ces champs façonnent les différents types d'atomes, de cristaux, d'organismes vivants, etc. Les champs morphiques (plus généralistes que les champs morphogénétiques) sont des champs informationnels qui possèdent une mémoire. **Or, en médecine chinoise, chaque organe possède sa mémoire et sa conscience.** On peut supposer que chaque atome, cellule, quantas, possède également, par voie d'extension, une mémoire et une conscience, fréquence propre. Nous prétendons en effet être pourvu de conscience, mais si cette dernière est effective, n'est-elle pas une version étendue (macroscopique) de ce qui existe dans l'infiniment petit ?
Mais revenons à la résonance morphique.
Sheldrake nous dit que plus un champ morphique est utilisé plus il se reproduira. Il définit donc le schème (champ morphique) comme un logiciel sans support matériel renfermant la mémoire de l'existence passée. Nous parlons donc d'un système informatique élaboré, et biologique, transposition d'un programme pouvant se répliquer et contenant la mémoire de son passé. N'est-ce pas là un signe de haute intelligence ?
Par exemple, L'ADN est devenu le modèle génétique majoritaire sur terre parce qu'il a été utilisé si souvent que sa mémoire de forme s'est cumulée dans le temps. L'ADN a pu en outre se perfectionner grâce à sa mémoire d'existence physique passée et acquérir une plasticité qui lui permet une grande adaptabilité face aux contraintes du milieu ambiant. Cette plasticité lui permet notamment d'effectuer des mutations génétiques, à l'instar de bonds quantiques. Dans un article sur les champs morphiques et la causalité formative, Sheldrake décrit le phénomène de la résonance morphique en ces termes : « Le processus par lequel le passé devient présent au sein de champs morphiques est nommé résonance morphique. La résonance morphique implique la transmission d'influences causales

formatives à travers l'espace et le temps. La mémoire au sein des champs morphiques est cumulative, et c'est la raison pour laquelle toutes sortes de phénomènes deviennent de plus en plus habituels par répétition. Lorsqu'une telle répétition s'est produite à une échelle astronomique sur des milliards d'années, comme ce fut le cas pour d'innombrables types d'atomes, de molécules et de cristaux, la nature des phénomènes a acquis une qualité habituelle si profonde qu'elle est effectivement immuable, ou apparemment éternelle. »[17]

Ce passé devenant présent résulte donc de la relation de cause à effet en faisant intervenir la mémoire sur la forme passée. Qui dit mémoire dit préservation du modèle. L'effet cumulatif induit une néguentropie (contraire de l'entropie ; soit une accumulation d'information et une auto-organisation). L'auto-organisation associée à l'effet cumulatif induit que le système a parfaitement connaissance de lui-même et peut ainsi à l'envi effectuer des auto-diagnostiques et améliorations.

Le fait de cumuler une information sur une structure matérielle renforce en outre son appétence à mieux se connaître, à l'instar des expériences de vie qui nous invitent à mieux entrer en nous même.

2. Les preuves de la pensée créatrice :

1. Auto-suggestion et pensée positive :

Le Dr Emile Coué est le découvreur de l'effet placebo. Ce pharmacien avait ouvert une officine et s'était rendu compte qu'en disant à ses clients « Vous allez voir, ceci vous fera beaucoup de bien… Et ce n'est qu'un début ! », les clients guérissaient beaucoup plus vite et mieux. En augmentant ainsi l'efficacité des traitements, les patients s'en trouvaient plus rapidement guéris.

Il faisait répéter à ses patients une phrase : « tous les jours, à tout point de vue, je vais de mieux en mieux ». Cette phrase répétée plusieurs fois par jour faisait merveille. Je l'ai testée moi aussi et j'ai constaté une nette amélioration de mon état général.

Qu'est-ce que l'effet placebo ?

La définition qu'en donne wikipédia est la suivante : « Les effets placebo et nocebo se manifestent lorsque l'on donne une information au patient sur la présence ou non de principe actif dans ses médicaments qui ne correspond pas à la nature du traitement qu'il reçoit effectivement. Un **placebo** est un traitement d'efficacité pharmacologique propre nulle mais agissant, si le sujet pense recevoir un traitement actif, par un mécanisme psychologique ou physiologique. Dit autrement : « ça marche juste parce que j'y crois et que les soignants y croient ».

---

[17] http://www.unisson06.org/dossiers/science/sheldrake_champs-morphiques.htm

Quand on évoque l'effet placebo, on parle d'effet positif sur le patient, mais l'effet nocebo dont on parle peu, démontre que toute pensée, positive ou négative, a un impact réel sur la santé.

Concrètement, l'effet placébo/nocébo résulte d'une cause première agissante... Le fait qu'un homme puisse induire des effets sur sa santé en recevant des affirmations sur un traitement ou médicament prouve que la foi et les mots sont des outils puissants mis à notre service.

« Tout geste thérapeutique, valide ou non, comporte d'ailleurs une part plus ou moins grande d'effet placebo. Cet écart est de l'ordre de 30 % habituellement et peut atteindre 60-70 % dans les migraines ou les dépressions. L'état de certains patients souffrant d'affections réputées « incurables » s'en trouve parfois objectivement amélioré ». (wikipedia).

J'aimerais citer quelques phrases d'Emile Coué : « l'homme est ce qu'il pense » ; « chacune de nos pensées, bonne ou mauvaise, se concrétise, se matérialise, devient en un mot, une réalité dans le domaine de la possibilité. » ; « Ayez la certitude d'obtenir ce que vous cherchez et vous l'obtiendrez, pourvu que cette chose soit raisonnable. »

L'impact des mots sur les maux est évidente. Mettre un mot sur les maux revient à donner un pouvoir à ce qu'on ressent et désire engendrer.

Il existe une **prière hawaïenne** très ancienne de pardon, de repentir et de réconciliation : le **Ho'oponopono**.

Aujourd'hui, cette prière toute simple refait surface et a été utilisée à grande échelle pour guérir des mots/maux de l'âme et du corps. A la fin du XXe siècle, les tribunaux hawaïens ont même commencé à ordonner comme peine de faire ho'oponopono avec leurs familles sous la direction d'un ancien...

Ho'o signifie « commencer une action », *pono* signifie « bonté, honnêteté, moralité, qualités morales, actions correctes et justes, excellence, prospérité, attention, utilité, état naturel, devoir, juste, équitable, droit, approprié, détendu, soulagé, devrait, aurait, doit, nécessaire ; » et *ponopono* signifie « remettre en ordre; juste, retravaillé, harmoniser, corriger, régulariser, ordonner, nettoyer, ranger, agir correctement. »

Ce mot-concept pourrait signifier quelque chose comme : commencer une action juste et nécessaire en vue de remettre en ordre, réharmoniser, corriger et nettoyer ce qui doit l'être afin de retrouver son état naturel...

Dite en prière, le ho-oponopono libère le sentiment de culpabilité, la honte, la colère, la peur, la rancune... etc.

Elle se résume par les quelques mots suivants dont l'impact est puissant car libérateur :

« Je suis désolé, je te demande pardon, je t'aime, merci ».

Vous le voyez, c'est une phrase toute simple, mais ô combien riche et profonde... L'amour en est le catalyseur parce que reconnaître l'amour en soi implique de le reconnaître aussi chez les autres ; c'est l'acte de pardon puisant le fondement de l'amour universel.

Le Merci qui conclut la prière est l'acceptation de la gratitude en soi pour cette libération. La gratitude libère. Contrairement à la peur qui cause la maladie en ce qu'elle restreint, renferme, réduit, contraint, l'amour favorise la guérison car il est sans limites.

A présent, j'aimerais vous faire découvrir **Masaru Emoto**, japonais, diplômé en naturopathie depuis 1992. **Cet homme nous fournit sans doute l'une des plus grandes preuves du lien entre esprit et matière.**

Masaru Emoto s'est en effet intéressé à l'impact de nos pensées sur la matière.

Selon lui, tout est vibration. Il a ainsi mené **plusieurs expériences, dont l'une sur l'eau sous la forme de cristaux de glace et une autre sur le riz.**

Selon lui, **l'eau porte une information vibratoire** et **réagit à ces influences contenues dans la pensée** (intention de la pensée), la **parole**, la **musique** et les **mots**, selon qu'elles sont positives ou négatives.

Rupert Scheldrake parlait de mémoire de forme, Masaru Emoto le confirme avec la mémoire de l'eau (théorie que Jacques Beneviste a tenté de prouver lui aussi).

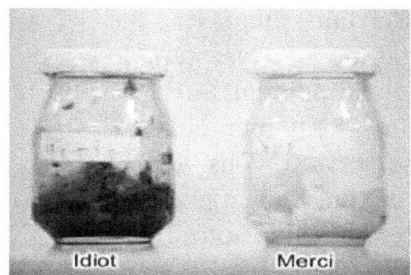

2. L'expérience du Riz et de l'eau de Masaru Emoto :

L'expérience du riz est éloquente. Elle consiste à faire cuire du riz qu'on répartit dans deux bocaux séparés.

Bien que les expériences de Mr Emoto n'aient jamais été soumises à des tests en double aveugle (une des procédures scientifiques de base pour la vérification des expériences), il n'en demeure pas moins qu'un certain nombre de personnes ont reproduit l'expérience et ont abouti à des résultats très similaires.

Cette expérience reste reproductible, vous pouvez donc vous amuser à la faire chez vous.

Une fois que vous avez placé le riz dans des bocaux séparés et soumis à un même éclairage, pensez avec force « je t'aime » (ou toute autre pensée positive de votre choix) puis destinez ce message à l'un des bocaux.

A l'autre, pensez « je te hais » (ou toute autre pensée négative).

Enfin, collez sur chaque bocal l'étiquette respective « je t'aime » et « je te hais ». Régulièrement, vous pouvez envoyer des intentions à chaque bocal. Au bout de quelques jours à quelques semaines vous vous apercevrez que le riz à qui vous avez donné une intention/pensée positive et l'autre une intention/pensée négative sont sensiblement différents. Le riz qui a bénéficié d'ondes négatives montre des signes avancés de dégradation tandis que celui qui a bénéficié d'ondes positives voit sa dégradation nettement ralentie.

Cela fonctionne aussi en se contentant de placer les étiquettes sur chaque bocal... La force de la pensée n'a pas besoin de langage, elle est un langage à part entière. Vos cellules le savent car l'ADN qu'elles contiennent est LE programme de la Vie, le langage universel du vivant...

Les ondes mentales sont également un puissant vecteur de transmission et de matérialisation car une onde porte une fréquence qui rayonne bien plus loin que les limites du cerveau. C'est ce que Masaru Emoto prouve via son expérience menée sur les cristaux de glace (à partir d'eau distillée).

Dans son livre *Le Miracle de l'eau,* il déclare : « Les 70% environ de notre planète sont recouverts d'eau, et 70% environ du corps humain ne sont qu'eau. Sans l'eau, nous ne pourrions exister (...) D'après les cristaux, l'eau qui est en nous contient l'énergie des mots. (…) Mes recherches et mon expérience de la vie m'ont permis de comprendre que vous pouvez mieux employer l'esprit des mots pour réaliser vos rêves si vous parlez au passé. Autrement dit, il est même préférable de dire "je l'ai fait" plutôt que "je peux le faire". Dire la même chose comme si elle était déjà arrivée semble apporter à tout effort un niveau d'énergie particulièrement puissant. ».[18]

Il ajoute : « Tout ce qui existe vibre, la science ne peut nier cela. La Vibration est juste un autre mot pour dire énergie. », « Si vous voulez augmenter votre énergie, portez votre attention sur ce qui vous apporte de l'énergie - autrement dit, sur ce avec quoi vous résonnez. Pour notre bien-être et celui de la planète, il est capital que nous cherchions à nous harmoniser avec les autres plutôt qu'avec les appareils électroniques qui sont partout présents dans notre vie. »

Dans son expérience, il utilise des cristaux de glace exposés à des mots positifs comme « gratitude, merci, amour, beauté » ou ayant écouté du Mozart, Bach et des chants tibétains. Ces cristaux là ont formé des cristaux merveilleux. En revanche, ceux qui ont été exposés aux mots négatifs comme « idiot », ou à de la musique métal ont formé des cristaux peu

---

[18]   *Le miracle de l'eau* (2007), Masaru Emoto (trad. Gérard Leconte), éd. Guy Trédaniel, 2008 (ISBN 978-2-84445-866-7.), p. 7 et 8

harmonieux voire totalement déstructurés.

« Ce que vous savez possible du fond du cœur est réellement possible. Nous le rendons possible par notre volonté. Ce que nous concevons dans notre esprit devient notre monde, ce n'est qu'une des innombrables choses que l'eau m'a enseignée. »

Sans doute est-ce pour cette raison que l'un des quatre « accords toltèques »[19] énonce : « que ta parole soit impeccable ». En effet, la parole – qu'elle soit verbale, écrite ou pensée – est une force en action. Les toltèques connaissaient ce pouvoir tapi en chacun de nous, et de cette sagesse ancienne, est née les 4 accords toltèques. Voici ce que Don Miguel Ruiz, son auteur et Nagual (maître), nous dit à ce propos :

« Pourquoi faire attention à votre parole ? Votre parole est votre pouvoir créateur. C'est un cadeau qui vous vient directement de Dieu. Le prologue de l'évangile de Jean, parlant de la Création de l'Univers, dit : *"Au commencement était la parole*, et la parole était avec Dieu, et la parole était Dieu."* La parole vous permet d'exprimer votre pouvoir créateur. C'est par elle que vous manifestez les choses. Quelle que soit votre façon de parler, votre intention se manifeste par la parole. Ce dont vous rêvez, ce que vous sentez et ce que vous êtes vraiment, tout cela se manifeste par la parole.

La parole n'est pas seulement un son ou un symbole écrit. C'est une force ; elle représente votre capacité à vous exprimer et à communiquer, à penser et donc à créer les événements de votre vie. Vous êtes capable de parler. Quel autre animal sur terre le peut ? La parole est votre outil le plus puissant en tant qu'être humain ; c'est un instrument magique. Mais comme une lame à double tranchant, votre parole peut créer les rêves les plus beaux ou tout détruire autour de vous. »

L'un des tous premiers passages du livre nous dit encore :

« Il y a trois mille ans vivait un être humain comme vous et moi, habitant près d'une ville entourée de montagnes. Cet humain étudiait pour devenir homme-médecine et apprendre la connaissance de ses ancêtres, mais il n'était pas entièrement d'accord avec tout ce qu'il apprenait. Dans son cœur, il sentait qu'il devait exister quelque chose d'autre.

Un jour, alors qu'il dormait dans une grotte, il rêva qu'il voyait son propre corps endormi. (NDLR : décorporation ?). Il sortit de la grotte par une nuit de nouvelle lune. Le ciel était clair et il pouvait voir des millions d'étoiles. Puis quelque chose se produisit en lui qui transforma sa vie à jamais. Il regarda ses mains, sentit son corps et entendit sa propre voix dire : " *Je suis fait de lumière ; je suis constitué d'étoiles* ". Il regarda à nouveau les étoiles et comprit que ce ne sont pas les étoiles qui créent la lumière, mais plutôt la lumière qui crée les étoiles. " *Tout est fait de lumière* ", se dit-il, " *et l'espace entre toutes choses n'est pas vide.* " Et il sut que tout ce qui existe n'est qu'un seul être vivant, et que la lumière est le

---

19

67

messager de la vie, parce qu'elle est vivante et contient la totalité de l'information de vie.

Puis il réalisa que, bien qu'étant constitué d'étoiles, il n'était pas ces étoiles. " *Je suis entre les étoiles* ", se dit-il. Alors il appela les étoiles le *tonal* et la lumière entre les étoiles le *nagual,* et il sut que c'est la Vie (ou l'Intention) qui crée l'harmonie et l'espace entre les deux. Sans la Vie, le *tonal* et le *nagual* ne pourraient exister. La Vie est la force de l'absolu, du suprême, du Créateur qui crée toute chose.

Voici ce qu'il découvrit : tout ce qui existe est une manifestation de ce seul être vivant que l'on appelle Dieu. Tout est Dieu. Et il en conclut que la perception humaine n'est que de la lumière percevant de la lumière. Il vit aussi que la matière est un miroir - tout est un miroir réfléchissant la lumière et créant des images de cette lumière - et que le monde de l'illusion, le Rêve, n'est que de la fumée nous empêchant de voir qui nous sommes vraiment. *Le vrai moi est pur amour, pure lumière,* dit-il. »[20]

Pour en revenir à Masaru Emoto, voici quelques photos prises de son site internet, sur l'expérience des cristaux de glace[21].

---

[20] http://www.amazon.fr/Les-quatre-accords-tolt%C3%A8ques-personnelle/dp/2883534616

[21] http://www.urantia-gaia.info/2011/07/01/les-extraordinaires-decouvertes-de-masaru-emoto/
http://fantastiquephoenix.free.fr/eau/cristaux.htm

Photos des cristaux de glace soumis à des influences vibratoires

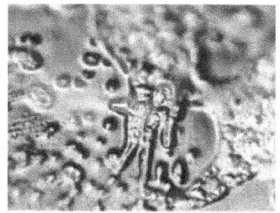

Cristal ayant le mot et pensée
« Tu me rends malade, je vais te tuer »

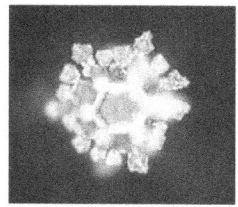

Cristal ayant écouté du Mozart

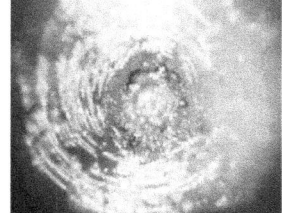

Cristal ayant reçu le mot et pensée
« Idiot »

Cristal ayant reçu le mot et pensée
« Faisons-le ensemble »

Cristal ayant reçu le mot et pensée
« Guerre »

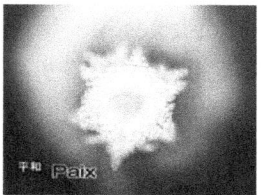

Cristal ayant reçu le mot et pensée
« Paix »

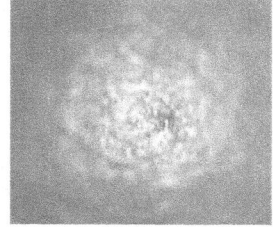

Eau n'ayant pas subi d'influence

Cristal ayant reçu le mot « Merci »

Masaru Emoto a écrit plusieurs livres sur le pouvoir guérisseur de l'eau par l'influence de la pensée et de la parole, autrement dit du *Verbe en action*. Il prouve que nous pouvons programmer nos mémoires cellulaires en agissant sur l'eau par les intentions de notre pensée. Une reprogrammation cellulaire est donc possible, afin d'accélérer ou impulser une guérison personnelle, ou tout simplement améliorer sa santé, son moral, sa perception de la Vie.

3. Les travaux du Dr Hans Jenny : Cymatics, l'étude des phénomènes ondulatoires

Masaru Emoto se trouve d'une certaine manière dans la lignée des travaux du docteur Hans Jenny (1904-1972), un médecin suisse et chercheur en sciences naturelles qui mena des expériences étonnantes sur le pouvoir des vibrations sur la matière.

Hans Jenny nomma ses expériences « Cymatics » : l'étude des phénomènes ondulatoires.

Traduction d'un extrait de son livre : Dans « A study of wave phenomena » (une étude des phénomènes ondulatoires) nous trouvons les images « cymatiques » du Dr Jenny, à la fois impressionnantes pour leur beauté visuelle et dans la représentation de la réactivité inhérente de la matière aux sons (les vibrations), mais aussi parce qu'elles inspirent une profonde reconnaissance-reconnexion du fait que nous aussi faisons partie intégrante de ce même complexe et des complexes de la matrice vibratoire - la musique des sphères ! Les pages publiées par Hans Jenny mettent en lumière les principes mêmes qui ont inspiré les anciens philosophes grecs Héraclite, Pythagore et Platon, Giordano Bruno et Johannes Kepler.[22 -]

Giordano Bruno (1548-1600) croyait en la relativité du mouvement. « Toutes choses qui se trouvent sur la Terre se meuvent avec la Terre. La pierre jetée du haut du mât reviendra en bas, de quelque façon que le navire se meuve. » ; « Il est donc d'innombrables soleils et un nombre infini de terres tournant autour de ces soleils, à l'instar des sept « terres » [la Terre, la Lune, les cinq planètes alors connues : Mercure, Vénus, Mars, Jupiter, Saturne] que nous voyons tourner autour du Soleil qui nous est proche. » (Giordano Bruno, *L'Infini, l'Univers et les Mondes, 1584*). (*Le Banquet des cendres*). Il ouvre ainsi la voie à Galilée...

Vous avez noté que le mot **matrice** est récurrent ici. Savez-vous d'où provient ce mot ? Du latin, *matricis et matricem* dérivés de *mater* qui signifie ***mère***. Mais la racine remonte plus loin encore, dérivant du radical

---

[22] Traduction faite du texte original en anglais présent sur le site « Cymatics » qui présente les travaux du Dr Jenny : http://www.cymaticsource.com/cymaticsbook.html et ceux de Jeff Volk qui s'attache à poursuivre la voie initiée par le Dr Jenny. L'édition révisée contient le texte en langue anglaise complète de l'édition bilingue publiée en 1967, Kymatic / Cymatics, ainsi que l'intégralité du texte à partir de Cymatics, vol. II, publié en 1972. Author: Hans Jenny ISBN: 1-888-13807-6 Retail Price: $60.00

sanscrit *mâ*, signifiant *faire*. La mère qui enfante et qui porte en son sein est la matrice, celle qui porte l'information inséminée par le père/mère et transférés dans l'enfant. La mère FAIT dans le sens d'engendrer, de produire. Ceux qui ont vu l'excellent film « Matrix » y verront l'extension de cette idée.

Hans Jenny n'est pas le premier à avoir voulu étudier les vibrations de la matière, surtout en acoustique. Galilée en 1632 fut le premier à vouloir examiner le comportement de la matière en vibration. Puis en 1680, Robert Hooke observa le comportement des nœuds associés aux vibrations.

Ernst Chladni posa quant à lui les fondements de l'acoustique moderne et étudia expérimentalement le comportement de la matière soumise à des vibrations. Il saupoudra du sable sur des plaques soumises à des vibrations et obtint ainsi des motifs variés qu'on appela depuis lors « images de chladni ». Un chapitre de ce livre lui sera dédié un peu plus loin, tant l'expérience est extraordinaire.

Hans Jenny a donc à sa manière poursuivi les travaux de Chladni qu'il développa par de nombreuses autres expériences avec des matériels piézo-électriques, des amplificateurs..., devenant le père de la « cymatique », l'étude des phénomènes ondulatoires.

4. Les travaux de Jeff Volk, dans la lignée de Hans Jenny :

Toujours dans le registre de l'étude des phénomènes ondulatoires, j'aimerais aborder les travaux de Jeff Volk, poète, producteur et éditeur qui poursuit les recherches du Dr Jenny.

Ces 25 dernières années, Jeff Volk s'est consacré à vulgariser la science de la *Cymatics* en démontrant, à travers des expériences de physique simple, **comment de la matière « inerte » peut être « animée » dans la vie comme des formes fluides, par les subtiles et invisibles forces de vibrations.**

Dans son article[23], « From Vibration to manifestation » (de la vibration à la manifestation) Jeff Volk démontre que les phénomènes vibratoires influent sur la matière en induisant une manifestation par ce qu'il appelle « les dynamiques cachées de la nature ».

Voici une traduction d'un passage intéressant : « la

---

[23] Téléchargeable sur internet au format PDF à cette adresse : http://www.cymaticsource.com/articles.html

similarité entre ces ondes stationnaires[24] de résonance et les formes de fleurs, plantes et animaux font allusion à l'universalité sous-jacente de la manifestation de la création. Témoignant du processus qui conduit ces formes à « vivre » (prendre vie) elle nous offre un pénétrant aperçu de la manière dont un réseau élaboré de vibrations interagit pour créer le monde que nous percevons ».

Plus loin il ajoute : « toutes les choses que nous voyons autour de nous comme solide, immuable ou inerte sont réellement des champs oscillants de pulsation et dans un sens réel (quoi que réel puisse vouloir dire) elles deviennent des « choses » quand nous les percevons en tant que telles ! Cela a été démontré de façon répétée en utilisant la méthodologie scientifique acceptée dans les expérimentations visant à isoler et définir les particules subatomiques qui apparaissent sous forme de particules quand on les recherche en tant que telles, mais comme vagues d'énergie quand elles sont appréhendées en tant que telles. (…). Est-ce un oiseau au dehors ou un composé d'impulsions oscillantes assemblées dans mon cerveau ? »

Le docteur Jenny et Jeff Volk posent ici la question de la réalité perçue par nos sens et notre cerveau. La matière vibre et se compose d'ondes

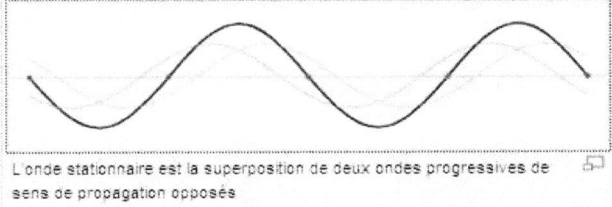

L'onde stationnaire est la superposition de deux ondes progressives de sens de propagation opposés

stationnaires qui, traduites par nos sens et notre projecteur-esprit-cerveau reconstituent une image en trois dimensions d'une réalité vibratoire...

Qu'est-ce que la réalité en fin de compte ? Nous nous y attarderons dans la suite de l'ouvrage au travers notamment de ce que je nomme les « images-référentiels ».

Assuming our Rightful Place in Creation.
Quester Journal ISSUE 92 - Autumn 2010 - The following article builds on Cymatics : Insights into the Invisible World of Sound, published in the Spring 2007 issue of Caduceus Magazine.

[24] Les ondes stationnaires seraient la rencontre de deux ou plusieurs ondes de sens de propagation opposées, qui, en se croisant forment des *noeuds de pression*, comme des noeuds de jonction. Wikipedia définit ainsi l'onde stationnaire : résultat de la propagation simultanée dans des directions différentes de plusieurs ondes de même fréquence dans le même milieu physique, qui forme une figure dont certains éléments sont fixes dans le temps. Au lieu d'y voir une onde qui se propage, on constate une vibration stationnaire mais d'intensité différente, en chaque point observé. Les points fixes caractéristiques sont appelés des noeuds de pression.

5. Les travaux de René Peoc'h : Poussins et micro-psychokinèse[25]

La psychokinèse est l'effet de la pensée sur le mouvement. On utilise pour ce faire un robot, le Tychoscope, qui se déplace selon des mouvements browniens, c'est à dire des mouvements aléatoires ne subissant aucune interaction.

L'expérience met en présence un poussin et ce robot. C'est là qu'une chose extraordinaire est arrivée, défiant les lois du hasard ! ***Quand le robot a subi l'empreinte du poussin dès sa naissance, il s'est mis à se diriger systématiquement vers le poussin en sa présence.***

Explications :

- le tychoscope est présenté au poussin dès la sortie de sa coquille et puisque le poussin prend pour sa mère le premier objet qu'il voit, il l'identifie immédiatement à sa mère et le suit.. Il a donc suivi le robot depuis sa naissance.

- Les jours suivants, le poussin se déplace en compagnie du tychoscope et suit ses moindres déplacements aléatoires (puisque le robot se déplace selon des mouvements browniens) ;

- Par la suite le poussin est placé dans une cage transparente tandis que le tychoscope évolue dans une cage fermée par un cadre de bois ; le tychoscope, dont les tracés sont enregistrés, se déplace dans ce rectangle pendant une période de temps (déterminée à l'avance). Poussin et tychoscope ne se voient plus durant ce temps là ;

- Quand le poussin et le mobile se « voient » à nouveau, le tychoscope se déplace systématiquement vers le poussin... en défiant les lois du hasard ! C'est comme si le poussin l'appelait et que le mobile répondait à cet appel en se dirigeant vers le poussin.

 L'image ci-contre est le tracé du mobile s'étant déplacé vers le poussin situé de l'autre coté de son enceinte au lieu de suivre un mouvement aléatoire.

Supposition : le poussin a pu laisser une empreinte psychique sur le mobile durant le temps où il a vécu avec lui, depuis sa sortie de la coquille. Il se peut aussi que le mobile réponde à l'appel du poussin.

Quoi qu'il en soit, le fait est que **le mouvement du mobile n'est pas hasardeuse en présence du poussin !**

Ceci tendrait à prouver que notre pensée et intention influencent considérablement les choses qui nous environnement. En laissant une

_____

[25]   http://www.paranormal-info.com/Les-travaux-de-Rene-Peoc-h.html

empreinte psychique et émotionnelle sur ce qui nous entoure, y compris nos semblables, nous pouvons logiquement agir sur eux...

5. Sept secondes avant de bouger le petit doigt :

Dans le courant du XXe siècle, Sir John C. Eccles avait découvert que la l'activité cérébrale s'enclenche plusieurs secondes avant l'acte de faire quelque chose[26].

Professeur en physiologie de l'université de San Francisco en Californie, Benjamen Libet montre quant à lui que l'activité cérébrale s'enclenche 0,5 secondes avant la décision de faire bouger un doigt par exemple.

Mais cette estimation est revue à la hausse avec les travaux du **Dr. Haynes** qui prouve que le cerveau entre en action 7 secondes avant de faire bouger le même doigt !

Voici la conclusion du Pr Libet : « Nos travaux montrent que les décisions sont préparées inconsciemment encore plus tôt que ce que l'on pensait avant. La conclusion qui résulte des travaux effectués est que la conscience n'est que la partie visible de l'iceberg.[27]

Certains voient là une manifestation déterministe, d'une sorte de destinée. En réalité il se peut que l'intention prenne racine antérieurement à la prise de décision, la conscience physique n'étant que le réceptacle de cette prise de décision faite en amont par l'intention. L'intention étant immatérielle - de l'information pure codifiée et orientée-objet - elle précède forcément la manifestation physique dans le cerveau... Le potentiel d'énergie peut se manifester au moment où l'ordre est donné, soit environ 7 secondes avant que l'esprit n'en prenne conscience, mais 7 secondes décisives qui mettent en lumière l'ordre sous-jacent ayant pris racine dans une sphère informationnelle dont la conscience supérieure (superlumineuse) serait le pilote.

La connexion entre conscience supérieure et conscience associée à l'esprit pourrait peut-être se faire par des modalités quantiques selon un codage spécifique ou une séquence de sauts quantiques non aléatoires... ; et là tout est à explorer.

6. L'expérience de Chladni :

L'expérience de chladni[28] est sans nul doute l'une des plus parlantes sur la

---

[26] Evolution du cerveau et création de la conscience, John C. Eccles, Ed. Fayard.

[27] *(NatureNeuroscience, April 13th 2008) Chun Siong Soon, Marcel Brass, Hans-JochenHeinze & John-Dylan Haynes Unconscious determinants of free decisions inthe human brain. Nature Neuroscience April 13th, 2008.*

[28] http://www.ubest1.com/?page=video/31477/L-exp%C3%A9rience-de-Chaldni
Il s'agit « d'ondes stationnaires bidimensionnelles à la surface d'une plaque carrée ou circulaire. Objectifs : Un générateur de fréquence est branché à un haut-parleur. Le haut-parleur excite une plaque de Chaldni. Du sable blanc est saupoudré de manière aléatoire pour couvrir la totalité de la surface noire de la plaque. Lorsque la plaque est

question des vibrations de la matière, et de leur incidence sur celle-ci.

En voici le principe :
Une plaque sur laquelle on a dispersé du sable est soumise à des fréquences sonores de plus en plus hautes via un haut-parleur disposé à coté. En montant en fréquence, le son devient de plus en plus aigu. C'est ici que les choses deviennent passionnantes : à chaque montée en fréquence correspond une répartition du sable de plus en plus élaborée... Il en résulte des configurations de plus en plus sophistiquées à mesure que la fréquence sonore s'élève.

La géométrie du sable, d'abord primaire, devient de plus en plus complexe à mesure que le signal monte en fréquence. Des mutations spontanées s'opèrent en quelques dixièmes de seconde, chaque fois qu'un pallier fréquentiel est atteint c'est à dire chaque fois que le seuil critique est franchi.

Cette expérience tend à prouver que la matière s'organise, se structure et se complexifie par pallier en correspondance avec une montée en fréquence.

Il s'agit ni plus ni moins de mutations spontanées par auto-organisation. Les structures géométriques formées sont très symétriques, voire archétypales, et s'inscrivent dans la géométrie sacrée.

Autrement dit, lorsque les fréquences sont basses, la structure est basique, peu élaborée. Inversement, plus la matière est soumise à des fréquences vibratoires élevées, plus elle répond à cette hausse par une mutation de sa structure, à l'instar de la génétique qui s'adapte à son environnement...

Que penser de la conscience soumise à des basses fréquences comme la haine, la colère, le ressentiment, la jalousie, la convoitise... ? De quelle manière réagit l'ensemble conscience/esprit/corps dans un environnement négatif ? Pire, comment cet ensemble se structure t-il lorsqu'il est lui même assujetti à de telles émotions aliénantes ? A contrario, peut-on s'attendre à un éveil de conscience et une modification structurelle du corps-soma-conscience lorsque ce dernier est nourri des qualités de l'amour et de l'ouverture au monde ?

---

excitée selon une fréquence harmonique prédéterminée,le sable migrera vers les noeuds de vibration. » Source :
http://www.phywe.fr/786/apg/4/pid/26250/Chladnische-Klangfiguren-mit-dem-FG-Modul-und-Cobra3-.htm

Toute matière étant ondes, et toute onde pilote guidant tel un capitaine les flux de particules, la pensée participe à l'évolution de la matière et de notre réalité selon un fil conducteur. Le hasard n'est-il pas une autre formulation d'une « décohérence intelligente » ? La décohérence est une théorie selon laquelle l'effondrement de la fonction d'onde (onde-pilote) se traduit par un ensemble d'interactions de l'environnement sur les quantas, jusqu'à ce qu'une seule probabilité ne se manifeste dans le monde physique.

Quelle place accordons-nous à nos pensées, véritables véhicules de cette information vibratoire ? Les questions méritent d'être posées... Vibrons-nous sur de hautes ou basses fréquences ?

Jacqueline Bousquet, physicienne, associe dans le document ci-dessous, kabbale et mécanique quantique, afin d'éclairer les choses sous un angle différent et tout aussi pertinent. Nul besoin de connaître l'alphabet hébraïque pour ce faire ni les principes kabbalistiques... Je ne les connais pas personnellement, mais l'exposé de J. BOUSQUET est tout à fait logique et pertinent. (image tirée de sa conférence à Saintes, le 2 juillet 2012. Pour se procurer le DVD en deux parties de cette conférence de 3 heures, rendez-vous sur le lien en note de bas de page.[29]

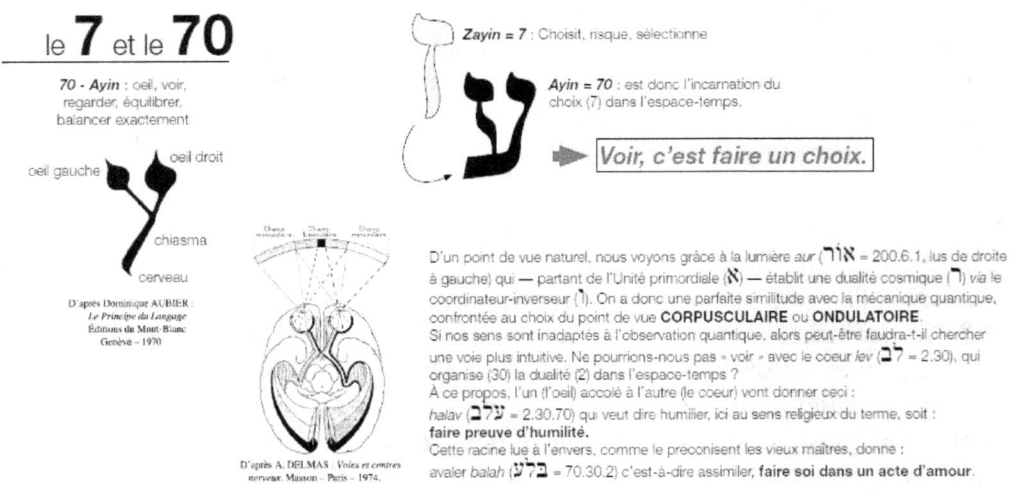

Kabbale et Mécanique Quantique

Principe d'incertitude :

Werner Heisenberg affirme que l'état des systèmes quantiques ne peut pas être décrit avec exactitude, parce que l'observation de la position modifie l'impulsion (l'énergie) du système et l'inverse.

le **7** et le **70**

70 - **Ayin** : oeil, voir, regarder, équilibrer, balancer exactement

oeil gauche — oeil droit

chiasma

cerveau

D'après Dominique AUBIER :
Le Principe du Langage
Éditions du Mont-Blanc
Genève - 1970

D'après A. DELMAS : *Voies et centres nerveux*, Masson - Paris - 1974.

Zayin = 7 : Choisit, risque, sélectionne

Ayin = 70 : est donc l'incarnation du choix (7) dans l'espace-temps.

➡ **Voir, c'est faire un choix.**

D'un point de vue naturel, nous voyons grâce à la lumière *aur* (אור = 200.6.1, lus de droite à gauche) qui — partant de l'Unité primordiale (א) — établit une dualité cosmique (ר) via le coordinateur-inverseur (ו). On a donc une parfaite similitude avec la mécanique quantique, confrontée au choix du point de vue **CORPUSCULAIRE** ou **ONDULATOIRE**.
Si nos sens sont inadaptés à l'observation quantique, alors peut-être faudra-t-il chercher une voie plus intuitive. Ne pourrions-nous pas « voir » avec le coeur *lev* (לב = 2.30), qui organise (30) la dualité (2) dans l'espace-temps ?
À ce propos, l'un (l'oeil) accolé à l'autre (le coeur) vont donner ceci :
halav (עלב = 2.30.70) qui veut dire humilier, ici au sens religieux du terme, soit : **faire preuve d'humilité.**
Cette racine lue à l'envers, comme le préconisent les vieux maîtres, donne :
avaler *balah* (בלע = 70.30.2) c'est-à-dire assimiler, **faire soi dans un acte d'amour.**

[29] http://www.difproductions.com/ - Visionnage de la conférence en ligne à l'adresse suivante : http://www.arsitra.org/yacs/articles/view.php/1910/conference-de-jacqueline-bousquet-saintes-le-2

Le chant/champs de la Vie : le monde quantique en musique

Pythagore a mis en évidence l'existence d'un rapport étroit entre **musique et nombres ; les « fréquences »** étant les rapports qui les unissent. Pour Pythagore, des **nombres "harmonieux"** entre eux donnent des sons harmonieux entre eux. Mais savez-vous que nos cellules et nos particules chantent leur propre symphonie ?

Avec la technologie dont nous disposons de nos jours, de surprenantes découvertes accréditent d'autant plus l'assertion de Pythagore... Nous allons voir comment la vie fonctionne sur ces principes mettant en lumière l'ordre sous-jacent à la vie.

- Le piano quantique !

Non non vous ne rêvez pas, j'ai bien écrit « piano quantique ».

Le physicien (et chanteur) français **Joël Sternheimer** a conçu un piano d'un genre un peu particulier : **le piano des particules** !

Il remarqua que les fréquences des particules étaient toutes synchronisées, accordées à la même gamme, au tiers de pico-seconde.

Il s'est rendu compte en outre qu'il existait une **musique biologique**, car le même phénomène de synchronisation se produisait pour les acides aminés s'accrochant sur l'ARN Messager. Il donna alors naissance à l'appellation « d'ondes d'échelle[30] » correspondant à des fréquences inaudibles émises par les particules et les acides aminés. Chacun des 20 acides aminés du corps humain possède sa fréquence, donc une onde. Or, ces signaux (ondes) sont émis quand les acides aminés, transportés par les ARN messagers, s'assemblaient pour former des protéines. Les ondes d'échelles sont donc constituées de signaux quantiques inaudibles agissant en faisant le lien entre acide aminé et la protéine en formation (échelle de l'acide aminé lié à l'échelle de la protéine). Le plus remarquable fut que l'ensemble de ces *signaux biologiques constitua une véritable mélodie* !

Ces signaux ont été **transposés par J. Sternheimer en notes de musique**. Il appliqua cette transposition aux plantes afin de voir comment elles se comporteraient.

« A chaque note correspond à un acide aminé de la protéine visée. En enchaînant les sons dans le bon ordre, on crée un morceau unique qui s'harmonise avec la structure interne de la plante. Sa méthode a été utilisée par des agriculteurs pour stimuler la croissance des plantes ainsi que pour lutter contre diverses maladies des cultures. ».

Et si nous réfléchissions à une agriculture du futur sans pesticides et une

---

[30] Comptes-rendus de l'Académie des Sciences, vol. 297, p. 829, 1983

réharmonisation par la musique quantique pour notre meilleure santé ?
La musique a de beaux jours devant elle avec de tels génies !

- La musique quantique du corps :

Dans la même mouvance que J. Sternheimer**,** nous découvrons **Gil Alterovitz**[31], chercheur à la Harvard Medical School qui développe quant à lui un programme informatique *traduisant les protéines et l'expression des gènes par la musique.*

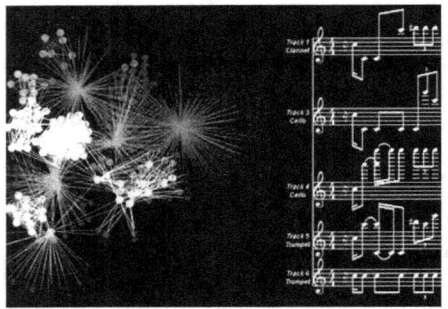 Dans sa traduction sonore, l'harmonie représente une bonne santé, et la note discordante indique un état de maladie. *« Quel son a le cancer du colon ? »* lui demande t-on : réponse « il a un son un peu étrange » !

Le chercheur a employé la modélisation mathématique pour déterminer les relations entre les signaux physiologiques. Tout comme les différents systèmes dans une automobile, de nombreux signes physiologiques travaillent en synchronisme pour garder un corps sain. « Ces signaux ne sont pas des pièces isolées », explique G. Alterovitz. « Comme dans une voiture, un système travaille avec d'autres systèmes de contrôle, par exemple, la direction assistée. De même, il y a beaucoup de corrélations entre les variables physiologiques. Si la fréquence cardiaque est plus élevée, d'autres variables se déplaceront ensemble, en réponse, et vous pouvez simplifier cette redondance et information. »

Les fréquences sont partout, en tout. Les ondes portent des fréquences : ondes radio, électromagnétiques dont les UV et la lumière visible, micro-ondes, rayons gamma, infrarouge... Tout est fréquence.
Ceci pour dire que nous vivons dans un monde où les fréquences des différentes sources d'existence entrent en résonance les unes avec les autres en provoquant des franges d'interférence, comme dans la production d'images holographiques : l'ensemble des fréquences émises par les acteurs de l'univers crée des ondes qui, en se rencontrant, reconstituent une image tridimensionnelle à savoir « l'objet-concept Univers » et une réalité sensorielle.

---

[31] Livre : <u>Sytems Bioinformatics</u> de Gil Alterovitz (Relié - 31 mars 2007)
L'article : http://www.technologyreview.com/Biotech/21094/?a=f ; image prise sur http://www.ecrans.fr/Vu-sur-le-www-lundi,4658.html

- **La fréquence fondamentale de la Terre :**

La Terre elle même vit et vibre sur sa fréquence appelée **« les résonances de Schumann**[32] **»**, du nom de son découvreur W.O.Schumann. Elle est, pourrait-on dire, la fréquence fondamentale de la Terre, entretenue par des mécanismes complexes, dont les orages. « C'est le rythme du résonateur terre-ionosphère qui les réactive et les régularise continuellement. »[33] Ces ondes vibrent sur 7,8 Hertz ou cycles par secondes.[34]

Au niveau du cerveau, **7,8 hz correspond aux ondes Thêta qui caractérisent « certains états de somnolence ou d'hypnose, ainsi que la mémorisation d'information ».** Est-ce un hasard si cette fréquence fondamentale de la Terre soit également celle de la mémorisation de l'information ?

Pour en revenir à la pensée créatrice, que pouvons-nous en déduire ?

En tant que générateur d'idées, d'images-concepts, la pensée traduit en réalité personnelle et tangible ce qui n'existait que sous forme d'un champ global d'informations. La pensée est donc un générateur illimité participant à l'élaboration de notre réalité.

Que nous apprennent réellement les expériences de Chladni, Masaru Emoto, Hans Jenny, de René Peoc'h, F.A Popp, ou de J. Sternheimer ?

Elles nous enseignent à faire vibrer nos pensées et notre intention de telle sorte que les fréquences qui en résultent soient bonnes pour notre santé, notre bonheur, et notre vie en général.

La façon de voir le monde, l'inclinaison des pensées et des perceptions, décident si cette relation est harmonieuse ou pas, autrement dit si les harmoniques vibrent sur une haute ou basse fréquence. Les pensées étant des ondes mentales, ces ondes entrent en résonance avec le monde et l'univers, créant une réponse au signal émis. Si votre fréquence est basse, la perception du monde sera basique. Si votre fréquence s'élève, attendez-vous à vivre des mutations au sein même de votre conscience et de votre corps et à reconsidérer la nature de votre réalité, perceptions pour vous réharmoniser.

Tout dépend de la façon dont on utilise le potentiel créateur en soi et l'information bio-disponible dans ce champ d'énergie qui constitue l'univers.

---

[32] http://fr.wikipedia.org/wiki/R%C3%A9sonances_de_Schumann
[33] http://www.etudesetvie.be/58-la-geobiologie.html
[34] http://fr.wikipedia.org/wiki/Rythme_c%C3%A9r%C3%A9bral ; M. Balser et C. Wagner, « Observations of earth-ionosphere cavity resonances », dans *Nature*, vol. 638 (1960), p. 641 ; W. O. Schumann, « Über die Dämpfung der elektromagnetischen Eigenschwingnugen des Systems Erde – Luft – Ionosphäre » dans *Zeitschrift und Naturforschung*, vol. 7a (1952), p. 250-252

L'ère de l'hyper-communication par la lumière

- La lumière cohérente :

La notion de « cohérence » est universellement répandue. Il y a cohérence entre l'émetteur et le récepteur pour la transmission d'une communication. Si vous téléphonez à votre meilleur(e) ami(e), vous êtes l'émetteur et votre ami(e) le récepteur. Quand la communication est établie, on peut dire que vous êtes reliés. Autrement dit, vous êtes syntonisés, c'est à dire que vous êtes ajustés sur la même fréquence, comme pour deux circuits.

Pour être plus précis, la lumière dite cohérente est une lumière dont les ondes sont en phase. Bien sur, cela ne vous renseigne pas beaucoup plus. Aussi vais-je reprendre une analogie simple afin de vous représenter cette étrange lumière, dont le laser est le fier représentant.

« Si plusieurs grenouilles sautent dans l'eau, cela générera plus de vagues, mais elles n'auront aucune relation particulière entre elles et elles seront incohérentes. Si les grenouilles laser sautent de telle façon que le sommet des vagues créées par chacune se produise en même temps que ceux de leurs voisines, on aura des vagues « en phase » ou « cohérentes ».[35]

Cela signifie qu'à un instant t, la variation temporelle du champ électrique associé est à la même hauteur ; il s'agit d'une même longueur d'onde au sens de même couleur monochromatique.

La lumière de nos ampoules par exemple n'est pas une lumière cohérente car de nombreuses ondes s'y superposent anarchiquement. La lumière cohérente est composée d'ondes qui peuvent se superposer ou s'annuler en créant des franges d'interférence, comme pour un hologramme.

En fait, la notion de cohérence implique la syntonisation (ou harmonisation) de tous les éléments ou parties d'un système, qu'il s'agisse de photons, de particules, d'une étoile, d'une galaxie ou d'un être vivant, car cela implique que ces éléments sont reliés, qu'ils sont en phase, et donc que ce qui arrive à un élément du système arrive également aux autres éléments de ce système. En psychologie, la syntonisation est l'action de mettre une personne en état de syntonie, en totale harmonie avec ses sentiments.

Avec l'avènement des réseaux numériques comme la fibre optique qui transporte via la lumière des quantités astronomiques d'informations sans distorsion, on aborde **l'ère** de la **communication par la lumière**. Et c'est là que les choses deviennent intéressantes...

En 1975, on a découvert que les êtres vivants sont capables d'*accumuler et*

---

[35] Www.dotapea.com, chapitre 13.

d'échanger des *lumières froides* appelées *bio photons*.

Lorsqu'un organisme est en bonne santé, il retient la lumière, signe de vie. En revanche, quand survient un cancer, un stress ou quand des molécules étrangères à l'organisme perturbent son fonctionnement, les cellules retiennent beaucoup moins bien cette lumière et par conséquent l'information.

Il est intéressent de savoir qu'à la mort cellulaire, il y a émission de cette lumière. En ce sens, nous rendons à la Vie ce qu'elle nous a généreusement prêté...

Poursuivant les recherches menées par le soviétique Alexander Gurwich, **Fritz Albert POPP et son équipe de chercheurs allemands ont en effet démontré en 1975 que les cellules contiennent de la lumière ; cette lumière F.A POPP la nomma** *les bio-photons*.

Il découvrit ainsi que les plantes possèdent des méridiens qui acheminent l'énergie lumineuse à différents endroits de leur organisme et sous différentes formes. Ainsi, pour mesurer la qualité d'un aliment, on mesure la lumière à l'intérieur de ces aliments. Une fois récoltée, une plante restitue cette lumière qu'elle a accumulée durant sa vie et en la consommant, l'individu absorbe une partie de cette lumière et selon la qualité de l'aliment, il absorbe une certaine quantité de sa vitalité.

Pour POPP, cette lumière est signe de vitalité et de son ordre interne. Il est intéressant de noter qu'un aliment tiré de l'agriculture biologique présente une activité lumineuse plus grande que celle d'un aliment traité chimiquement, irradié ou congelé. Un aliment congelé présente par exemple une activité lumineuse plus faible et inconstante par rapport à un aliment biologique... C'est pourquoi de plus en plus de chercheurs travaillent avec POPP et pensent que la lumière est le cerveau de contrôle de l'organisation interne d'un organisme et qu'elle régule ses fonctions vitales, dont l'action des hormones et enzymes... La rétention de lumière est donc bien un signe de vitalité. Ne dit-on pas d'une personne en bonne santé et heureuse, qu'elle rayonne ? D'ailleurs, le mot « AURA » désignant le champ lumineux électromagnétique d'un être vivant provient de la racine « AUR » qui signifie lumière.

Nous avons vu que les cellules communiquent entre elles par échange de bio-photons. A ce propos, lisons ce qu'en pense le Dr Bruce Lipton, biologiste et généticien : *« A travers les siècles, nous nous sommes focalisés sur la réalité mécanique et avons abandonné le concept d'énergie et de champs dans la biologie. Mais on reconnaît maintenant que l'esprit est un champ énergétique de pensée que l'on peut lire avec les capteurs d'un électroencéphalogramme ou encore mieux, à l'aide d'un nouveau procédé de magnéto-encéphalographie, une sonde qui, bien qu'elle soit placée en dehors de la tête, peut lire les champs de l'activité nerveuse,*

81

sans même toucher le corps ».[36]

« *Les gènes ne contrôlent pas notre biologie*, ajoute le Dr Bruce Lipton. *Ils ne sont pas déterministes comme on le pensait jusqu'à il y a encore dix ans, mais subordonnés à un système d'informations « extérieures » se révélant être le produit de l'environnement dans lequel ils évoluent. D'après cette nouvelle compréhension de la biologie cellulaire, ils ne représenteraient désormais que des potentiels. L'être humain aurait donc beaucoup plus de pouvoir qu'il ne le pense sur sa propre biologie et, par conséquent, sur ses fonctions corporelles. Cela tendrait à prouver que nous ne sommes pas des "automates génétiques" victimes de l'hérédité biologique de nos ancêtres. Nous sommes, au contraire, les co-créateurs de notre vie et de notre biologie. Ce que j'appelle l'épigénétique.* »

Edgar Mitchell, astrophysicien, abonde en ce sens : "*Nous avons constaté en laboratoire que lorsque nous avons des pensées positives, nous envoyons des substances chimiques, idem pour les pensées négatives qui ont un effet significatif sur le comportement des cellules* ".

« *Il existe une hiérarchie de champs organisant votre corps*, explique Rupert Sheldrake. *Il y a le champ du corps en entier, des organes, des tissus, des cellules. Le champ de notre corps est à l'intérieur et autour du corps. Il y a un champ global et des champs subsidiaires pour les bras, les jambes et les différents organes. Et ces champs sont intrinsèquement un tout.* »[37]

Vous allez voir à présent que la transmission d'information dans le corps humain peut se faire à distance comme dans une liaison Wi-Fi.

Pour ceux qui ne connaissent pas le Wi-Fi, il s'agit d'une connexion internet sans fil qui ne nécessite pas de raccorder un ordinateur à une BOX. Wikipedia en donne la définition suivante :

« (…) ensemble de protocoles de communication sans fil (…). Le réseau Wi-Fi permet de relier sans fil plusieurs appareils informatiques (ordinateur, routeur, décodeur Internet, etc.) au sein d'un réseau informatique afin de permettre la transmission de données entre eux. »

Le WIFI connecte l'ordinateur par ondes radio.

Au niveau biologique, l'information peut transiter à la manière du Wi-Fi, c'est à dire sans contact direct de molécule à molécule mais en se servant du champ électromagnétique.

Sans entrer trop dans le détail, la lumière cohérente, d'intensité très faible, couvre le rayonnement ultra-violet et une partie de la lumière visible et fonctionne donc avec le champ électromagnétique.

---

[36] La magnéto-encéphalographie est un procédé par lequel on enregriste les champs magnétiques résultant de l'activité cérébrale

[37] Extraits de dialogues tirés de : http://www.inrees.com/articles/La-medecine-du-futur/

Dans ce type de communication, l'information transite sans qu'il y ait **contact direct de molécule à molécule** ! Or, la biologie moléculaire et la biochimie n'envisageaient pas de telles possibilités, et encore moins que l'ADN - par sa configuration en hélice et sa plasticité - puisse faire office d'accumulateur de bio-photons.

Qui plus est, il faut évoquer la possibilité qu'au **cœur du vivant**, le fonctionnement soit basé sur un mode fréquentiel : **des oscillateurs et résonateurs de fréquence permettraient l'accumulation de ces bio-photons.**

Mesurés par des appareils spéciaux, les bio-photons sont nos indicateurs de bonne santé ou l'inverse. Plus un organisme retient des photons, plus il est en bonne santé, et cela a pu se vérifier avec des œufs pondus par des poules élevées en plein air, bénéficiant d'une source de **lumière naturelle** puissante qui jouerait également un **rôle dans la plus grande assimilation et accumulation de photons dans l'organisme**.

On savait que le soleil était une bonne source de vitamine D mais nous ignorions à quel point il était utile pour notre bonne santé **en tant que source partielle de lumière cohérente** ! C'est là que **L'ADN chromosomique** peut jouer son rôle : par sa structure hélicoïdale, **il pourrait faire office de résonateur de fréquences et d'accumulateur de bio-photons.**

Une question s'impose : La lumière cohérente ne pourrait-elle pas correspondre au PRANA ou Qi, le souffle ou l'énergie vitale sacrée de l'univers ?

N'est-ce pas la raison pour laquelle des personnes dans le monde vivent en parfaite santé sans manger ni boire ? Le fabuleux documentaire « Lumière, vivre sans manger ni boire », de Peter-Arthur Straubinger nous parle de la façon dont ces personnes tirent l'énergie de l'air et de la lumière, une énergie présente en tout (le « prana »). Certains le font en suivant le mouvement dit « respirianiste ».

Fritz Albert POPP nous apprend que nous trouvons de la lumière cohérente à 10^{-6} cm^2, ce qui correspond à la l'ordre de grandeur de surface de la cellule [38] !

La surface des cellules a t-elle été sélectionnée par la nature de façon à capter des signaux cohérents venant du soleil ?, demande Roger Durand, auteur d'un article sur le sujet.

Il est intéressant de noter ici que **le laser est la source la plus pure de lumière cohérente** ! On se sert d'ailleurs du Laser pour la projection holographique. Pourrait-on dire que nous sommes connectés à l'univers et à sa source inépuisable d'énergie et de lumière dont nos cellules se

---

[38]   Source : Roger Durand, article sur la lumière cohérente et bio-photons et travaux d'Albert POPP - http://www.lapyramide.org/mee_vitalite.html#retention

nourrissent pour nous donner la vie ?

En tant que support de vie-talité, la lumière est un signe évident d'une bonne assimilation de l'information universelle, sous la forme d'énergie bio-disponible. La nourriture physique que nous métabolisons n'est qu'une façons d'absorber de la lumière cohérente nourricière...

Que dire des nourritures industrielles produites chimiquement, dopées aux additifs que nous ingérons chaque jour, et qui, au lieu de nous apporter vitalité et lumière, étouffent notre lumière en encrassant nos cellules d'éléments tératogènes ?

- Nous renaissons tous les ans :

Savez-vous que le corps humain renouvelle 98% de ses cellules chaque année ?

Cela ne veut pas dire que chaque année nous mourrons, bien au contraire. Nous renaissons par cycles, nous nous renouvelons. Si nous renouvelions les 100% de nos cellules, nous serions véritablement immortels, à l'instar des Dieux de la mythologie...

- Systèmes d'hyper-communication cellulaire :

Vous allez encore être étonné mais les cellules de notre corps portent non seulement des fréquences et de la lumière cohérente, mais elles utilisent un système de transfert d'informations qui ferait pâlir d'envie nos ingénieurs en télécommunications.

De l'hyper-ADSL biologique ?

L'eau cellulaire des nouveaux nés est très mobile et permet l'évacuation rapide des déchets en raison de sa structure particulière. C'est ce qu'a découvert au Japon le **Dr Kateyama.** Allant plus loin encore dans l'étude de l'eau cellulaire, le **Dr Lorensen**, diplomé en biochimie nutritionnelle et en médecine a découvert une chose stupéfiante : **les cellules possèdent une sorte de squelette** dont la **fonction** dans la transmission des influx informationnels et énergétiques suggère clairement que les **cellules fonctionnent en réseau à la manière de mini-ordinateurs**... Mais il y a bien plus que cela...

« Quand les protéines ne sont plus entourées d'eau, elles ne peuvent ni fonctionner, ni transmettre d'informations correctement » nous dit le Dr Lorenzen. L'eau cytoplasmique encode les séquences d'informations qui lui parviennent.

Sur ce constat, le Dr Lorensen a donc mis au point un produit, l'*aqua résonance,* qui, « ajouté à de l'eau distillée, permet alors d'obtenir une solution biologique qui accélère les échanges d'informations » au cœur des cellules[39].

---

[39]   quanthomme.free.fr/energielibre/systemes/PageQuestionEOM.htm

Or, les cellules des bébés assimilent et véhiculent bien mieux l'information que les adultes qui se dessèchent avec l'âge. Est-ce un hasard si le corps humain contient environ 60% d'eau et les bébés environ 78 % ?[40]

Le Dr Lorensen découvrit ainsi que **l'eau cellulaire** (eau du cytoplasme) en étant moins dense que l'eau contenait beaucoup **plus d'informations électriques que l'eau normale**.

Voici à quoi ressemble une cellule (dans sa version très simplifiée) :

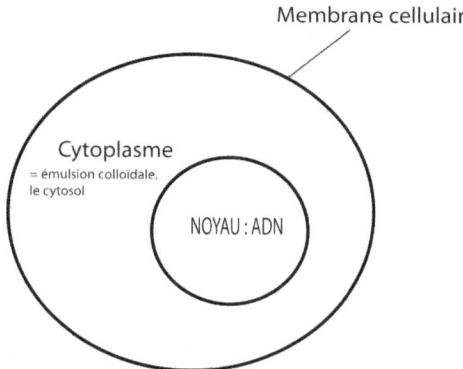

Plus encore, les **cellules contiennent des structures hélicoïdales qui forment un système de transfert d'informations bien meilleur que la fibre optique !**

A savoir que le cytoplasme est une sorte de gel nutritif faisant le lien entre le noyau contenant l'ADN et la membrane perméable. Ces structures, il les nomma le ***cytomatrix*** : la matrice du cytoplasme, composée de milliers de **protéines de forme hélicoïdale qui mettent les cellules en réseau** : ces canaux très complexes ne se limitent pas seulement à la cellule, mais **vont de son noyau aux autres cellules** assurant ainsi la relation à travers la membrane !

En faisant un mouvement de va et vient dans les cellules, la matrice « véhicule des **ondes informationnelles très rapides** » **de fréquence bien supérieure à celles de la radio ou des micro ondes** (estimée à 10 Hertz par Herbert Froelich de l'Université de Londres) !

- Une fréquence de guérison ?

A propos de fréquence, la **fréquence calée sur 528 Hz** permettrait selon le Docteur Horovitz, dentiste américain, de favoriser la guérison car elle serait associée à la fréquence de l'amour universel. En numérologie, si on additionne 5+2+8 cela donne 15 = 1+5 = 6. Le 6 est justement associé à l'amour universel (mais aussi à l'harmonie et à la beauté, pour être

---

[40] http://www.futura-sciences.com/fr/question-reponse/t/corps-humain/d/quelle-est-la-quantite-deau-dans-le-corps-humain_1232/

exhaustif).

L'idée d'une fréquence de guérison associée à l'amour peut sembler farfelue mais par acquis de conscience, voici ce qu'en dit le Dr Leonard George Horovitz[41] :

« 528 hz, la note originelle « MIracle 6 » de l'ancien solfège, se diffuse à travers une « matrice de maître » que le monde religieux appelle le royaume des cieux. » Il ajoute : « Nous savons maintenant que la fréquence 528 Hz qui représente l'amour fait partie des six principales fréquences créatrices de l'univers parce que les mathématiques ne se trompent pas, la géophysique universelle reflète bien cette musique ; ces résultats ont été obtenus indépendamment, examinés par des pairs, et validé empiriquement ».

En effet, le « C » ordinaire de la gamme diatonique *do, ré, mi, fa, si, la, si, do*, ne correspondrait pas à la fréquence 528 Hz "C". Le "C" normal vibre à une fréquence de 523,3 Hz alors que le « C » 528 Hz ferait partie d'une gamme plus ancienne, appelée la gamme solfège.

En voici l'explication : La troisième note, le MI correspondant à la fréquence 528 hz, provient du latin « miraculum » signifiant « miracle » et de l'expression latine « Mira gestorum » signifiant *les merveilles de (tes) exploits* qu'on retrouve dans l'acronyme latin des notes musicales Do, re, mi, fa, sol...[42]

Selon le Dr Len Horovitz, l'ADN est de nature bio acoustique et électromagnétique, (ce que semble accréditer la théorie de F.A POPP), réceptrice de l'énergie, transformatrice de signal, et émettrice de lumière.

« En d'autres termes, la bio-énergétique de la génétique précipite la vie », selon ses termes. Son livre « *DNA : Pirates of the Sacred Spiral book* »[43] associe découvertes scientifiques et spiritualité.

La note MI - 528 Hz - concernerait le chakra couronne, ce centre énergétique situé au sommet du crâne et mettant la conscience individuelle en connexion avec la conscience universelle. Qui plus est, cette note MI

---

[41] Son livre en anglais : *The Book of 528: Prosperity Key of LOVE* ; ISBN: 0-923550-78-X ; son site officiel : http://www.drlenhorowitz.com/

[42] **UT** queant laxis (changé en do en 1673 par l'Italien Bononcini)
REsonare fibris
MIra gestorum
FAmuli tuorum,
SOLve polluti
LAbii reatum
Sancte **I**ohannes (initiales SI)
Signifiant : ut --> *Afin que* ; famuli tuorum --> *tes serviteurs* ; queant resonare --> *puissent chanter* ; laxis fibris -> *à gorges déployées* ; mira gestorum -> *les merveilles de <tes> exploits* ; Sancte Iohannes --> *Saint Jean* ; Solve reatum --> *ôte le péché* ; polluti labii -> *de leurs lèvres souillées*.

[43] http://www.healthyworldstore.com/DNA-Pirates-of-the-Sacred-Spiral-p/dna%20book.htm ; son site web : http://www.drlenhorowitz.com/

serait l'expression de notre harmonie (harmoni-ques).

Enfin, le Dr Horovitz pense que la fréquence 528 hertz peut réparer l'ADN et agir bénéfique ment sur la santé... A vous de juger ! Un petit concerto en Mi C 528 hz ?

Note : Je précise que la version française de ce livre n'existe pas, je ne peux donc émettre aucune opinion personnelle sur cette théorie, encore moins la valider ou l'invalider...

Information et Référentiels

- Comme St Thomas ?

Depuis la cellule aux structures les plus infimes de la matière, le mental et donc l'esprit retient du champ d'information globale (que certains nomment champ unifié) ce qui lui est utile pour construire sa réalité...

Quand vous lisez un livre ou écoutez le journal télévisé, vous ingérez une certaine quantité d'information. Pas la totalité de l'information issue de la source émettrice, bien sûr, puisque vous ne retenez que ce dont vous avez besoin.

Sans entrer dans le détail, le cerveau fait office de filtre. Il agit en ne retenant que ce qui vous sert à quelque chose. Ensuite, l'esprit ajoute une tonalité émotionnelle en fonction de paramètres comme le vécu, la capacité d'apprentissage, les connaissances déjà acquises (références mémorielles), la curiosité propre à chacun, et la sensibilité personnelle (émotivité, réceptivité plus ou moins importante)...

Par exemple, vous apprenez qu'à l'avenir, un quart de la population va contracter un cancer en raison de la pollution, des facteurs anxiogènes et tératogènes environnementaux. Cela vous émeut d'autant plus qu'un proche est atteint de cette terrible maladie... Vous teintez cette information d'un affect... Et celle-ci est mémorisée en ayant, qui plus est un impact important sur votre santé et état émotionnel.

L'information est donc soumise à un filtre, le filtre de l'esprit et du rapport entretenu avec le « monde ».

On ne croit généralement que ce qu'on voit. C'est une réaction logique dans la mesure où ce qui n'est pas accessible à l'intellect et aux sens ne représente pas une information vitale.

Le conditionnement humain est tel que tout ce qui sort de l'ordinaire est stigmatisé, tourné en ridicule et discrédité, pour ne pas dire déformé et censuré. Le sujet sur les OVNIs, sur le terrorisme, sur nos origines et sur la spiritualité sont si sensibles qu'il est impossible quasiment d'aborder ces thématiques sans faire l'objet de critiques acerbes, jugements de valeur ou encore d'une curée sanglante et d'un blocus médiatique.

La réalité perçue et la façon dont nous ne retenons que ce qui nous est utile est une réponse adaptée à notre évolution macro-sociale (groupes, société...) et micro-sociale (individus). Il est donc inutile de blâmer nos concitoyens sur leur manque d'ouverture d'esprit, toute évolution personnelle impliquant des étapes. Il faut être élève avant de devenir Maître.

- « L'arbre cache t-il la forêt ? » :
Outre l'information utile, l'esprit fait appel à des référentiels familiers pour se sentir à l'aise dans son quotidien.

Que sont les référentiels ?

Les référentiels sont des images-références qui vous aident à vous repérer dans l'espace et le temps en balisant votre route de point de repères. Il est très probable que ces images-références fassent partie d'une mémoire cosmique (inconscient collectif notamment) dans laquelle nous puisons en permanence. Voyons cela de plus près.

Prenons un exemple. Pour aller de votre lieu de résidence à votre travail, vous avez mémorisé un certain chemin. Mais des travaux bouchent les rues habituelles et vous devez prendre un chemin alternatif que vous ne connaissez pas. Comme vous n'avez pas l'habitude de prendre un itinéraire différent de nuit, et le manque d'indications ne vous plaît pas. Sans GPS il vous est difficile de vous repérer... Les repères familiers disparaissant, votre réalité devient un terrain inconnu et hasardeux. La peur peut naître.
Autre exemple :
La vue d'un arbre suscite du plaisir et constitue un repère familier commun à l'ensemble des êtres vivants peuplant la Terre. Demandez à quelqu'un s'il est est capable de voir l'arbre que vous admirez et il vous répondra : « oui, bien sûr ! ». Pour autant, vous ne le décrirez pas forcément de la même manière car la perception de l'arbre est subjective, jusque dans ses couleurs.

Pourquoi voyons-nous l'image-référence « arbre » selon un modèle standard ?

Des recherches poussées menées notamment par le **Dr Karl Pribram**[44], neurologue et physiologiste renommé, démontrent **l'absence d'engrammes** dans le cerveau, **ces traces biologiques de la mémoire.**
Est-ce à dire que nous n'avons pas de zones mémorielles ? Ce n'est pas tout à fait cela. En fait, ce sont les traces mémorielles, telles des empreintes de pas sur un sol humide, qui n'existent pas dans le cerveau !
K. Pribram en conclut que le cerveau réagit comme un hologramme en reconstituant une image tridimensionnelle d'un objet non localisé dans le cerveau. Notre mémoire serait donc externalisée et dématérialisée, une projection en 3D comme au cinéma !
Loin d'être défaillante ou peu étayée, la théorie se fonde sur de nombreuses expériences concluantes sur des animaux. Pribram se base notamment sur

---

[44] *Karl Pribram, "Brain and behaviour"* ; Karl Pribram, *Languages of the brain; experimental paradoxes and principles in neuropsychology ; Karl Pribram, Brain and perception: holonomy and structure in figural processing*

des travaux menés par Karl Lashley, neurophysiologiste américain qui avait entraîné des rats à exécuter certaines tâches dans un labyrinthe. Après avoir ôté différentes parties du cerveau des rats, il se rendit compte qu'ils continuaient encore de reproduire les mêmes tâches qu'auparavant.

Même amputé d'une partie du cerveau, la mémoire était intacte, indiquant que le processus mémoriel n'était pas assujetti à des zones localisées dans le cerveau.

Il comprit alors que la mémoire résidait en chaque partie ; **« la « vraie réalité », nous dit Karl Pribram, se trouve dans l'énergie que détectent nos sens et pas dans les objets que nous appelons réels. ».** Et à l'instar de l'hologramme, « l'ensemble des informations sont enregistrées sur chaque fragment du support ».[45] C'est sans doute une des raisons pour lesquelles nous pouvons reconstituer un souvenir en faisant appel à des indices ou fragments de souvenirs.

Pour lui, *« nos sens s'entendent pour créer l'illusion du monde qui nous entoure. »* Plus précisément, les milliards d'ondes du cerveau formeraient des **franges d'interférences** constituant un hologramme cérébral pouvant, « peut-être, servir de support biophysique aux processus de la pensée et de la mémoire. »

Le bio-photons produisant une lumière cohérente n'y seraient-ils pas pour quelque chose ? Vous allez comprendre pourquoi.

Leibniz, un mathématicien allemand, prétendit que non seulement les couleurs, la lumière et la température, mais aussi les formes, le contenu et le mouvement de **chaque chose dans l'univers ne serait que des projections de notre esprit, créant notre réalité**.

Cela dit, comment obtient-on des franges d'interférence ?

Voici comment on obtient un hologramme :

Tout d'abord, le mot hologramme provient du grec *holos* « en entier » et *graphein* « écrire». En somme, l'holoramme écrit ou reproduit en totalité l'objet qu'il représente.

C'est Dennis Gabor (1900-1979), physicien hongrois, qui inventa l'hologramme, invention pour laquelle il reçut le prix Nobel en 1971..

Wikipedia nous dit que « contrairement à la photographie traditionnelle, qui ne contient qu'une information bidimensionnelle, un hologramme

45   http://www.chaouqi.net/index.php?2005/04/17/13-karl-pribram-et-le-cerveau-holographique

contient beaucoup d'informations tridimensionnelles. Il en résulte une image d'interférence entre les ondes issues de l'objet photographié et celles d'une partie du même faisceau laser utilisée pour éclairer l'objet. ».

Le principe est le même que deux cailloux qu'on jette dans une mare. Les « vaguelettes » ou ondes produites par chaque caillou créent une onde qui, en rencontrant l'une l'autre, crée des interférences.

Pour projeter en relief l'image d'un objet comme une orange, il faut un laser (une lumière cohérente), une plaque photographique et un jeu de miroirs.

Le principe :

On divise le rayon laser en deux faisceaux. Le premier va sur un miroir qui redirige le faisceau sur la plaque photographique tandis que l'autre faisceau part directement sur l'objet à *holographier* puis redirigé sur la plaque photographique, comme suit :

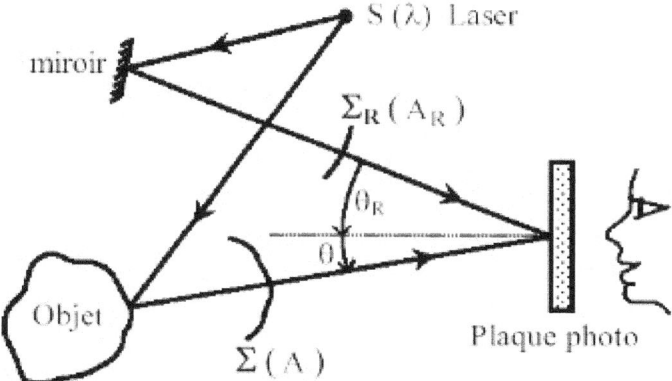

image : wikipedia

Quand le deuxième faisceau croise les ondes lumineuses diffractées du premier, cela produit un système de *franges d'interférences*. Ces franges vont s'enregistrer sur la plaque photographique.

Pour lire l'hologramme, on éclaire la plaque photographique avec le laser utilisé lors de l'enregistrement selon le même angle d'incidence afin de restituer l'image de l'objet en trois dimensions.

Le tout est dans chaque partie :

La chose la plus extraordinaire avec l'hologramme est la suivante : si on coupe la plaque photographique en deux, ou en plusieurs parties, on obtient des hologrammes complets restituant la totalité de l'objet, sans changement aucun ! Le Tout est dans les parties. C'est ce qui se produisit dans l'expérience des rats où leur mémoire fut conservée entièrement alors que leur cerveau avait été amputé de moitié ! L'ablation aurait dû emporter avec elle les zones mémorielles où auraient été enregistrés les fameux engrammes - ces traces physiques de la mémoire à l'instar de données enregistrées dans un disque dur - mais il n'en fut rien. Leur mémoire était restée intégrale en dépit de cette amputation de grande ampleur. Ce qui signifie clairement que si la mémoire n'est pas localisée dans le cerveau, elle l'est ailleurs. L'expérience des rats n'est pas la seule à avoir été menée et les conclusions restent les mêmes.

La mémoire pourrait être projetée dans le cerveau à la manière d'un hologramme où chaque partie, chaque élément, chaque particule, contient la totalité de l'objet initial. Par conséquent, les particules contiendraient elles aussi la totalité de l'ensemble en terme d'information orientée objet. Il est établi que l'onde-particule porte une fréquence propre à un objet, et cette fréquence est associée à une onde se propageant dans l'espace. Cette onde pilote servirait de guide (selon la théorie de Louis de Broglie[46]) à une particule qui serait une singularité de cette onde.

La mémoire serait donc non seulement délocalisée, mais en outre pourrait s'incrémenter au fil du temps de nos expériences par échange d'information depuis notre plan physique jusqu'à un plan dimensionnel où « l'objet mémoire » serait conservé. Cette sorte de centrale collecterait l'ensemble de nos expériences de vie. Parce que chaque individu possède sa propre mémoire, il existerait autant d'enceintes mémorielles que d'êtres vivants et donc autant d'hologrammes individuels ! Certains scientifiques rétorqueront qu'après un accident cérébral notamment, la mémoire des personnes arrive qu'elle soit effacée. Certes. Je répondrais que le cerveau est autrement plus complexe d'une plaque photographique ; ce qui implique que des fonctions puissent endommager partiellement voir empêcher totalement la lecture de l'hologramme-mémoire par le cerveau, la connexion physique - peut-être quantique de distribution non probabiliste - permettant de réceptionner l'hologramme étant rompue pour des raisons qu'il nous faudrait explorer en neurosciences et dans d'autres disciplines. Alzheimer en serait l'illustration parfaite. Il faut reconnaître que nous sommes encore ignorants de bien des processus mentaux, et il serait donc vaniteux de prétendre avoir réponse à tout.

Pour en revenir à la question des référentiels communs à toute l'humanité et l'absence d'engrammes dans le cerveau, on peut se demander si les archétypes et la représentation de notre réalité ne proviennent pas d'une source externe à notre cerveau.

Plus précisément, si le cerveau ne grave pas ces souvenirs mais que l'esprit peut y avoir accès aisément, par quel processus sommes-nous informés ?

Je vais prendre un exemple ingénu. J'ai envie de manger une pomme. Je

---

[46]   http://fr.wikipedia.org/wiki/Th%C3%A9orie_de_l%27onde_pilote
http://fr.wikipedia.org/wiki/Hypoth%C3%A8se_de_De_Broglie

prend une pomme dans mon panier à fruits et je la porte à ma bouche. C'est un acte spontané.

La conscience agirait de la même manière en puisant ses nutriments d'un champs de conscience élargi où des milliards d'autres consciences puisent aussi cette information. Ce sont autant de lumières laser cohérentes qui s'y rencontrent comme sur un grand marché. En se croisant, elles créent des franges d'interférences qui forment collectivement l'image-objet de la pomme, dont la représentation mentale est un hologramme de pomme.

La pomme existe bel et bien en tant qu'objet constitué lui même d'ondes-particules ; mais c'est un ensemble de consciences qui en crée la représentation mentale – l'hologramme de tout ce qui existe initialement sous une forme énergétique diffuse. A l'aide du sens de la vue, les franges d'interférence éclairent l'esprit qui identifie l'objet comme étant une pomme. Il est nécessaire pour l'esprit de pouvoir étiqueter les objets du quotidien. Sans l'esprit, nous en serions incapables ! Car pour créer un hologramme, il faut un émetteur et un récepteur.

Voici comment se produit le processus de création de l'hologramme mental Pomme lorsque nous voyons une pomme :

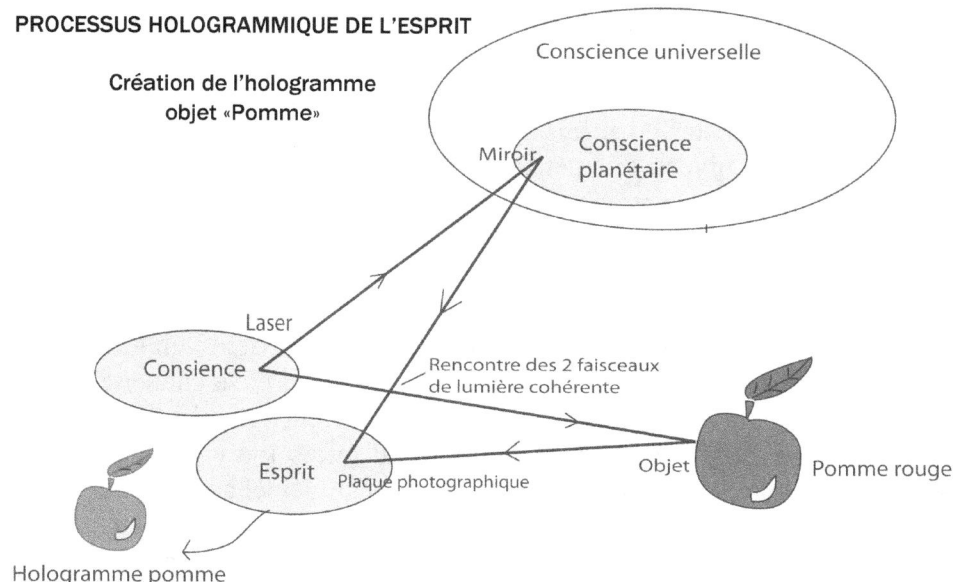

Décodage du schéma :

1ère étape :

1. La conscience individuelle envoie de la lumière cohérente de type laser au miroir « conscience planétaire »

2. La conscience planétaire inscrite dans la conscience universelle relaie cette lumière cohérente (comme un miroir le ferait), et la renvoie à l'esprit de l'individu

2e étape :

– La conscience individuelle envoie un deuxième faisceau de lumière cohérente en direction de l'objet Pomme situé sur Terre

– L'objet Pomme réfléchit intégralement la lumière cohérente sur l'esprit de l'individu qui agit comme une plaque photographique

3e étape :

- Les deux faisceaux de lumière se croisent en créant des franges d'interférence ;

- L'esprit ayant reçu ces franges d'interférence créé l'hologramme Mental de la Pomme !

L'esprit est comparable à une plaque photographique qui reçoit le faisceau relayé par la conscience planétaire ainsi que le faisceau laser renvoyé par l'objet « pomme ».

N'oublions pas que la rétine ne capte que des trains d'ondes[47] qui doivent être décodés. Un train d'onde correspond à un photon, une onde dont l'étendue spatiale et temporelle est finie. Dans le cas des ondes lumineuses perçues, les trains d'ondes peuvent renfermer une information sur le saut d'un électron de l'atome sur un niveau énergétique supérieur ou inférieur. En effet, les électrons gravitant autour du noyau sautent régulièrement d'un « étage » énergétique à un autre. Ce faisant, lorsqu'un atome est excité, un électron peut passer à un niveau énergétique supérieur, et en revenant à sa position initiale il cède son énergie excédentaire. Cette transition doit correspondre à certaine une quantité d'information-lumière. Et l'ensemble de ces sauts électroniques doit être décodé par la rétine en se comportant comme un traducteur (mais à l'échelle quantique).

Le décodage par le cerveau de ces ondes traduit la réalité extérieure en une image homogène, avec ses couleurs, son apparence, sa texture, sa capacité à refléter plus ou moins la lumière, etc. Cette image devient un référentiel universel pour avoir été partagée par des milliards d'autres individus... et ce, depuis l'aube des temps. Nous pourrions nous constituer chacun notre propre référentiel. Or, le fait que nous produisions la même image dans notre esprit rend compte d'une extraordinaire transmission de l'information telle que l'humanité harmonise avec cette image collective. L'harmonisation a peut être pu se faire spontanément, puisque l'humanité met en commun ses données comme le ferait un ensemble d'ordinateurs mis en réseau. Pour autant, le fait que nous puissions tous nous référer à ce même patron de forme témoigne de l'action d'une source unique

---

[47] http://fr.wikipedia.org/wiki/Train_d%27ondes

informationnelle, non locale, renvoyant tel un miroir ce patron universel aux hommes. Mais qui secrète le patron en premier ? La conscience individuelle, en tant qu'extension d'une conscience supérieure, est à même de produire une lumière cohérente stimulant le champ de conscience planétaire détentrice, émettrice et réceptrice des stimulus en provenance de la Terre. A son tour, elle nous renvoie cette information orientée objet en la modelant. Il est possible que ce que la conscience planétaire, dans un soucis d'harmonisation, renvoie à l'esprit individuel un patron de forme standard. Ce patron sera alors diffusé à grande échelle d'en haut vers en bas, mais aussi latéralement, d'esprit à esprit et de conscience à conscience. A la différence de l'esprit qui produit des ondes mentales transitant à la vitesse de la lumière, la conscience individuelle, superlumineuse, serait capable d'en amplifier le champ d'action en diffusant le patron reçu par l'esprit via la conscience universelle sans passer par des voies locales. En fait, il y aurait effet ping-pong : envoi à la conscience universelle, et réception par l'esprit via la conscience individuelle et à nouveau renvoi à la conscience universelle. Cela concernerait absolument tous les processus mentaux et émotionnels, les sensations...

Lorsque nous voyons pour la première fois quelque chose, nous sommes étonnées. Pour autant, chacun peut décrire d'une manière semblable ce qui a été vu ou perçu. L'étonnement n'est pas l'absence totale de référentiel (au sens absolu) bien que pour l'esprit, la vue de cette étrange manifestation, chose, bruit ou sensation, soit nouvelle. Le problème est que nous donnons une teinte, une couleur, une saveur à ce référentiel et il classé par le mental comme étant une perception de tel ou tel type, un objet, une sensation de telle catégorie, etc. En l'absence de cette orientation, teinte ou saveur, la perception reste une sensation sans orientation, libre... La réception de ce ressenti actualise l'esprit et le corps en le purifiant de tout concept et de toute intention. Bien que l'être vivant le perçoive pour la première fois, cela ne signifie pas que ce que l'individu reçoit est un élément inédit, mais que ce « quelque chose » préexiste et se télécharge en soi depuis un ailleurs car ce qui est réside déjà dans la totalité.

« A ce moment là tout devient votre maître, toutes les perceptions sont une prolongation de la conscience : tout ce que vous entendez, touchez, n'est autre que cela. » nous dit Jean Bouchart D'orval, lors d'un entretien au Canada.[48] Cela étant, l'état d'étonnement découlant de l'absence de référentiel permet de rester ouvert à tout, sans préjugé ni intellectualisation. Lorsque l'esprit se réfère à la mémoire (notamment du passé et des traumas), il fonctionne telle une onde pilote guidant les quantas psychophysiologiques en faisant apparaître une singularité physique : émotionnelle, douleurs et maladies, chagrin, regrets, sentiment de

---

[48]   Livre d'Eric BARET, « Le sacre du dragon vert, pour la joie de ne rien être3, éditions Almora. Page 33

culpabilité...

Lorsqu'il n'y a plus d'attente projetée sur le mur de la Vie, l'esprit redevient libre, et ouvert, et retourne à la « fréquence de phase », ou onde de phase véritable fréquence de l'onde (dont vous êtes tous constitués) supérieure à la vitesse de la lumière car elle ne transporte pas d'énergie... Contrairement à la fréquence de groupe qui « correspond au déplacement de l'énergie du corps », inférieure à la vitesse de la lumière, elle est celle de vos perceptions en terme d'énergie et du calibrage de vos ondes mentales, de vos focalisations sur cette réalité plafonnée à la vitesse de la lumière. Vous percevez alors le battement de l'onde de phase.

« L'onde de phase apparaît lorsque la particule est en mouvement ; elle est due à un décalage de la superposition des deux ondes de base, l'onde émise et l'onde reçue. (…) Les deux ondes, reçue et émise, sont modifiées différemment, et cela donne naissance à une onde de battement en donnant la formulation suivante : $V.v = c^2$ où v est la vitesse de la particule et c celle de la lumière. « Lorsque la particule est au repos, la longueur d'onde Λ est infinie et peut s'étendre à tout l'Univers ; lorsque la vitesse de la particule approche celle de la lumière, Λ devient très petit. La fréquence de l'onde de phase prenant une valeur moyenne entre celles des deux ondes de base, sa longueur d'onde Λ varie comme la vitesse. »

La démonstration se trouve ici : http://www.ontostat.com/franc/onde%20de%20phase_fr.htm

Lorsque vous lâchez prise, ou méditez vous vos ondes mentales baissent et par conséquent leur longueur d'onde peuvent s'étendre beaucoup plus loin (à l'infini lorsque la particule est au repos). La moyenne entre ce que vous émettez et percevez vous place dans le battement de l'onde de phase, en accord avec la vitesse de la lumière dans notre référentiel et vous restez dans un monde sous-lumineux.

Les perceptions dites extrasensorielles (alors qu'elles sont sensorielles!), telles que la télépathie, les rêves éveillés, prémonitoires, ou encore l'intuition résultent peut être de la façon dont nous pouvons ponctuellement faire l'expérience d'une longueur d'onde infinie qui s'étend à l'univers tout entier...

Pour en revenir à la perception sensorielle, notre corps est une machine à ressentir, à décoder et translater. Ce que nous percevons comme extérieur à soi n'est qu'une façon de mieux découvrir ce qui est en soi : quand nous sentons le vent sur notre visage, est-ce réellement le vent que nous sentons ou la peau de notre visage ? Comme le dit Jean Bouchart, « il y a contact ». Sans ce décodage de l'information captée par la rétine, nous ne percevrions pas l'image de la pomme prête à être croquée, savoureuse rien qu'au regard, mais de drôles d'impressions diffuses incompréhensibles. Le corps est un corps de sensations, et quand vous ôtez le superflu, c'est à dire l'étiquetage du mental sur ce qu'il convient de faire, de penser, ressentir ou les innombrables discours internes, tout n'est que sensation et la plénitude du silence tapi derrière la sensation. Sentez le silence auditivement, mais pas seulement... Quelle couleur a le silence ? Quel goût a le vent ? L'exploration intérieure prend ici tout son sens. Ne recherchez rien, laissez venir la plénitude, sans orientation ni intention. Laissez-vous aller à habiter cet instant, sans penser « je ressens la caresse du vent sur ma peau »... Sentez, goûtez l'odeur du vent, son empreinte, sa douceur ou sa fraîcheur... Qu'y a t-il derrière ? Savourez le silence où réside la paix. Quand vous recherchez à satisfaire un désir, vous recherchez en fait la paix ; l'objet du désir est un atermoiement, un exutoire en lequel vous recherchez la tranquillité qui se trouve au delà de l'expérience proprement dite. En Orient, cela s'appelle « écoute ». Dans l'écoute cesse la projection, l'orientation, le désir, et s'ouvre le silence, source d'ouverture et de plénitude. De cette plénitude la satisfaction naît sans artifices. L'artiste peindra, chantera ou écrira pour célébrer la vie, cet art qu'on appelle art de vivre dans certaines traditions, devient la louange du sacré à l'origine de toutes les expériences... Cette joie immanente qui inonde l'être n'a dès lors plus besoin d'objet sur lequel fonder une dévotion, sa révérence, ou son support de prière ; seul demeure la célébration de la vie.

Ce qui était au départ un ensemble de données instruisant la forme est devenu aspect défini par notre mental, tout en respectant le code universel. Il se peut que la conscience collective ait insufflé en premier l'image-clé de la pomme de manière à ce que nos sens traduisent ce code sous les traits d'un hologramme de pomme ; dans tous les cas l'esprit en devient le récipiendaire afin de nous permettre de voir le monde et de ne pas s'y perdre... L'inconscient collectif inscrit dans notre conscience collective serait ainsi constitué de ces référentiels pour avoir été vus et perçus par des milliards d'autres. Parce qu'un ensemble de consciences partagent notre réalité perceptible commune – bien que factice – grâce à la rencontre de ces franges d'interférence, notre conscience collective planétaire est ré-informée en permanence. Cette dernière devient alors le miroir relayant les structures archétypales et images-références de notre quotidien sur Terre.

« En 1985, l'Américain **Stanislav Grof**, directeur du Centre de recherches psychiatriques du Maryland, **déclara que le modèle holographique était le seul à pouvoir expliquer les expériences archétypales, à savoir les rencontres avec l'inconscient collectif et les états modifiés de conscience**. En 1987, le physicien canadien David Peat de la Queen's University soutint que la synchronicité – une coïncidence insolite si riche de sens qu'elle ne peut procéder d'un simple hasard - trouve son explication dans le modèle holographique. »[49]

Carl Gustav Jung, éminent psychiatre et psychologue (1875-1961) et l'un des premiers collaborateurs de Sigmund Freud, avait développé l'idée d'un inconscient collectif et avait appréhendé la réalité de l'âme à travers une approche concrète du spiritisme, au point qu'il en fit le sujet de sa thèse de doctorat. Pour lui, l'au-delà n'était pas un mot abstrait. Nous lui devons d'ailleurs les concepts de synchronicités, d'archétypes et d'inconscient collectif. Il chercha en outre à interpréter les rêves, porteurs de significations selon lui.

Attardons-nous un instant sur les synchronicités, pour tenter d'étayer la thèse d'une influence externe à notre biosphère.

- Les synchronicités :
Les synchronicités sont des événements a priori sans aucun lien apparent de causalité entre eux mais qui prennent soudain un sens pour la personne qui les vit...
Le concept développé par Carl G. Jung se fonde en partie sur les archétypes, ces référentiels de l'humanité, et il l'exprime ainsi :
« Une synchronicité apparaît lorsque notre psychisme se focalise sur une image archétypale dans l'univers extérieur, lequel comme un **miroir** nous renvoie une sorte de reflet de nos soucis sous la forme d'un événement marqué de symboles afin que nous puissions les utiliser. Nous nous trouvons face à un 'hasard' signifiant et créateur. ».
Nous retrouvons là encore l'idée de Miroir dont je parlais tout à l'heure, inscrit dans le principe de l'hologramme et suggérant un renvoi d'informations.
Le cas le plus étonnant est celui que Carl Jung vécut lui-même, et dont je vous rapporte ci-dessous le contenu. Lui qui étudiait de près la parapsychologie et les synchronicités, il fut soudain face à la preuve de leur existence.
Voici comment il décrit les trois cas de synchronicités (extrait de wikipedia) :
    1) la coïncidence signifiante.
    Exemple : au début de leur rencontre, le 25 mars 1909, Freud et Jung se retrouvèrent seuls pour évoquer l'intérêt des phénomènes parapsychologiques en psychanalyse. Freud refusa d'y voir des matériaux à exploiter, méprisant cet intérêt de Jung. Il y eut alors des craquements soudains dans la bibliothèque de Jung, qui, peu surpris, annonça à Freud qu'il s'en produirait de nouveau. En effet, peu de

_____
[49] http://www.outre-vie.com/

temps après, un nouveau craquement se fit entendre ; Jung nota que Freud en fut particulièrement effrayé, et depuis ce moment il nourrit une profonde méfiance envers le psychiatre suisse.

2) la télépathie, la télesthésie, la clairvoyance

3) la divination, la prédiction, la précognition, le rêve prémonitoire.[50]

L'expérience de synchronicité vécu et décrit par Jung :
« Une jeune patiente eut à un moment décisif du traitement un rêve dans lequel elle recevait en cadeau un scarabée doré. (Note : je précise ici que cette jeune patiente était très cartésienne et son traitement n'avançait pas).
Pendant qu'elle me rapportait le rêve, j'étais assis le dos à la fenêtre fermée. Tout à coup, j'entendis derrière moi un bruit, comme si l'on frappait légèrement à la fenêtre. Je me retournais et vis qu'un insecte, en volant, heurtait la fenêtre à l'extérieur. J'ouvris la fenêtre et capturai l'insecte au vol. Il offrait la plus étroite analogie que l'on puisse trouver à notre latitude avec le scarabée doré. C'était un hanneton scarabéide, *Cetonia aurata,* 'le hanneton des rosiers commun', qui s'était manifestement amené, contre toutes ses habitudes, à pénétrer dans une pièce obscure juste à ce moment. Je dois dire tout de suite qu'un tel cas ne s'est jamais produit pour moi, ni avant ni après, de même que le rêve de ma patiente est demeuré unique dans mon expérience. »

A titre d'exemple supplémentaire, je vais vous raconter une histoire personnelle. Peut-être avez vous vécu vous même une expérience similaire...
Nous nous apprêtions à partir en vacances et je me suis rappelée avoir oublié de prendre de l'eau. C'était l'été, il faisait chaud, et sans eau nous risquions la déshydratation. Qu'à cela ne tienne, je remonte chez nous et ce faisant, je m'aperçois qu'une fenêtre était restée grande ouverte et qu'une casserole était en train de chauffer sur la plaque électrique allumée !
Dans la précipitation du départ, je ne m'en étais pas aperçue. Interloquée et sensiblement ébranlée, j'éteignis en hâte la plaque électrique et fermai la fenêtre, remerciant le ciel de m'avoir fait oublier de prendre une bouteille d'eau !...
Ma mère m'a dit avoir vécu la même chose, à peu de chose près, avec la gazinière restée allumée !
Il arrive également que l'on évoque un sujet avec une personne, et soudain un proche nous en parle le soir même..
Notre petit neveu de 8 ans déclara à sa mamie, tout en cheminant près

---

[50] Énumération tirée de wikipedia sur : http://fr.wikipedia.org/wiki/Synchronicit %C3%A9

d'elle à la sortie de l'école : « tu sais mamie, je crois que je vais devenir végétarien ». Il ignorait que le matin même sa mère annonçait à sa grand mère qu'elle envisageait de devenir végétarienne !...

Combien de fois ne pensons-nous pas à un sujet et il se trouve que dans la journée ou le lendemain même, la réponse arrive sous une forme ou une autre : film, article de journal, information télévisuelle, conseil d'un(e) ami(e), etc.... ?

Hasard, déterminisme et causalité

Le hasard n'existe pas[51]. C'est le titre du livre de **Karl Otto Schmidt** qui fournit des preuves irréfutables que le hasard n'existe effectivement pas, (il n'est pas non plus une résultante déterministe).. C'est un livre extraordinaire que je recommande pour ses multiples preuves attestant que le hasard n'existe pas et que nous pouvons à tout moment modifier notre destinée – laquelle nous appartient pleinement !

Le hasard est l'autre mot et versant de la relation de cause à effet... Ainsi, tout procède de causes et de conséquences dont l'enchaînement des événements dans notre monde physique suggère un flux désordonné d'information ou d'événements porteurs de signification profonde.

Tout a un sens, une utilité, une finalité qui vise notre bonheur par des choix conscients. Prendre conscience du pouvoir créateur qui est en nous est profondément libérateur des causes de la souffrance. La souffrance résulte de cette méconnaissance. C'est pourquoi la question posée par l'éveillé spirituel Ramana Maharshi : « qui suis-je ? » a t-elle autant d'importance. Les mots ont une portée colossale, de même que nos pensées.

Les messages porteurs de signification sont comme des messagers invisibles produits en amont par votre pensée créatrice qui puise dans un champ de conscience supérieure, là où réside l'information. Ce champ informationnel étant disponible en tout, puisque tout est information (ou programme orienté-objet dans notre monde), il est logique de conclure que la pensée cristallise l'intention et son programme associé. L'inconscient collectif n'est qu'une partie de ce champ, dont les archétypes, les symboles universels formés par le vécu de milliards de personnes avant vous. Ceci ne peut se faire que si on considère que l'âme existe bel et bien en tant qu'enceinte de lumière-information, en tant qu'entité pensante, consciente et procréatrice.

La nature de l'âme étant immatérielle, sa connexion avec le cerveau peut opérer via l'interface de l'esprit. Le cerveau traduirait alors les données qui lui parviennent. Comment imaginer sinon que cet inconscient collectif puisse agir ? Comment la synchronicité vécue par Jung aurait-elle pu se produire sans la résumer à de banales coïncidences (synchronismes) ? Comment expliquer que ce qu'ont vécu nos ancêtres ait eu un impact sur la psyché collective en tant que symboles universels ?

On parle beaucoup de hasard de nos jours. Mais le hasard n'est-il pas l'expression d'un enchaînement causal ?
Un lien n'unit-il pas en profondeur le fil de votre vie ? Dans notre

---

[51] Karl otto schmidt « le hasard n'existe pas », Ed. Astra ISBN 978-2-900219-04-1

dimension temporelle, l'esprit dissocie les événements sous l'aspect d'un flux temporel linéaire, à la manière d'une séquence d'images sur une pellicule. Il faut de ce fait attendre la fin d'un film pour connaître la fin de l'histoire. Cela tient au fait que l'information que nous assimilons nécessite un temps d'assimilation relativement long à cause du filtre du cerveau/esprit/sens. Le filtre de l'esprit agit également comme un système immunitaire en censurant les informations qui lui semblent mettre en danger l'évolution et les facultés propres à l'individu. Nous avons érigé depuis la prime enfance quantité de verrous et de portes blindées qui visent à nous protéger d'informations qui ne correspondent pas au moule de notre conditionnement, éducation, et capacités cognitives, spirituelles, etc. Pour illustration, une personne très religieuse éduquée dans le catholicisme, rejettera systématiquement toute idéologie jugée subversive pour elle.

En revanche, de nombreuses personnes qui sont revenues de l'au-delà alors qu'elles étaient profondément croyantes, se mettent à reconsidérer les fondements de leurs dogmes religieux. La conscience délivrée du corps-esprit-cerveau et de ses conditionnements reprend conscience de sa nature holistique, réalisant qu'elle fait partie d'un tout. Elle réintègre un monde de connaissance eidétique (totale) et de lumière où la causalité est que l'autre mot pour dire procréer et aimer. On procrée par amour, dans l'absolu. La manifestation de qui « je suis » ne se situe pas dans le mental, dans le désir, mais dans la joie de l'amour qui célèbre la vie, qui célèbre qui IL/ELLE est. La création à ce stade est un acte se situant entre l'expir et l'inspir, au creux de la ponctuation du souffle divin, là où le devenir est en attente mais déjà conçu par l'intention procréatrice... Cette intention n'est pas une intention exprimant le besoin ou le manque mais la joie d'être, la plénitude totale. Et parce qu'il n'y a aucune direction à prendre, la lumière se diffuse dans toutes les directions et qu'ainsi l'amour universel prend toutes les formes que peut revêtir son essence ultime, c'est à dire une infinité.

L'inspir et l'expir ne sont alors que le mouvement induit par cet acte de création spontanée né dans le non-être entre l'expir de l'inspir. De la non direction, de la non-intention et de cet arrêt total se propage le mécanisme respiratoire universel dans toutes les densités à partir de la non densité.

L'inspir succède ainsi à l'expir, tandis qu'entre la fin et le commencement tout réside. Le non-soi se situe ici, dans la ponctuation du souffle divin. La causalité cesse mais concurremment s'apprête à s'engendrer. Dans cet arrêt total se trouve la totalité de ce qui adviendra (dans notre perception du temps). En fait, l'avant et l'après n'ont pas de sens à cet « endroit » là, puisque tout ce qui n'est pas est la source de ce qui est déjà. L'univers, en ce sens, est déjà fini. Nous, en tant qu'observateurs, évoluons dans ce jeu à grande échelle, en découvrant les meubles qui jalonnent notre futur, dans ce long couloir dont on découvre parcelle par parcelle, les recoins et configurations. Cela ne signifie pas que le futur est déjà déterminé, car bien que l'univers soit déjà fini en tant que structure, son contenu peut être amené à se modifier. La partie que nous jouons peut être jouée différemment par toutes sortes de personnes dans l'univers. Pour prendre un exemple concret, les jeux vidéos en sont l'illustration la plus parlante. Les jeunes et moins jeunes, familiers de ces jeux vidéos comprendront que, bien qu'une partie puisse différer d'une autre, le jeu est déjà fini, c'est à dire que son programme est fixé sur un support physique, une cartouche à insérer dans une console le plus souvent. Je vois ma fille évoluer avec dextérité en jouant sur sa console de jeu Nintendo DS. Elle insère la cartouche dans sa console et peut jouer une infinité de fois la même partie en riant, rageant ou exultant, gagner, perdre, ou explorer de nouveaux niveaux sans jamais se lasser. Ces programmes sont faits pour que le joueur puisse expérimenter une diversité presque illimitée de défis et d'aventures. Et bien que le support soit une petite carte mémoire, il contient tous les possibles, toutes sortes d'issues, d'expériences à vivre, en fonction des choix du joueur. Ainsi en est-il du *gameur* homo sapiens en train de découvrir les infinies possibilités offertes dans sa propre vie, au sein du jeu universel.

Le mathématicien **Pierre Simon de Laplace** avait exprimé le **déterminisme** en affirmant qu'**un génie connaissant exactement la position et le mouvement de tous les objets, même infinitésimaux de l'univers, aurait accès à la connaissance du passé comme du futur de l'univers**. Mais il faut une dose d'incertitude pour que l'univers exprime une dynamique, sans quoi le futur serait la copie parfaite du passé.
Dans notre espace-temps, la cause précède toujours la conséquence. Mais si on basculait dans un système où le temps n'existe plus, passé présent et futur s'inscriraient dans un flux où cause et conséquence seraient intriquées.
Sous les traits d'une enceinte d'information-lumière, la conscience voit la cause et la conséquence non plus comme des éléments séparés mais comme liés par une relation de co-dépendance.
Si vous deviez imaginez une dimension de non-temps, comment vous apparaîtrait le fil de votre vie ? Comme un carrefour où différentes voies s'offriraient à vous. Rien n'est prédéterminé avant votre naissance, sans quoi le libre arbitre serait caduque. C'est de cette façon que nous pouvons expérimenter différentes voies à la manière d'un explorateur. Les choix que vous faites sont déterminés par ce que vous désirez vraiment, par les opportunités que vous saisissez (ou pas). Votre passé ne signifie pas que vous vivrez telle ou telle vie. En revanche, il y aura davantage de possibilités que se produise tel ou tel événement en raison de la loi de cause à effet. C'est un enchaînement. Mais même là, vous avez toujours le choix. C'est vous qui décidez. Certains événements sont inéluctables, il

n'en demeure pas moins que vous pouvez choisir la voie de l'optimisme et de la foi au lieu de celle de la souffrance, du pessimisme ou de la fatalité. La probabilité que vous viviez par exemple une maladie ou un changement de carrière ou de vie personnelle sera déterminée par les événements passés. Pour autant, derrière les larmes se cache un grand cadeau : devenir plus fort, plus patient, ou plus compatissant envers les autres, etc.

Si vous faites la rétrospective de votre vie, examinez ce que vous avez appris, déjà accompli et ce que la vie vous a permis de surmonter sur la voie de la sagesse.

La théorie du chaos et principe d'incertitude :

Le principe d'incertitude propre au monde quantique implique que l'issue d'une situation peut être influencée par d'infimes variations d'état, comme une interaction de particules, une brise, un déséquilibre infime que nous n'avons pas pu mesurer, etc...

L'effet papillon nous dit que le battement d'ailes d'un papillon pourrait déclencher une tornade à l'autre bout du monde... Ce n'est bien sûr qu'une image car en soi, l'énergie du vol du papillon serait très vite dissipée par d'autres facteurs environnants. Il faudrait probablement de nombreux vols de papillons pour engendrer un impact plus significatif dans une réaction en chaîne.

En revanche, ce principe met en lumière la relation de cause à effet. De fait, on peut dire que toute interaction implique une manifestation. Ceci est valable pour tous les systèmes physiques où la matière et l'énergie interviennent. Le monde physique se nourrit des interactions même les plus infimes et font que nous vivons dans un mouvement dynamique de va et vient telles les vagues et marées. A l'échelle de l'univers, les mouvements des planètes se nomment effets de marée gravitationnelle. Grâce au flux et reflux nous vivons des réajustements permanents des éléments systémiques, pour une une plus grande harmonie. Les systèmes sont donc en permanence en train de procéder à des réajustements physiques et ré-harmonisations dont la nature profonde est constituée d'échanges d'informations. Ce mouvement d'oscillation sur lui-même contribue à l'équilibre du système - les variations au sein de l'espace-temps impliquant la production d'incertitudes. Des lois déterministes ne permettraient pas des échanges d'informations et un réajustement des variables de fonctionnement. Un planétoïde restant fixe par rapport à ses semblables, provoquerait des tensions extraordinaires dûes à la dilatation de l'univers, jusqu'à une possible rupture du système... Même l'ADN présente une plasticité extraordinaire. Notre univers est conçu de telle manière que l'information doit transiter et être assimilée, s'incrémenter afin que des corps organiques et des corps célestes puissent s'adapter à l'évolution constante de cet ensemble cohérent. Les organismes et la matière qui le sous-tendent doivent donc être suffisamment flexibles pour pouvoir s'adapter à des conditions environnementales changeantes. **Notre monde de matière et d'énergie ne peut donc être une copie parfaite d'une dimension où l'information est intégrale.** L'information de notre univers physique est donc forcément moindre que l'information de la dimension de non-temps de type super-lumineuse. Pour preuve, il suffit de constater que la vitesse de la lumière dans l'univers physique n'est que de 299 792 458 m/s (soit presque 300 000 km/s) !

Si cette dernière était infinie, l'information universelle n'aurait pas besoin d'aller et venir d'un plan à l'autre de densités respectives différentes. Le fait que ce va-et-vient se produise, témoigne de la nécessité de réajuster les variables et les échanges...

Vivre dans le présent... réactualisé :

C'est dans le présent que vous procréez votre réalité. En lâchant-prise et en vivant l'instant présent, vous participez à axer votre être sur la joie et le bonheur inhérents au flux en mouvement de la grande vie.

Votre présent est le reflet de vos choix, lesquels sont le reflet de vos intentions. Vos intentions ne naissent pas proprement dit dans un point fixe temporel. Ils naissent d'une focalisation de votre conscience sur un champ de potentialités non soumis au temps. En cela, il n'y a pas de temps et il n'y a pas non plus de hasard dans ce qui vous arrive. La chance ou la malchance sont des mots qu'on utilise souvent sans en connaître le véritable sens. **La chance résulte de votre influence sur la part de hasard qui habite votre quotidien mais aussi sur les énergies qui circulent en vous et autour de vous.**

Explications : Le passé est le moment où l'acte est accompli. L'information causale a modifié l'agencement de votre vie en produisant un événement dont le temps d'actualisation est plus ou moins long. Vous réactualisez votre présent en permanence. **Votre présent est votre présence dans un flux d'information qui s'actualise, c'est à dire là où votre conscience réside.**

Votre passé n'est plus, votre futur n'est pas encore, que reste t-il ?

Votre présent, éternel. Un champ de potentialités en mouvement.

A présent, attardons-nous un instant sur le présent. Fixez votre attention sur le fait d'exister, sans penser à rien d'autre qu'au fait que vous respirez et vivez ici et maintenant. Que ressentez-vous ? Prenez un moment pour vous imprégner de la sensation d'être, et seulement d'être là, présent à vous même. Ne pensez pas : « je suis là », et ne vous laissez pas distraire par ce qui se passe en vous et en dehors de vous...

A présent, décrivez vos sensations. Avez-vous vraiment ressenti votre présence ? Que pourriez-vous dire du temps qui s'est écoulé ? Avez-vous ressenti la présence du temps, l'existence du temps en vous ?

Je parie que non !

Votre présent n'est pas un point fixe dans le flux temporel ; vous ne pouvez pas focaliser votre conscience sur un « point » temporel pris au hasard dans ce flux car le flux est mouvant, changeant. Pour votre mental et vos sens, le ce temps tel que 11h45 existe parce que votre conscience a extrait ce bout de temps en l'étiquetant « objet temporel ». Qu'est-ce que 11h45 ? Un point relatif par rapport à un autre... tel que 11h43 ; le futur 11h46 n'étant pas encore là, l'esprit se projette dans ce temps futur virtuel en lui attribuant une notion de temporalité. Mais qu'est-ce que 11h46 là encore ?

Est-il possible d'extraire un bout de temps sur le flux en mouvement ?

Je dis « nous sommes dans le présent », mais qu'est-ce que signifie ce présent ? Le temps d'y réfléchir et nous sommes déjà dans un « temps » suivant.

Ceci peut vous paraître étrange à concevoir mais chaque instant est virtuellement inexistant en ce qu'il dépend du rapport entretenu avec les autres instants qui forment votre flux temporel. Intrinsèquement, qu'est-ce que le temps ? Un maillage mu par la relation de cause à effet. L'instant présent est la capacité de la psyché à devenir l'observateur d'un ensemble de « temps », c'est à dire d'accompagner le mouvement.

Quand vous focalisez sur votre présence, votre « je suis », vous ne vivez plus le temps ni « dans » le temps, vous vous extrayez du flux qui n'existe que parce que vous lui donnez une consistance.

Ce sont vos perceptions physiques qui lui donnent vie.

La conscience incarnée est comme un projecteur qui éclaire une partie d'un champ la nuit. Votre cerveau et fonctions cognitives ne permettent pas un balayage à large spectre. Par conséquent seule une portion du champ est éclairée comme sous une lampe torche. Cette zone éclairée est votre temps présent : vos sens et votre mental progressent pas à pas dans ce champ où ils vous font avancer dans l'illusion d'une succession temporelle. L'arbre que vous apercevrez plus loin existe déjà sur le champ, de même que les objets peuplant le champ, mais vous ne les verrez les uns après les autres qu'en progressant pas à pas. En revanche, le temps présent n'existe pas pour votre conscience qui vous éclaire telle la lampe torche... Sauf que sa portée éclairante est limitée par vos sens. Par ailleurs, l'organisme répond à un rythme biologique dicté par des cycles qui lui sont nécessaires pour vivre et s'adapter à son environnement (les cycles circadiens, les cycles cellulaires, le cycles du sommeil, ...etc). Ce corps biologique fonctionne en digérant cette information petit à petit... ce qui prend du « temps ».

Le temps et sa perception sont des créations afin de nous aider à ancrer dans la matière l'information universelle dont on a puisé les nutriments et à tirer leçon de l'expérience humaine, car chaque expérience vous apprend quelque chose sur vous même. Ce que nous ancrons dans la matière n'est qu'une information partielle utile transférée depuis le champ informationnel global (super-lumineux) dans votre corps/soma.

Et puisque le temps varie en fonction de la vitesse de la lumière, il donc aisé de comprendre que notre univers vibre à un niveau inférieur que la dimension de non temps. La vitesse de la lumière étant plafonnée ici bas, elle n'intègre qu'une portion de l'information universelle ; d'où le principe de l'évolution des espèces qui ont besoin d'incrémenter l'information dans le Vivant. Notre monde physique est donc néguentropique mais il subit des fluctuations qui nous font dire que le système espace-temps-matière est entropique. Les deux cohabitent en bonne harmonie.

Trop d'entropie à un niveau local (exemple : une guerre) va amener le système à se réajuster et compenser cette désorganisation et perturbation locale par un apport néguentropique : la réunion de nombreux peuples pour ramener la paix dans ce pays. Ce rééquilibrage, dans la nature, se fait naturellement. Mais je voudrais soulever un point sur la question de l'entropie dite locale. Quand vous jetez un pavé dans la mare, si le plongeon de la pierre à un niveau local provoque une perturbation visible sous la forme d'une dépression suivie d'une onde de choc puis d'un effet de résonance, en réalité c'est l'ensemble de la mare qui réagit. En effet, quand les ondes de choc percutent un objet de la mare, tel un autre caillou, les ondes vont se disperser dans tous les sens et percuter d'autres objets : des insectes sur la surface de l'eau, des canards voguant paisiblement et dont le cours est perturbé... etc. La thèse d'une perturbation localisée est valable mais en la replaçant dans son contexte originel, on s'aperçoit que rien n'est réellement local. Si, par ailleurs, vous provoquez à plusieurs endroits des perturbations locales, c'est tout le système qui en sera affecté, par effet de résonance. Plus il y aura de pavés jetés dans la mare, plus il y aura de franges d'interférence, plus le système sera ré-informé et plus il y aura de réajustements.

Je vous en dirai plus dans la thématique sur l'entropie et la néguentropie.

Ainsi, le temps défile en permanence, devenant passé alors même que votre conscience le laisse filer. Le futur se tisse à partir d'un présent qui s'enfuit - l'étoffe du présent devenant passé s'égraine comme un mince filet de sable dans un sablier...

En fin de compte, lâcher prise revient à laisser couler les grains de sable sans chercher à en freiner la course. Il s'agit de lâcher l'emprise que l'on voudrait exercer sur les événements ou personnes de sa vie et laisser la vie suivre son cours. Autrement dit, c'est permettre au temps et à l'univers de régler la mise en place des actes de sa vie en sachant que l'abondance se procrée dans le présent, notamment en ayant confiance en la vie et en cultivant la gratitude. Les opportunités à venir se jouent dans le présent ; alors vivez-le pleinement. Laisser les choses venir à vous. Dans l'ouverture, tout est le bienvenu. En résistant au flux de la vie incarné dans l'éternel présent, c'est comme si vous bloquiez les canaux d'irrigation abreuvant vos terres. L'écoulement des choses doit suivre son cours, tout comme le temps ne se préoccupe pas de savoir comment il va s'écouler ni de quelle manière. Il le fait car sa tache est de manifester son flux telle une rivière dont le cycle éternel de renouvellement est ininterrompu.

Pourriez-vous dire que telle eau puisée dans son cours est le moment présent, le passé, ou encore le futur ? Cela n'aurait aucun sens, car passé, présent et futur ne peuvent être définis arbitrairement – tout au plus peuvent-ils être déterminés les uns par rapport aux autres par comparatif. Ce que nous appelons passé est défini par ce que notre esprit interprète comme étant un événement antérieur par rapport à un autre.

En réalité ce que vous établissez comme étant le passé est un différentiel d'information entre deux événements. Le référentiel qui nous sert donc à définir notre flèche du temps est assujetti à un comparatif entre deux informations dont la densité permet d'établir le passé et le futur et le fait que nous progressons le long de cette chaîne de cause à effet.

On pourrait donc dire que la densité d'information d'un événement A est systématiquement inférieure à un événement B succédant à A. Ceci permet au mental de classer les choses selon la perception d'une linéarité de temps selon le mode suivant : passé => présent => futur. Cela ne veut pas dire en revanche que le temps est linéaire. Pour qu'il y ait ré-actualisation, l'information doit partir de A et circuler avant de revenir ré-informer A. C'est comme si le système créait une copie de A, dans sa version « ethérée », superlumineuse, échappant aux contingences temporelles, et circuler bien plus vite que la vitesse de la lumière. Dans la théorie de Jean-Pierre Garnier Malet, le temps est troboscopique, non linéaire, présentant des ouvertures temporelles permettant de réactualiser l'information. Vous en saurez plus ultérieurement.

Quand nous mesurons une quantité d'information, notre esprit classe et compare les densités A et B en établissant une séquence temporelle.
Pour autant, le présent n'est autre chose que la perception de l'actualisation permanente de l'information universelle. Le présent n'est donc pas temporel puisque le mental puise dans le flux informationnel une séquence de données et ce faisant, il pense que cette séquence est son présent. *Cette séquence ayant été trouvée supérieure en densité par rapport à des informations déjà manifestées, elle est étiquetée « présent ».*

Le lâcher prise : l'acte de vivre l'instant présent ou l'espace des potentialités :

Remarquez comment l'esprit humain a tendance à se projeter dans un passé déjà révolu ou dans un futur qui n'est pas encore. Le mental ne sait pas lâcher-prise, c'est à dire fonctionner autrement que dans la réalité qu'il a construite : la flèche du temps. Il pense que le temps est une constante inviolable et que pour survivre il doit se définir selon le mode qu'il a créé. Il oscille donc entre le passé, le présent et le futur en se projetant inlassablement dans ces bulles d'univers qui n'existent pas – si ce n'est dans son esprit, son logiciel holographique. Le mental ravive alors la mémoire du passé en se donnant l'illusion de revivre ce qui est passé. Pire, il élabore de toutes pièces un futur dont il ignore tout, dont il n'est pas maître mais surtout qu'il redoute viscéralement. Combien de fois n'avons-nous pas imaginé notre futur de façon cataclysmique ? Tout ce que l'esprit peut imaginer de mieux ou de pire est procréé dans ces visions futures bien souvent effrayantes.

Mais la réalité est généralement très différente de tous nos scénarios mentaux. Alors comment échapper au temps ?

Lâcher prise est l'acte de cesser de tout vouloir contrôler. Pas plus que vous ne pouvez changer le passé, pas plus vous ne pouvez être dans le futur. Vous pouvez seulement potentialiser ce futur en incarnant le présent car c'est dans le présent que vous pouvez semer les graines du futur. Lâcher prise n'est pas tout abandonner en chemin (son travail, sa famille, ses devoirs familiaux ou professionnels), mais laisser couler sur soi les événements sans les laisser avoir d'emprise, sans élaborer de pensées, d'intentions, de direction mais permettre l'ouverture au silence, à la paix où tout ce dont vous avez besoin se trouve... Lâcher prise est VIVRE non pas dans le temps que le mental a engendré, mais dans l'espace des potentialités qui n'est pas assujetti au temps et où l'abondance règne.

Guy Finley, compositeur, arrangeur et acteur pour le cinéma, a tout laissé tomber à la suite d'un voyage initiatique en Inde puis en extrême orient, en 1979.

Dans le préambule de son très bel ouvrage, « une année pour lâcher prise » aux éditions Pocket, 2011, Guy Finley déclare : « car lorsque nous commençons à voir la réalité – telle qu'elle est – dans sa manière intemporelle de créer la vie et de s'en séparer, puis de recommencer sans fin de toute éternité, nous comprenons que nous faisons intégralement partie de cette Magnifique Histoire Sans Fin. Si la Vie dans sa totalité se renouvelle à chaque instant et que nous faisons partie de sa quête inépuisable de perfection, l'acte de lâcher prise n'est pas une attitude inaccessible ou difficile à acquérir. Au contraire, il représente un état de conscience naturel, un pouvoir spontané qu'il nous suffit d'actualiser pour concrétiser la liberté que lui seul peut nous consentir ».

De mon expérience personnelle il m'a été possible d'enrayer un virus de la gastro-entérite en quelques heures (la première fois, plus en à peine une demie-heure la troisième fois) en puisant dans cet espace d'énergie, de souffle cosmique, dans ce flux d'abondance inépuisable par la seule force de ma confiance en ce pouvoir qui est le mien. Parler à mes cellules et visualiser une énergie de guérison (de couleur vert émeraude) m'a permis de retrouver un état physiologique parfait. La santé est votre état naturel, il suffit donc de réactiver en soi cette certitude. Vous êtes l'artiste ultime de votre vie par votre capacité à modifier et à engendrer de nouveaux modèles de formes, et à vous régénérer... vous possédez tous les outils nécessaires à votre plein accomplissement, y compris de votre santé, il vous suffit d'en prendre conscience en regardant la diversité de la vie et du cosmos et ses lois harmonieuses... De nombreuses recherches médicales amènent de plus en plus de médecins à conseiller les visualisations pour améliorer la santé, mieux gérer son stress et se sentir plus en harmonie avec soi même et le monde.

Pensez au *sonar* d'une chauve-souris : l'industrie militaire a équipé de radars les sous-marins en répliquant le système de repérage. La nature a déjà tout prévu. Elle est la muse des scientifiques qui s'en inspirent pour concevoir des objets à la pointe de la technologie.

Cet écho produit par votre mental, en heurtant un objet, vous renvoie l'image de cet objet. Chaque fois que vous émettez une pensée, rappelez-vous que vous aurez forcément une réponse concrète à celle-ci. C'est le « pouvoir » de l'attraction et de manifestation. Ce peut être un événement en rapport avec une idée que vous aviez émise, une bonne nouvelle, une réponse à une question, une rencontre... Les synchronicités en témoignent.

« L'essentiel est invisible pour les yeux », disait Antoine de Saint-Exupéry dans « le petit prince ».

La polémique n'a pas encore été élucidée, mais la **photographie Kirlian** fondée sur **l'effet corona** a été utilisée pour montrer l'existence supposée de **l'aura** d'un être vivant. L'effet corona montrerait un halo de couleurs autour des objets et êtres vivants photographiés avec ce procédé. Ce halo serait dû à « une ionisation gazeuse engendrée aux abords immédiats du sujet plongé dans un fort champ électrique alternatif ». Qu'on y croit ou pas, les pistes ne manquent pas sur le sujet.

Et dans tous les cas, l'énergie qui maintient l'ordre dans le cosmos est largement sous-estimée par les scientifiques et témoigne d'une origine commune manifestée dans toutes les directions de l'univers. Voyons comment en appréhender la nature et ses implications.

Une source commune

Après avoir développé la portée et la réalité de la pensée créatrice, du lâcher-prise et de l'espace de silence derrière toute pensée, action, manifestation, j'ai envie de vous parler de la façon dont les choses s'articulent dans notre univers, que ce soit au niveau du langage du vivant, de l'inconscient collectif ou de la mémoire cosmique que certains appellent (à tord ou à raison) les « annales akashiques ».

Introduction :
Les modèles structurels comme les atomes, les cellules biologiques, les formes géométriques, sont la base constitutive de toute culture, vie et évolution...

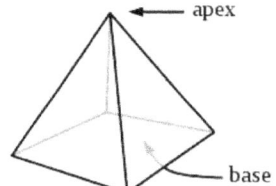

Exemple de symbole archétypal : la pyramide[52], de la famille des polyèdres.
La pyramide évoque entre autres choses la puissance, la connaissance, symbolise le savoir-faire et l'harmonie. En étudiant les pyramides de Guizeh ainsi que la plupart des pyramides et sites sacrés sur Terre, on s'aperçoit qu'ils ont été construits sur la base du nombre d'Or et de PI. Le nombre d'Or (PHI) est véritablement le nombre de l'harmonie universelle. De façon remarquable, l'étude des pyramides montre de façon indubitable que ce nombre d'or est une véritable constante universelle. Saviez-vous également que les cathédrales ont été édifiées en respectant le nombre d'Or ?
Tout au long de l'histoire terrestre, on a pris pour référence les pyramides en tant que signe d'harmonie, au point que la franc-maçonnerie et les corps de métiers en rapport avec le bâtiment se sont approprié ce symbole extraordinaire.

Cela me rappelle une anecdote édifiante que mon mari et moi avons vécue l'année dernière.
Un soir, nous étions dans un restaurant asiatique proche de chez nous. Notre fille se mit alors à observer sa serviette de table en papier dont le pliage évoquait à la fois un symbole royal et une coiffe religieuse. Tout au long du repas, notre fille (qui avait 6 ans) n'a pas cessé de répéter : « Oh mon maître ! Donne moi un travail ».

---

[52] Source image : wikipedia

Nous l'avons questionnée pour savoir ce qu'évoquait pour elle le pliage de la serviette mais elle resta sur son impression de dévotion. Nous étions d'autant plus étonnés que mon mari et moi ne sommes d'aucune confession religieuse et que nous ne lui avons jamais transmis aucune tradition ni croyance. Par ailleurs, elle n'avait jamais vu de chapeau de ce type (à notre connaissance).

La dévotion et signes de soumission qu'elle manifestait était si frappante que nous nous sommes regardés ébahis et nous avons pris la photo de la serviette de table en question. Voir ci-contre.

Pour en revenir aux référentiels, votre esprit se repère grâce à des images-clés communes à notre espèce pour ne pas se perdre dans un environnement trop changeant.

Ces référentiels ont tellement marqué notre histoire qu'ils font désormais partie du patrimoine de l'humanité. Ils sont primordiaux pour construire le cadre évolutif d'une culture ou d'un ensemble de cultures ayant partagé des *mèmes* en commun.

Mais les référentiels ne se limitent pas aux symboles universels. Ils concernent aussi le Vivant. Après tout, la circulation de l'information doit passer par des canaux qui soient compris par un ensemble d'acteurs du système.

Ainsi, bien que les langues soient nombreuses sur Terre, il existe des traductions et des traducteurs. Le traducteur permet de relier les peuples en permettant un dialogue qui soit compris par tous. De la même façon, les référentiels sont des fondations sur lesquelles les sociétés et cultures se sont bâties et échangent des valeurs communes, des symboles compris par tous. Notre réalité traduite par nos sens témoigne en outre qu'il existe un traducteur universel sans lequel nous serions des êtres incapables de communiquer entre eux car il existerait autant de réalités que d'êtres vivants. Telle personne verrait le ciel vert, l'autre bleu, l'autre orange, un tel verrait les arbres comme des masses sombres sans détails, un autre comme des nuances de couleurs, un autre encore comme quelque chose de purement abstrait ou monochromatique...

Ainsi, le Vivant a besoin d'un socle sur lequel grandir, s'étoffer, se perfectionner. Ce socle, premier véritable langage commun à toute vie sur Terre est **l'ADN/ARN**. Ce patrimoine génétique a mis des millions d'années à s'élaborer depuis les formes très primitives qui existèrent sur Terre durant son jeune âge... Ce modèle de forme réutilisé d'innombrables fois sur Terre a fini par devenir un modèle structurel majoritaire. Ce langage commun est compris par toute la biosphère, et ses moyens de communication dépassent de loin nos meilleures technologies, comme nous l'avons vu précédemment.

Mais comment a pu apparaître l'ADN/ARN ? Quel fut le déclencheur ?

Il a été établi que : **passé un certain seuil de complexité, se produit une émergence.**

Voyons de quoi il s'agit...

L'émergence

« Le centième singe » :

L'expérience du « centième singe »[53] est un constat mis en évidence par des chercheurs au Japon en 1952. Sur l'île de Koshima, des scientifiques nourrissaient les macaques japonais avec des patates douces crues en les jetant sur le sable. Les singes qui appréciaient les patates douces n'aimaient pas en revanche la saleté qui les recouvraient.

Un jour, une femelle âgée de 18 mois appelée Imo se mit à laver les patates dans un ruisseau non loin de là. Puis elle se mit à enseigner ce petit rituel à sa mère, ses compagnes de jeu, et bientôt une bonne partie du clan se mit à laver les patates avant de les manger. Une partie des adultes ne les imita toutefois pas.

Pourtant il advint une chose incroyable : six ans plus tard, en 1958, un « centième » singe se mit à laver spontanément ses patates, et bientôt dans les îles voisines, les singes se mirent eux aussi à faire de même, sans qu'on le leur ait appris. La nouvelle prise de conscience collective semblait s'être propagée par contagion, produisant un ***saut quantique à l'instar d'une mutation génétique.***

C'est là qu'intervient le concept de « masse critique » avancé par Watson dans son livre « lifetide ». C'est cet homme qui rapporta l'événement et le déroulement de l'histoire tel que raconté par les scientifiques japonais. Malheureusement les conclusions et hypothèses de Watson ne font pas l'unanimité. Ainsi, parmi les scientifiques, certains sceptiques pensent qu'au moins un singe aurait pu nager jusqu'aux îles voisines afin d'enseigner aux autres macaques cette nouvelle méthode de lavage des patates douces. Elaine Myers pense que la transmission du savoir a pu se faire aux jeunes seulement. Il n'en demeure pas moins que ce « bond » et la simple transmission à une majorité d'individus montre la capacité d'une société à apprendre quelque chose de nouveau qui se transmet aux générations futures, passé une « masse critique ». Est-il nécessaire que 100% d'un groupement adopte une nouvelle technique pour que se produise une masse critique ? Au sein de cosmos, la densité critique est très faible et pourtant il

---

[53] http://fr.wikipedia.org/wiki/Le_centi%C3%A8me_singe
Lyall Watson, dans son livre « Lifetide » en 1979 rapporte cette légende urbaine
Ken Keyes, « le centième singe »
Elaine Myers, « The Hundredth Monkey Revisited. » In Context

suffirait d'après les chercheurs de dépasser cette densité pour que l'univers finisse dans un big crunch.

De même, les étoiles vivent des *transitions de phase* lorsque tout le carburant a été consommé : il se produit alors une transition de phase.

Les transitions de phase[54] sont l'expression pure et simple d'un passage d'un état à un autre : citons la fusion des métaux, l'ébullition de l'eau à 100°C, le passage de l'état solide à l'état gazeux sans passer par l'état liquide, l'onde devenant particule et inversement.

Il me semble donc que les singes de l'île de Koshima ont tout simplement obéi à la même loi universelle qui énonce qu'au delà d'un certain seuil, on passe à un autre état, à un autre pallier.

Ce constat est à rapprocher de l'évolution des cultures par le biais de la **mémétique** : toute culture a ses propres *mèmes* (éléments de culture, idées, coutumes, etc).. La mémétique, l'étude de la réplication de *mèmes* par l'imitation, rend compte de ce fait. Les cultures évoluent par paliers tout comme dans l'expérience de Chladni évoquée précédemment.

Nous avons vécu sur Terre différentes ères où l'homme est passé de l'âge du fer, à l'âge du bronze, l'âge du cuivre, et à des industries lithiques de plus en plus perfectionnées... jusqu'à l'ère préindustrielle et aujourd'hui l'ère spatiale qui est aussi celle de la télécommunication. (Sans présupposer que l'homme ait déjà accompli toutes ces choses dans un lointain passé oublié).

Les découvertes technologiques sont si rapides de nos jours que les objets deviennent rapidement obsolètes. Nous abordons maintenant l'ère de la nanotechnologie dans l'infiniment petit, de la robotique et de l'holographie... Par ailleurs, plus les canaux de communication se multiplient, se perfectionnent et relient les pays, plus il y a stimulation des cultures. L'effet de résonance entre les cultures, surtout les cultures « dominantes », a malheureusement une incidence parfois dramatique sur les autres.

Les indiens et de nombreux peuples ont été exterminés par l'onde de choc des invasions. C'est pourquoi l'extinction massive de cultures ancestrales par le géant culturel américain inquiète autant et pour cause ! Le phagocytage culturel et technologique s'apparente à un véritable ethnocide. Les mèmes américains rayonnent à ce point que petites cultures ayant un rayonnement culturel moins grand se font absorber par substitution. Pour peu qu'une culture soit moins agressive face à une autre ou qu'elle possède moins de mèmes, la pression exercée induira un basculement et remplacement par une autre culture. Certes, le sujet est vaste et je ne prétends pas en faire le tour en quelques phrases ; par ailleurs ce n'est pas l'objet de ce chapitre. Le point qu'il faut retenir ici est qu'un système

---

54   http://fr.wikipedia.org/wiki/Transition_de_phase

dynamique implique toujours un seuil de densité critique au delà duquel se produit une transition de phase.

La masse critique intervient aussi au niveau de l'esprit. Quand un certain nombre de personnes vivent des prises de conscience individuelles marquantes, s'en suit une nouvelle façon de fonctionner en groupe. Pour cela un seuil doit être atteint, d'abord au niveau individuel (microscopique) puis au niveau du collectif (macroscopique). Lorsque la masse critique est atteinte, c'est l'ensemble du groupe qui vit une sorte de mutation. De nouveaux paradigmes naissent par nécessité. Un niveau supérieur de *conscientisation* peut alors s'opérer sous l'effet des puissantes forces de pression mises en marche. Alors de nouveaux systèmes apparaissent : économiques, sociaux, environnementaux, traditionnels, spirituels, et nous devenons alors des « centièmes singes ».

Les champs akashiques :
La **mémoire cosmique** appelée champ akashique par **Ervin Laszlo**, est un champ qui conserve et transmet l'information. C'est de ce champ là que votre pensée, en s'ouvrant à de nouveaux horizons, puiserait pour vous faire progresser.
Akashique provient du sanskrit *Akasha* : espace, l'éthéré/le spirituel. Dans son livre *Science and the Akashic Field : An Integral Theory of Everything*, Ervin Laszlo reprend le terme sanscrit et védique (akasha = espace) pour définir la substance primordiale du cosmos comme étant un *champ d'information*.
« Il explique que le "vacuum quantique" est l'énergie fondamentale qui transporte des in-formations et donc informe non seulement l'univers présent, mais tous les univers passés et futurs (ensemble, des "méta-univers"). Ervin László décrit comment ce champ informant peut expliquer « comment notre univers est si profondément bien réglé, comment se forment les galaxies, la vie consciente et pourquoi l'évolution est un processus non pas aléatoire, mais réglé. »[55]
La matérialisation des particules résulterait en ce sens de probabilités pour qu'une information organisée, structurée, prenne forme à partir d'une « force de pression critique ».
Afin de maintenir l'équilibre du système, dans cet ordre d'idées vous ne gagnerez peut être pas au loto, comme vous le voudriez, mais à la place vous trouverez peut être un emploi bien rémunéré.

---

[55] http://fr.wikipedia.org/wiki/Ervin_Laszlo ; *Science and the Akashic Field: An Integral Theory of Everything* (Inner Traditions International, 2004) ; Livre « science et champ akashique, Ervin Laszlo ; Science et champ akashique : Tome 2, L'émergence d'une vision intégrale de la réalité de Ervin Laszlo Broché

L'énergie bio-disponible :

Pour ceux qui doutent de l'existence de l'énergie bio-disponible en TOUT, voici une découverte stupéfiante du **Docteur *Wilhelm* REICH prouvant l'existence de « l'éther » à la fin des années 1930.**

Il était parti du constat étonnant que des organismes vivants pouvaient libérer plus d'énergie que la quantité extraite de leur nourriture. Il avait fabriqué une petite boîte totalement recouverte d'une feuille de métal conductrice d'électricité ; à l'intérieur de cette boite régnait l'obscurité. Or, il s'aperçut que l'air pris à n'importe quel endroit de cette cage avait une température plus élevée de 4° que celle de la pièce. Reich démontra ainsi, avant Einstein en 1940, que quelque chose dans la membrane conductrice d'électricité extrayait de l'énergie d'un champ de l'espace très puissant.[56]

Il nomma cette énergie « orgone » et conçut un prototype de moteur à orgone en 1948. Il rencontra même Einstein le 13/01/1941, pendant 5 heures et ce dernier valida le différentiel d'énergie de 4 degrés. Malheureusement en 1954, après une expérience stupéfiante nommée Oranur, on fit pression sur lui pour qu'il cesse ses recherches et il mourut trois ans plus tard dans une prison américaine. On confisqua ses écrits, ses livres et on les brûla. Il est évident qu'il mettait sérieusement en danger les lobbies notamment pétroliers qui n'avaient pas du tout envie de « couler » à cause d'une énergie libre et très peu coûteuse, facile à exploiter !

Comment concevoir une énergie présente en tout ? Quelle en est la source ?

L'énergie du vide montre des fluctuations quantiques dont les scientifiques n'ont pas encore totalement trouvé l'explication. Pour autant la matière naît de « rien » ! Des forces de pression sont bel et bien à l'œuvre depuis ce vide plein d'énergie.

Allégorie de « La source » :

Pensez à une source qui coule près d'une montagne. Les terres les plus proches de la source baignent dans ses eaux. La source est si proche que les terres voient les cascades d'écume se renouveler dans un perpétuel mouvement, les terres bien arrosées...

Un peu plus loin, le miroir mouvant de la source reflète des nuances dorées, les terres bien humides et fertiles. Leurs habitants rendent grâce à la source qui leur offre tant de bienfaits.

Plus loin encore, les terres continuent d'être irriguées par la source mais celle-ci leur apparaît presque comme un mirage. Plus arides, ces terres continuent à être alimentées par des réseaux souterrains où la source assurent la pousse de plantes et d'arbrisseaux, assurant la survie des espèces

---

[56] http://quanthomme.free.fr/energielibre/systemes/PageQuestionEOM.htm

vivantes.

Enfin pour les observateurs situés sur les terres les plus arides, la source est comme une légende que rien ne vient alimenter ; mais pour les sourciers munis de leur bâton, la réalité de la source ne fait aucun doute.

Ainsi en est-il de même pour la pensée qui puise dans ces nappes phréatiques. L'énergie du vide source de création de particules, la matière visible mais aussi l'espace-temps sont toutes des manifestations de la source qui peuvent donner lieu à des illusions d'optique car la source n'est ni l'énergie du vide ni l'énergie sombre, ni la matière, ni la réalité extérieure, ni la pensée issue du mental.... Le cerveau voit des mirages en plein désert. L'activité cérébrale voit une réalité qui est Maya, l'illusion en sanskrit.[57]

La source semble lointaine mais elle se manifeste de différentes manières... Elle est là sans être là. Ce sont ses extensions et manifestations qui prouvent qu'elle existe. Les interactions créent cette réalité par la relation de co-dépendance... Les fluctuations quantiques mettent en lumière cet échange d'énergie par la relation d'interaction entre les différents éléments du système. Une particule apparaît du vide parce que ce vide a été stimulé ; puis le champ de potentialités abreuve notre monde physique en tant qu'extention du souffle créateur. Je reviendrai sur la question du « comment ? ».

Coproduction conditionnée et impermanence : l'enseignement du Bouddha

Bouddha croyait en l'inexistence du soi. Il enseignait « qu'un soi permanent immuable indépendant du corps et du mental n'existe pas. » (propos de l'érudit tibétain Jamyang Sherpa, au XVIIe siècle). Le soi n'est pas totalement nié, nous dit le Dalaï Lama, mais le Bouddha explique que l'ensemble des phénomènes physiques, mentaux ou autres découlent de causes et conditions, ces causes n'étant pas permanentes mais que tout est en mutation. Cette prise de conscience que ce que nous vivons procède de causes et de conséquences, que les choses n'existent pas en soi, et que ce rien qui n'est pas statique est contenu dans l'expression bouddhiste « production conditionnée » signifie que « rien n'est autonome ni vraiment en autarcie », ajoute le Dalaï Lama dans son livre « cheminer vers l'éveil »

---

[57] Māyā est la déité principale qui crée, perpétue et régit l'illusion de la dualité dans l'univers phénoménal. Pour les mystiques indiens, cette manifestation est réelle, mais c'est une réalité insaisissable. Ce serait une erreur, mais une erreur naturelle, de la considérer comme une vérité ou une réalité fondamentale. Chaque personne, chaque objet physique, du point de vue de l'éternité, n'est qu'une goutte d'eau d'un océan sans limites. Le but de,l'éveil spirituel est de le comprendre, plus précisément de faire l'expérience de la fausse dichotomie entre soi et l'univers..

(Ed. Points).

Le principe fondamental de coproduction conditionnée fait ainsi référence au concept de conditionnalité, de dépendance et de réciprocité exprimé ainsi :

> « *Ceci étant, cela devient ;*
> *ceci apparaissant, cela naît [croît, est construit].*
> *Ceci n'étant pas, cela ne devient pas ;*
> *ceci cessant, cela cesse de naître [croître, de se construire].* »
> Une traduction de :
> « *Imasmim sati, idam hoti [bhavati] ;*
> *imassuppâdâ, idam uppajjati.*
> *Imasmim asati, idam na hoti ;*
> *imassâ nirodha, idam nirujjhati.* »

La méditation permet d'accéder à un niveau de conscience plus aiguisé convergeant vers le concept de vacuité (non au sens où tout est vide, bien au contraire!, mais où le sentiment d'individualisme, de séparation et de division perd toute consistance, tout comme la matière).

Je pratique régulièrement la méditation et le sentiment que j'en ai est celui d'unité et de non existence en tant que SOI existant individuellement sans relation de co-dépendance. Comme les multiples racines des plantes qui créent un réseau sous-terrain infini où l'eau, la terre et les êtres vivants forment un biotope par interdépendance, ce qui unit les « choses » est une interactivité permanente donnant à toute chose une « nature », une saveur, une personnalité, une configuration particulière selon une synergie particulière à un « moment » donné. Vous ne réagissez pas de la même manière que vos frères, sœurs ou parents, amis. Vous possédez une signature unique. Chaque naissance, chaque être est unique en ce qu'il est le résultat d'une configuration particulière, résultant d'influences diverses, dont le programme génétique est la cristallisation. Les milliards de combinaisons possibles du génome témoignent des possibilités quasi-infinies offertes par la nature, c'est à dire par le mode interactif offert par les échanges. La biodiversité témoigne de l'impermanence résultant de causes et d'effets qui conditionnent la Vie, la matière et les événements.

Le point d'origine :

Pour reprendre l'allégorie de la Source d'eau, une même énergie irrigue les terres, où que les terres se trouvent. En réalité cette source ne coule pas car elle est présente en tout. L'Esprit puise dans ses eaux bouillonnantes. La source s'infiltre partout car la terre est son support. La terre alimente en eau tout ce qui pousse, tout ce que la source et la terre peuvent manifester... La source est ce qui permet aux racines des êtres qui naissent dans la terre de

119

bénéficier de la vie et la terre donne tous les nutriments nécessaires à cette vie, grâce à l'eau de la source. Ses eaux sont souffle de vie, Esprit non-manifesté virginal, conscience suprême pure, énergie pensante et intelligente, non manifesté source de manifestation.

La source héberge l'esprit de la source. L'esprit de la source en tant que principe premier ou substance fondamentale (hypostase) se projette en créant son véhicule (l'eau) et le composant de ce véhicule (les molécules qui sont autant de consciences extorqués à conscience supérieure).

Les eaux sont le véhicule de l'esprit de la source.. De la même manière, l'âme est comme l'esprit de la source, le principe premier qui permet l'équilibre par sa co-existence avec le corps-soma. Yin et Yang. La polarité sous-tend l'équilibre de tout système dynamique (homéostasie). En se retournant vers sa propre quintessence, la dualité cesse, l'Esprit émane une « pensée première » qui a besoin de rayonner tels les rayons du soleil depuis sa chevelure d'or. Sa lumière se propage alentour, aussi loin qu'elle le peut. De même, l'esprit de la source, en rayonnant, se projette en reflet et crée l'écho de sa nature sous forme de « manifesté ».

La source et la terre co-existent depuis toujours car la terre sert de support à l'eau qui peut ainsi se diffuser. Ainsi, l'eau et la terre sont en symbiose parfaite. L'esprit virginal est comme le feu de l'amour qui purifie toute chose, car en son sein il n'y a point de scories. Le feu tout comme l'eau, vous l'aurez compris, sont des allégories. La Terre est le support parfait puisqu'elle permet, par le mouvement, aux 4 éléments de co-exister sans se nuire, le 5e élément étant l'éther ou l'Amour, l'élément associé à la Conscience...

Quant à l'énergie, elle est la force vibrante inhérente à tout élément.

L'inspir et l'expir de toute « chose » :
De l'invisible au visible, l'Esprit ou Conscience est un souffle vital, une énergie procréatrice à laquelle chaque être vivant participe en produisant des pensées, idées, intentions. Elle est une émanation de la Source, enrichie de minéraux et nutriments essentiels (les émotions, sentiments et expériences) qu'elle puise dans le monde physique... Par exemple, l'eau puisée loin de la source a subi tout un processus de transformation et s'est imprégnée des essences de ce qu'elle a côtoyé. Si cette eau pouvait penser, son éloignement pourrait lui donner à penser qu'elle est déconnectée de la source et que la source l'a abandonnée ou qu'elle s'est perdue en chemin. Cette eau se sentirait alors seule et apeurée. Pourtant cette eau provient de la même origine ; la différence est qu'elle s'est enrichie de l'empreinte des terres et de ce fait porte en son sein de merveilleux nutriments essentiels qui font d'elle une eau de source d'exception... Cette eau contient l'information de nombreuses terres, de nombreuses expériences de vie mais aussi de nombreux bénéfices pour la personne qui s'en est abreuvé. Mais

les terres éloignées pensent qu'elles ont été oubliées, et dans leur ignorance, elles entretiennent l'idée qu'elles ne méritent pas de profiter des bienfaits de la nature et de la vie... De là naît la souffrance et l'accusation alors que derrière toute épreuve se cache un merveilleux cadeau : patience, bienveillance, force, empathie, bonté, longanimité....

Tout cela provient de la perception erronée des âmes qui ont oublié de regarder au dedans « d'elles-m'aiment »... « La voie est sous vos pieds » dit la sagesse bouddhiste.

Le chapitre suivant explore davantage le principe de transformation de toute énergie-matière ainsi que les lois cosmiques qui sous-tendent les mécanismes à l'origine de toute manifestation.

Rien ne se perd, rien ne se créé, tout se transforme

1. Quelques lois cosmiques :

Causalité – Ordre – Attraction – Manifestation – Transformation

« rien ne se perd, rien ne se créée, tout se transforme »...

Quelque chose a t-il engendré le cosmos ? Une cause première ?

Causalité :
Le domaine du phénoménal est étroitement lié à la loi de cause à effet que la sagesse védique appelle le « Karma ».
Lorsque vous vous mettez en colère, vous générez forcément de la violence sous les traits bien communs de disputes, perturbations de votre cellule familiale mais aussi de vos propres cellules biologiques. Les décès mal vécus peuvent engendrer sur le long terme un cancer. C'est ce qui est arrivé à une personne de mon entourage. C'est dire à quel point nous sommes des êtres fondamentalement conditionnés par la loi de cause à effet. Lorsqu'une cause ayant un impact sur notre santé ronge petit à petit nos défenses immunitaires et met à rude épreuve nos capacités régénératrices, la conséquence devient alors une maladie parfois incurable. Mais sans aller jusque là, explorons les différentes lois universelles auxquelles l'homme obeit lui aussi en tant qu'acteur et observateur du système, avant de voir ce qu'il en est pour l'univers.

L'ordre :
S'il est un maître dans l'Univers, citons l'Ordre immanent, propre à l'inerte aussi bien qu'à la matière. Or, de quoi procède l'ordre si ce n'est d'une expression harmonieuse ? Existe t-il quelque part une plus grande harmonie que les déclinaisons infinies de l'Amour ? L'harmonie s'exprime à son tour sous les traits d'un Grand Ordre (sans le dévoyer par des conceptions franc-maçonnes) puisque l'harmonie ne peut féconder que l'ordre harmonieux qu'elle porte en son sein...
Ici intervient donc déjà le concept de manifestation. L'ordre ne peut s'exprimer sans un système auto-organisé ; dépourvu de tout support l'ordre retourne à sa quintessence originelle qu'est l'Amour.
Je souhaiterais faire un bref aparté sur l'Amour. L'amour inconditionnel flotte dans l'univers tel une fragrance oubliée... Peu d'élus sur Terre ont ressenti un tel amour, absolu, qu'aucun mot ne pourrait définir tant il est

phénoménal et méconnu du commun des mortels. Sur Terre, l'amour que nous pouvons ressentir pour nos proches est un très pale reflet de celui qui baigne le monde spirituel. Il nous est donc très difficile d'imaginer ne serait-ce qu'un instant ce que les experienceurs décrivent en évoquant cet Amour Ultime. C'est pourtant cet amour qui constitue l'univers, c'est par sa voie qu'il EST, incluant énergie, information, ordre et harmonie.

Nous parlons donc d'un principe fondamental holistique de perfection, de bonheur, de joie et de paix. L'amour inconditionnel résume tout. Certains pensent que la Terre n'est pas un lieu où l'amour règne et par conséquent ils renient l'idée d'amour universel. L'oubli massif de cet amour a engendré seul le chaos que nous connaissons, car si les hommes se souvenaient de l'amour qui anime leur être (leur corps, leur esprit et leur conscience), ils agiraient non pas selon l'égo mais selon le cœur, siège de l'amour. Quel que soient nos épreuves, l'amour reste l'amour. Il suffit de s'en rappeler la chaleur pour raviver en soi l'étincelle de joie et de paix, d'ordre et d'harmonie inhérente à l'univers tout entier.

La loi de l'attraction :

La loi de l'attraction induit que ce que vous générez attire son semblable... Si vous pensez et agissez positivement, vous vivrez des choses positives et inversement, vous vivrez du négatif lorsque vous penserez et agirez négativement dans votre vie. Ceci appartient au domaine du phénoménal où l'énergie, qui est aussi le souffle, se condense dans notre monde par attraction.

Dans l'univers, tout corps massif attire vers lui des corps célestes de densité inférieure, capturés par la puissance de son attraction gravitationnelle.

Appliqué à soi, la loi d'attraction implique que vous êtes un corps et possédez une masse ; mais vos pensées sont elles-mêmes constituées d'une information dont la densité et le rayonnement impliquent qu'elles attirent à elles d'autres informations. Puisque l'information se doit de se manifester par nécessité, dans notre monde physique lorsqu'un seuil critique est atteint, veillez à entretenir des attitudes et pensées positives. Car à force d'alimenter le moulin de vos pensées, ces dernières finiront par se cristalliser sous une forme ou une autre. L'univers est un grand résonateur ! En somme, soyez une cause de choses positives puisque tout ce que vous procréez a des conséquences.

Loi de la manifestation et de la transformation :

Ce qui est manifesté fait appel à ce qui n'est pas manifesté. Extraite du domaine du phénoménal, l'expérience retourne au souffle, à l'énergie d'amour qui procrée toutes les expériences. A ce point là, l'expérience n'est plus une expérience car il n'y a plus rien à expérimenter. Dans ce qui est manifesté, il y a un besoin, une extension nécessaire de ce qui est sans mouvement, sans expérience. L'expérience naît parce que sur Terre l'énergie se densifie sous l'effet de la stimulation du champ informationnel, de l'énergie non matérielle. Sous les traits de la matière, l'énergie est particules et ondes. Par réactions en chaîne, la densité appelle à plus de densité, et le champ gravitationnel façonne les astres... La stimulation du vide quantique produit ainsi l'émergence de particules.

L'énergie de toutes les réactions en chaîne entraîne une transformation de l'énergie mise à disposition ; or l'énergie ne se perd pas, qu'elle soit physique, mécanique ou spirituelle. Le souffle reste souffle sous la surface des choses, derrière ce que nous pouvons voir, toucher, ressentir, mesurer. La respiration est une expression du souffle. Un rythme... Tout comme les marées, les vagues.

Tout passe d'un état à un autre, vit des transitions. Les collisions de particules donnent naissance à d'autres types de particules. Ce qui n'existait pas auparavant se met à exister en réponse à un besoin. Ce qui semble être une transformation irréversible comme une pomme tombée de l'arbre et qui pourrit, induit que l'énergie de transformation va nourrir le sol. L'énergie de transition n'est pas vaine car elle sert à alimenter la terre, les végétaux et animaux et l'univers tout entier... La manifestation est donc la conséquence finale de ces mécanismes universels.

Toute cette énergie est proportionnelle aux interactions et informations produites puis échangées. Mais alors, peut-on encore dire que rien ne se créée dans un tel système dynamique ? Nous en reparlerons un peu plus tard...

2. « Être ou ne pas être » ou « être ET ne pas être » ?

L'énergie du vide, l'approche scientifique :
Une définition de l'énergie serait selon wikipedia « la capacité d'un système à modifier un état, à produire un travail entraînant un mouvement, un rayonnement électromagnétique ou de la chaleur. C'est une grandeur physique qui caractérise l'état d'un système et qui est d'une manière globale conservée au cours des conversions. »

Ce système n'est donc pas isolé ou hermétique mais subit des influences et perturbations, s'opposant à la notion de système isolé où rien ne bouge.

Les scientifiques pensent que le vide est plein d'énergie et nomment ce phénomène « l'énergie du vide » ou « énergie du point zéro ».

L'effet casimir tente de mettre en évidence une énergie née de fluctuations quantiques dans un lieu où l'on a fait le vide (vidé de tout air, molécule...). En plaçant deux plaques parallèles non conductrices dans une enceinte où l'on a fait le vide, la force d'attraction qui s'exerce entre les plaques provoque des fluctuations quantiques.

On dit fluctuation quantique car les ondes-particules naissent du néant en un temps très court avant d'y retourner, ce qui fait dire que le vide n'est pas vide. Wikipedia nous dit que « le premier effet observé des fluctuations du vide est le dédoublement des raies d'émissions dans les spectres atomiques. Ce dédoublement crée des particules virtuelles qui peuvent interagir avec des particules réelles. » Il y a création de particules...

Les particules virtuelles sont des particules réelles mais possédant une durée de vie si courte qu'il est très difficile de les observer.

L'équation $\Delta E \, \Delta t \geq \hbar$ exprime les fluctuations quantiques avec $\hbar$ en tant que constante de Planck. L'équation signifie que le produit de l'incertitude sur l'énergie par l'incertitude sur le temps est obligatoirement supérieur à une valeur non nulle et par conséquent on en déduit qu'il est possible d'emprunter de l'énergie au vide.

A l'échelle des quantas (particules), les états de la matière sont superposés, c'est à dire que l'onde est également une particule, et une particule peut occuper plusieurs endroits à la fois. Si vous étiez une particule, vous pourriez être à la fois dans le salon, dans la chambre et dans la cuisine, en même temps. Il est donc possible de dire que le temps est totalement virtuel dans ce monde là, lequel constitue pourtant notre réalité perceptible ! La réalité est-elle encore temporelle ?

Voyons brièvement comment tous ces paradoxes sont possibles avant de revenir à l'énergie du vide.

L'autre nature du couple onde-corpuscule :

Nous avons évoqué la dualité ondes-particule inhérente à toute matière. Je reprends donc la représentation schématique évoquant cette réalité étonnante du monde quantique.

Le carré représente la particule et le cercle représente l'onde. Vous voyez que le cylindre produisant le couple n'est ni un carré ni un cercle. En se projetant sur le mur de notre écran 3D – à savoir l'Esprit – se produit l'illusion d'un cercle symbolisant l'onde et d'un rectangle symbolisant la particule. Nous vivons dans un monde de projections.

Ces deux états superposés, socles de ce monde tangible si cher à nos esprits, cachent une entité extérieure bien différente. En somme, l'objet dissimulé derrière l'onde-particule, le cylindre possède concurremment des propriétés ondulatoires et corpusculaires mais n'est ni onde ni particule.

De quelle nature est ce cylindre ? Le cylindre semble être la véritable nature délocalisée du vivant et de l'inerte. Le code-source qui EST l'information sur la forme. L'esprit ne fait ensuite que sélectionner l'un des attributs ou l'autre. Il divise.

« Objets inanimés avez-vous une âme ? » questionnait Lamartine. Descartes prend la métaphore suivante : « j'aperçois une tour au loin, elle est carrée, je m'en approche, elle est ronde ».

Des objets ou des formes géométriques différents ayant les *propriétés* de l'un et de l'autre ne sont ni l'un, ni l'autre. Que sont-ils ? Je pense à l'état non manifesté de l'information... Dans notre perception de la réalité, nous dissocions les éléments afin de les étiqueter et les différencier. Ce mode de fonctionnement nous est essentiel mais il est binaire. Vrai/faux, Jour/nuit, Homme/femme. Plus que de la dualité, il s'agit de polarité, à l'instar du courant électrique. Pas de place pour un signe autre que + ou - .

Dans notre monde physique, en trois dimensions, nous ne percevons pas toutes les dimensions de la matière. Nous voyons un volume, une forme, un mouvement... En observant l'onde, nous voyons une onde ; en observant une particule, nous voyons une particule. Rien de plus. Le code portant la structure de l'un et l'autre nous échappe.

La coexistence des deux états dans notre réalité holographique[58] semble indiquer que le « cylindre », l'entité qui porte l'onde et la particule, est d'une nature bien plus complète et complexe que ce que nous entrevoyons. Le code-source qui se manifeste dans la matière est d'une nature très différente de nos conceptions classiques.

Le principe d'incertitude d'Einsenberg montre la difficulté que l'on peut avoir à définir un objet quantique. Par exemple, on ne peut connaître simultanément la position et la vitesse d'une particule, il n'est possible de connaître que l'une ou l'autre, pas les deux à la fois.

Par ailleurs, le « temps » d'une particule est difficile à estimer puisque celle-ci n'existe pas seulement en un seul instant ! Le temps est très relatif, vous l'aurez compris et ne semble avoir de sens que pour des organismes complexes comme l'être humain pourvu de son mental.

Ce qui constitue l'énergie du vide (les fluctuations du vide) ne constitue qu'un fragment de ce qui est possible de manifester, dans le sens où ces fluctuations sont une réponse donnée à une demande précise, face à des besoins et des désirs. Ce que nous observons et cherchons à quantifier n'est qu'une production conditionnée par notre regard porté sur le monde.

En effet, afin de mieux étudier le monde quantique, les scientifiques ont établi des ***probabilités*** pour situer des particules comme des électrons orbitant autour du noyau. Contrairement aux orbites définies des planètes autour du soleil, les électrons n'occupent pas des positions précises. Par ailleurs, **si on observe un électron en pensant « particule », l'objet**

---

[58] la pensée crée un hologramme intelligible commun à l'ensemble des humains afin de créer un référentiel sous forme d'images et/ou de concepts. Ceci a été mis en évidence par David Bohm et Karl Pribram en formulant la théorie que l'univers n'est qu'une gigantesque illusion, un hologramme.

quantique va se comporter comme si c'était une particule, non comme une onde. L'observation répond en quelque sorte à la « demande » de l'observateur et cette demande interfère avec la distribution des particules et leur comportement.

Pour en revenir à l'énergie du vide, l'**équivalence entre matière et énergie** prédite par la formule d'Einstein **E=MC2** ainsi que la dualité onde-particule associée au **principe d'incertitude d'Eisenberg,** suggèrent toutes qu'il est **possible d'emprunter de l'énergie au vide**. Mais ce n'est pas tout, le système répond aux demandes par la production spontanée de particules virtuelles dont le le rôle est comparable à un intermédiaire dans un échange commercial. Ce rôle essentiel de vecteur dans la transformation de particules en d'autres particules par le jeu des interactions permet ainsi une fluidité parfaite des échanges, notamment énergétiques.
Les fluctuations quantiques expliqueraient que des particules naissent ainsi du « néant » avant d'y retourner, le temps du processus d'interaction : des photons entrent en collision et engendrent d'autres types de particules ainsi que des particules virtuelles. Nous serions donc face à un système très dynamique et intelligent produisant des éléments nouveaux permettant de passer d'un état à un autre.

Quelle est l'origine des fluctuations quantiques ? Comment notre regard porté sur les « choses » peut-il modifier le cours des choses ? Comment est-il possible que l'énergie du vide puisse prendre forme dans la matière ? Voyons cela de plus près.

L'observation perturbe le monde quantique...

L'expérience du « chat de Schrödinger » montre qu'il existe **deux états superposés** pour toute matière. Elle démontre aussi que l'observation influence le monde quantique.

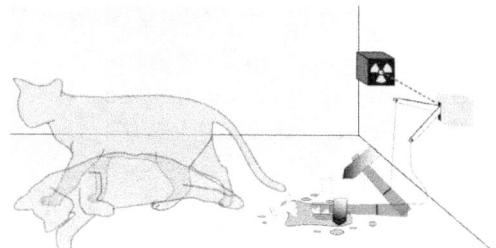

Le principe :
« Un chat est enfermé dans une boite avec un flacon de gaz mortel et une source radioactive. Si un compteur Geiger détecte un certain seuil de radiations, le flacon est brisé et le chat meurt. Selon l'interprétation de Copenhague, le chat est à la fois vivant et mort. », nous explique wikipedia. En fait, le chat est à la fois mort et vivant tant que le couvercle de la boite n'est pas ouvert : l'ouverture de la boite décide en quelque sorte de son sort et l'observation nous permet de savoir si le chat est vivant ou mort. Son sort ne peut être connu qu'en observant la scène, c'est à dire en soulevant le couvercle. Il faut donc

devenir observateur pour que le sort en soit jeté, bien qu'il ait déjà été décidé en amont.

De la même façon, tout est sujet à observation. Ce qu'on observe comme une particule était l'instant précédent une onde ou bien était retourné à son état initial, c'est à dire au « vide »...

Particules virtuelles : les neurotransmetteurs quantiques :

Le cas des particules virtuelles[59] est intéressant dans le sens où leur rôle serait de permettre le passage d'un état à un autre de la matière. On nous dit que « même si la particule virtuelle reste imaginaire son existence est parfaitement définie au sein d'une pseudo-réalité virtuelle »[60].

Si on les qualifie de réelles, leur durée de vie est si petite qu'en fait on se demande jusqu'à quel point elles peuvent être réelles !

En effet, on peut dire que ce sont des particules ayant une très courte durée d'existence et qui, dans la plupart des cas ne sont pas observées tant leur durée de vie est courte, ce qui induit le qualificatif de « virtuelles » bien qu'ayant des effets mesurables sur la matière. Ces particules existant et n'existant pas, tout à la fois, agissent concrètement sur notre monde physique.

Ces dernières naissent du vide avec une certaine énergie et retournent presque aussitôt au vide. Elles surgissent toujours lors d'une interaction entre deux particules réelles en faisant apparemment le lien entre elles, comme des neurotransmetteurs en permettant le passage de l'information. Les particules virtuelles ne respectent pas la conservation de l'énergie. Pour une fluctuation dans le vide, par exemple, on a au départ une absence de particule, puis apparition d'une particule avec une certaine énergie puis disparition. La conservation de l'énergie est donc violée un bref instant compatible avec les relations d'incertitudes. L'énergie d'une particule virtuelle peut même être négative.

Par exemple, deux électrons entrant en collision donnent naissance à une gerbe de particules différentes, parfois plus massives que les électrons. Les particules virtuelles auraient donc une fonction de médiation dans ce processus.

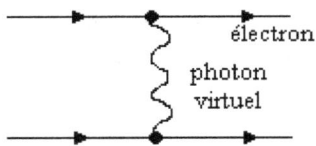

Le vide serait empli de ces particules virtuelles qui, en fluctuant dans le vide, c'est à dire en naissant du vide et en y retournant une fois accompli **leur tache de « médiatrices », donnent lieu à ce qu'on nomme les**

[59] Caractéristiques des particules virtuelles : Les particules virtuelles et réelles sont identiques selon les chercheurs. Elles ont une même masse propre, même spin, même charge électrique,... C'est-à-dire que toutes leurs propriétés intrinsèques sont les mêmes. Les particules virtuelles apparaissent puis disparaissent rapidement, contrairement aux particules réelles. La différence entre particules réelles et particules virtuelles réside dans le fait que les particules réelles sont observées contrairement aux particules virtuelles dont l'existence éphémère ne concerne qu'une interaction entre deux autres particules (réelles ou virtuelles).

[60] http://fr.wikipedia.org/wiki/Particule_virtuelle

« fluctuations du vide ».

Les fluctuations répondent donc à un certain nombre « d'excitations » quantiques, correspondant à priori à une **énergie infinie**. Ces fluctuations sont dictées par le nombre d'interactions entre particules, y compris lorsque l'observation se porte ou non sur la matière. En effet, la simple observation d'une particule suffit à la perturber !

Notre méconnaissance profonde de ces mécanismes a donné lieu au principe d'incertitude d'Heisenberg qui énonce que certaines variables en mécanique quantique ne peuvent être connues ou déterminées avec une précision arbitraire comme la position et l'impulsion d'une particule dont on voudrait connaître simultanément les paramètres conjugués... On peut déterminer l'une ou l'autre, l'impulsion ou la position, pas les deux à la fois. **Toutefois, les paradoxes EPR et inégalités de Bell montrent que cette incertitude est une réelle propriété de la particule, outre le fait que nous ne savons pas traduire cette incertitude en termes physiques.**

Mais nous n'observons pas tout, ce qui peut faire dire que l'observation n'est que partielle et ne décide pas de tout. En effet, notre regard individuel est sélectif et il n'est pas omniscient. C'est pourquoi, l'attention et l'intention que l'on porte sur les « choses » et la Vie en général, décident de notre parcours. En revanche, collectivement c'est autre chose ! **Si une majorité de personnes voient les choses sous le même angle, alors il est possible que la réalité vue par ce collectif se conformera à un modèle commun...** L'observation rayonnant à large spectre, la réalité sera celle du regard de toute une humanité. Car l'observation en tant que regard de l'esprit porté sur soi et l'extérieur de soi catalyse la réaction menant à la structuration du mode de vie, des aspirations, des idéaux, de la moralité, des rapports avec autrui et de la biosphère...

- L'observation et le carrefour des possibles :

Franck Hatem, ontologue, nous dit ceci : « L'atome est devenu une entité statistique, les électrons n'ayant une position que selon certaines probabilités. Ces positions peuvent être vérifiées par interception, mais alors rien ne peut être connu ni sur la position antérieure, ni la position qui aurait été celle de l'électron s'il n'avait pas été intercepté. Ce qui a fait dire que les "objets quantiques" n'ont de réalité que lorsqu'on les observe, à la différence des objets macroscopiques. »

Il ajoute, en fondant son axe de réflexion sur divers travaux, notamment ceux de F.A. POPP qui a mis en évidence la réalité des bio-photons et de la lumière dite cohérente[61] :

« *La matière serait l'empreinte non linéaire d'informations à laquelle contribuent le Tout et la terre*. Elle est un système qui absorbe les impulsions électromagnétiques cohérentes, les stocke et les convertit en stabilité de structures et en fonctions physiologiques. »

Une chose semble évidente : nous possédons la capacité intrinsèque de modifier notre environnement, et par voie de conséquence la matière et l'énergie dont nous sommes constitués, ce même principe vital qui constitue notre univers. La réalité ultime existe en dehors de nous, certes, mais nous la modifions dans le monde phénoménal par le pouvoir

---

[61] Lumière cohérente : porteuse d'information en terme de potentiel organisateur

démultiplicateur de la pensée créatrice, dans la mesure où il est établi que l'observation est une force agissante sur le monde quantique.

- L'approche de l'énergie du vide est-elle matérialiste ?

La matière n'existe pas en soi. Ceci peut vous sembler abrupte et loin du conformisme idéologique actuel, mais c'est un fait. La matière est une transition entre des états manifestés et non manifestés puisque tout provient initialement du non-soi ! Le vide quantique marque la séparation entre ce qui est et ce qui n'est pas (encore).

Les fluctuations quantiques vous ont démontré que les particules-ondes naissent spontanément du vide avant d'y retourner. La matière naît pour procéder à une incarnation, pour faire vivre ce qui était encore en suspens sous forme d'information, tel un programme ayant besoin d'un support informatique pour prendre forme et vie sous vos yeux sur votre écran d'ordinateur. L'esprit ne fait pas mieux ou pire : il est l'écran où votre réalité défile et prend forme physiquement. Or, toute chose est énergie. Si le vide est indéfinissable et impossible à quantifier en terme de probabilités, c'est qu'il n'est pas physique ! Il est l'avant-forme, l'information sur la structure. Est-il possible de mesurer un tel vide empli d'un champ informationnel dont la densité augmente au rythme des productions de notre monde psychique, émotionnel, événementiel ?

On ne perçoit pas l'énergie de la matière et pourtant la matière EST de l'énergie, comme le postule l'équation d'Einstein : $E=mc2$ où E est l'énergie du système considéré, m : la matière et c : la vitesse de la lumière portée au carré.

Par ailleurs, l'énergie ne se perd pas (ne disparaît pas) lorsque la matière est détruite en apparence, conformément au principe fondamental de conservation de l'énergie.

L'énergie se conserve systématiquement et ne fait que se transformer, comme dans un processus de fission-fusion nucléaire où la matière subit des transformations. Lors d'une réaction de fission, il y un énorme dégagement d'énergie avec notamment émission de plusieurs neutrons qui, sous certaines conditions, provoquent une réaction en chaîne en percutant d'autres noyaux atomiques. Pour la fusion, c'est l'inverse : « deux noyaux atomiques s'assemblent pour former un noyau plus lourd (par exemple un noyau de deutérium et un noyau de tritium s'unissent pour former un noyau d'hélium plus un neutron) » (wikipedia).

L'énergie est donc un concept bien plus vaste qu'il n'y paraît, outre les effets qu'on peut connaître dans l'utilisation de l'énergie nucléaire.

L'énergie mise dans un projet fait généralement aboutir ce projet avec toute la satisfaction qu'on peut en retirer. L'énergie investie se retrouve sous la forme d'un véritable objet, qu'il soit une œuvre d'art, une œuvre littéraire, un travail, un voyage, etc... Mais l'énergie peut aussi servir à nous reconstruire et alors le projet personnel peut prendre la forme d'un accomplissement de soi. A la source de cette énergie se trouve donc une information intelligente et auto-organisée, soit une néguentropie qui, en s'incarnant, devient orientée objet.

Lynne Mc Taggart[62]**,** dans le texte de présentation de son ouvrage « *La*

---

[62] Auteur à réputation internationale, journaliste scientifique primée, elle fait figure de proue en s'attelant à l'étude de la conscience humaine.

science de l'intention », nous dit : « S'appuyant sur les conclusions de recherches sur la conscience humaine menées par d'éminents scientifiques du monde entier, la Science de l'intention démontre que la pensée est une réalité tangible ayant le pouvoir d'influencer les choses. La pensée génère sa propre énergie bien palpable dont vous pouvez vous servir, aider les autres autour vous. ».

Dans son premier livre, Le Champ de la cohérence universelle paru antérieurement sous le titre « L'Univers informé », Lynne McTaggart expose en outre les découvertes scientifiques qui témoignent de l'existence d'un *« champ d'énergie quantique à l'image d'un univers interconnecté »* et propose « une explication scientifique à quelques-uns des mystères humains les plus profonds, depuis la médecine alternative et la guérison spirituelle jusqu'aux perceptions extrasensorielles et à l'inconscient collectif »[63]

Dans le titre l'univers informé, on retrouve là encore le pilier central : l'information en tant que moteur de l'univers et de la Vie.

Un champ unifié

Le vide n'est effectivement pas vide puisque l'énergie est présente sous forme matérielle et immatérielle. A sa source, un champ unifié : l'information universelle. Vous potentialisez cette information par vos intentions et pensées. Ce que vous pensez adviendra, car à la racine se trouve une fréquence, une énergie bio-disponible.

Les médecins énergétiques travaillent sur les énergies subtiles du corps humain et peuvent aussi intervenir sur les animaux pour les soigner. En réalité on devrait parler de médecine informationnelle puisqu'à la source d'une énergie il y a une information codifiée et structurée pouvant être lue comme on peut lire un DVD avec un lecteur approprié. Or, que fait votre corps ? Il lit et décode les informations qui lui parviennent !

Bien qu'aucune étude clinique n'ait été vraiment menée sur l'impact de ce type de médecine et ses bienfaits, beaucoup de personnes ont recours à ces médecins non conventionnels pour soigner par exemple les brûlures occasionnées par la radiothérapie ou divers maux. Certain argueront que les effets positifs sont dûs à un effet placebo. Pourtant l'effet placebo témoigne du lien concret qui existe entre ce qui est impondérable et ce qui se manifeste concrètement dans le corps. L'effet placebo rend compte du pouvoir qui est en soi.

Les chimiothérapies – dont les bienfaits radicaux sauvent des vies – engendrent malheureusement des effets secondaires si terribles que certains patients ne les tolèrent pas et meurent dans d'atroces souffrances (directement liées au traitement, outre le cancer par lui même). Je ne prétends pas que la médecine énergétique est la panacée, mais elle n'engendre pas de tels effets délétères. En tout état de cause, il ne faut jamais suspendre un traitement médical en cours.

Certains médecins allopathiques reconnaissent même donner l'adresse de bons « magnétiseurs » pour soigner leurs patients cancéreux souffrant des conséquences des rayons, avec des effets thérapeutiques spectaculaires.

La vie répond toujours à la force du désir émis. C'est un constat que tout un chacun peut faire. Se focaliser sur la réussite amène la réussite tout comme

---

[63] http://www.amazon.fr/Science-lintention-Utiliser-pens%C3%A9es-transformer/dp/289626034X/ref=pd_bxgy_b_img_c

se focaliser sur l'échec amène à l'échec. Un pessimiste a t-il une meilleure vie qu'un optimiste ?

La matière est finalement une Incarnation pure. Elle apparaît pour vivre quelque chose de précis qui est Utile à l'Ensemble. Elle résulte d'échanges de nature multiple avant de retourner au non manifesté, au non-soi. Pensée, Intention, conscience et source d'information sont alors reliés dans la mesure où l'intention provoque l'incarnation qui est la matérialisation de ce qui était en suspens. **L'information doit prendre une forme, puisque Informer signifie « donner forme ».**

L'énergie circule en nous et nous maintient en vie. Ne dit-on pas qu'on manque d'énergie quand on est fatigué ou stressé ? Au sein de la cellule et du corps humain, la production et échanges d'énergie est prépondérante. L'énergie serait, pourrait-on dire, la manifestation de ces interactions permanentes.

Le corps est composé d'en moyenne 75% d'eau, laquelle réagit au langage de la pensée et de la parole, car toute affirmation passe par le langage du corps cristallisé dans l'ADN.

Quant à l'énergie, elle se décline sous forme d'ondes, fréquences, effets de résonance, chaleur ou froid, échange de lumière, etc. Tout ce qui est observable et inobservable comporte de l'énergie. C'est le vecteur par lequel la transformation est possible d'un état vers un autre. Lors d'un processus de friction, il y a déperdition de chaleur, mais l'énergie ne disparaît pas pour autant, elle se transfère sur d'autres supports matériels, et lorsque les particules naissent et meurent elles **passent simplement d'un état probabiliste - en suspens (une potentialité) - à une manifestation physique.** C'est ce qui explique que les particules naissent du « néant » et y retournent bien souvent. Elle ne vivent que pour jouer un rôle d'interaction en tant que vecteur d'information-énergie.

Communication hyperspatiale

Notre réalité n'est pas purement matérielle, décomposable en strates :
matière / énergie / Vide / Espace-temps / Big Bang / Univers / dimensions...
Nous nous coupons de notre nature véritable en voyant les choses ainsi.

Mais qu'est-ce que l'énergie ?
On pourrait la comparer grossièrement à une sorte de « soupe » où les
potentialités sont en attente de matérialisation. Imaginez des dizaines de
voies possibles à un carrefour sur une avenue fréquentée. Chacune donne
accès à un chemin avec son futur propre, ses voies possibles. En
choisissant l'une des voies, vous acceptez le travail qu'on vous propose et
dans un autre, un scénario différent se produit.
Derrière l'une de ces portes virtuelles, vous pourriez y voir les destins
possibles de vos proches et votre rôle dans ce scénario collectif. Toutes ces
voies permettent à votre libre arbitre d'expérimenter la vie en vous
proposant des choix aussi pléthoriques que la corne d'abondance. Dans
notre monde, les événements se succèdent depuis le passé vers le futur
mais en réalité, toute chose coexiste sur des plans d'existence simultanés.
Pour autant, ce champ de potentialités demande à s'exprimer. Dans
l'univers, les moyens de communication sont multiples et variés. A l'échelle
atomique, les atomes vibrent sur une fréquence fondamentale, sorte de
signature pour chaque « matière ». Pour autant, il doit exister un moyen de
communiquer entre le monde physique et ce que je pourrais nommer le
monde métaphysique, c'est à dire l'univers d'information-lumière amour
coexistant avec notre univers de matière.

Dans la théorie de **David Bohm, « l'univers holographique »**, il n'existe
ni superposition des particules ni effondrement de la fonction d'onde. Ce
sont bien nos sens qui agissent comme des filtres en nous donnant l'illusion
de la dualité comme pour le phénomène de l'onde-particule. Cette dualité
est pernicieuse et fait dire à notre esprit que seul l'univers de matière existe
et prévaut ; que ses mécanismes doivent pouvoir expliquer absolument tout
phénomène épistémologique.

Je souhaiterais donc vous embarquer un moment dans un univers bien
connu des amateurs de science-fiction, en mettant le cap sur un phénomène
que Gene Roddenberry, dans sa série télévisée Star Trek, a appelé la
téléportation ! Oui, vous avez bien lu, nul besoin de changer de lunettes...
Vous serez sans doute étonné – et je le fus également - de savoir qu'à

l'échelle des quantas, la téléportation quantique est un fait attesté. Nous allons donc explorer la façon dont la communication peut se faire entre ce qui est manifesté et ce qui ne l'est pas encore (de notre point de vue) par le biais de la téléportation quantique.

Téléportation quantique : quand la science-fiction rejoint la réalité

Avant de monter sur le télé-porteur et dématérialiser votre esprit vers une sphère encore inconnue – je plaisante! - il est nécessaire de comprendre comment les choses fonctionnent à l'échelle microscopique.

En tant que corps-esprit, il nous est difficile d'imaginer que nous puissions par exemple rejoindre instantanément une personne que nous connaissons bien, comme notre conjoint ou notre enfant, située à des dizaines de kilomètres...

Dans le principe de téléportation quantique, deux personnes s'étant côtoyées sont dites « intriquées », c'est à dire reliées au point que si nous séparions ces deux personnes, la première par exemple, pourrait rejoindre la seconde sans délais, instantanément et sans passer par des escales ou « lieux intermédiaires ». Avis aux divorcés, restez bon amis ! Voyons de quoi il s'agit...

1. L'intrication quantique et le paradoxe EPR :

On crut longtemps que les objets ne pouvaient pas se transporter d'un lieu à un autre comme dans la fameuse série Star Trek. Et pourtant, l'Univers sait déjà le faire, et il le fait !

En 1981 a été menée une des découvertes les plus étonnantes du siècle. A l'Institut d'optique d'Orsay, le physicien Alain Aspect et son équipe de recherche mènent une expérience qui fut répétée en 1982 et 1988[64].

Le principe d'*intrication quantique* stipule que si l'on agit sur une particule, l'autre réagira de la même manière en influençant l'état de la seconde, même si elles sont très éloignées l'une de l'autre. Deux particules ne font plus qu'un ! **L'intrication quantique implique une influence telle que nous ne pouvons plus parler de dualité... mais d'unité !**

John Stewart Bell, physicien irlandais, développa le concept via les fameuses inégalités de BELL.

L'intrication quantique dit que deux événements sont corrélés « s'ils

---

[64] Elle est la seule à apporter une réponse au « paradoxe EPR » (E.P.R : Albert Einstein, Boris Podolsky et Nathan Rosen) : une théorie qui tend à prouver qu'il existe des états quantiques intriqués. Mis en évidence par Edwin Shrödinger, elle stipule que deux particules qui ont une origine commune ou ayant subi une interaction ne peuvent être considérées comme des entités indépendantes.

surviennent souvent en même temps ou l'un juste après l'autre »[65]. **L'explication réside dans une cause commune**, rappelant le principe de causalité formative.

Nicolas Gisin fait le parallèle avec des ordinateurs : **« les particules sont comme des nano-ordinateurs portant le même programme ».** Ce qui explique que les corrélations soient semblables pour des particules intriqués. Ce qui interpelle les scientifiques est que cette cause commune viole les inégalités de Bell et implique que la nature n'est pas locale !

On parle alors de « non-localité quantique ».

La théorie de **Newton explique que si on agit sur un corps céleste, il y aura des répercussions sur les autres corps célestes**. Or, cette idée qu'un corps puisse agir à distance sur un autre corps ne lui plaisait pas. Pourtant, à la base de ce principe, on comprend que tout ce qui existe entretient une relation de communication à distance.

« *L'expérience de 1981* a montré que les particules subatomiques comme les photons et les électrons d'un même système (deux particules issues d'une division ou d'une interaction précédente) sont capables de communiquer avec leur doublon indépendamment de la distance qui les sépare »[66] et ce, de façon instantanée !

Pour mieux comprendre ce phénomène, imaginez que vous vous sépariez en deux et que votre moitié soit envoyée à l'autre bout de la galaxie sans moyen de communiquer avec vous. Pour autant, votre moitié parviendrait à vous téléporter jusqu'à elle afin de reconstituer l'ensemble...

Il ressort de l'expérience menée en 1981 que la particule séparée est totalement liée à la seconde, quelque soit son lieu spatial et possède en outre les mêmes propriétés physiques et corrélations. L'influence agissant à distance se ferait à des vitesses prodigieuses impliquant que l'influence se déplace plus vite que la lumière du point de vue de notre référentiel, ou alors la physique quantique est incomplète[67].

Comment deux photons intriqués peuvent-ils dialoguer sans passer par des contingences restrictives comme le temps ou les distances ? C'est la

---

[65] Nicolas Gisin dans le document « téléportation quantique » institut d'optique de l'université de Genève

[66] http://www.projet22.com/sciences/physique-quantique/article/l-univers-holographique-de-david

[67] http://fr.wikipedia.org/wiki/Exp%C3%A9rience_d%27Aspect
Erwin Schrödinger, « Probability relations between separated systems », dans *Proc. Camb. Phil. Soc.*, vol. 31, 1935, p. 555-563 ; Weihs, Jennewein, Simon, Weinfurter, Anton Zeilinger, « Violation of Bell's inequality under strict Einstein locality condition », dans *Phys. Rev. Lett.*, vol. 81, 1998, p. 5039 – archive : http://prl.aps.org/abstract/PRL/v81/i23/p5039_1

question que nous allons explorer ci-après.

Pouvons-nous envisager que le transit de l'information passe par des canaux qui ne font pas partie de notre référentiel galiléen ?

Pour qu'une information se transfère instantanément et reprenne forme en tant que particule, il faut suggérer une vitesse de la lumière quasi-infinie. Or, mis à part les hypothétiques tachyons résidant dans un plan dimensionnel non-temporel, quel type de particules pourrait faire l'affaire ? Les neutrinos ont récemment prouvé qu'ils n'étaient pas limités à la vitesse de la lumière et dans ce cas, il faudrait sans doute remettre en question l'existence supposée de la masse du neutrino et de la constante « c » (vitesse de la lumière). En effet, on n'a jamais réussi à prouver que le neutrino possède une masse.

Rupert Sheldrake définit la causalité formative comme la répétition d'un comportement si les entités sont en quelque sorte intriquées : si une entité se comporte d'une certaine manière et dans le moment $t2$ suivant, une autre entité semblable se trouve placée dans des circonstances similaires, la probabilité pour qu'elle se comporte de façon identique sera augmentée.[68] La causalité formative pourrait donc induire une intrication quantique.

Mais revenons à l'expérience de 1981. Cette dernière a été reproduite en **1988** par les physiciens de l'université de Genève, dirigée par **Nicolas Gisin**. Le système d'expérimentation s'étendait sur 30 km. Or, il est apparu que les photons réagissaient de façon non aléatoire et instantanément. Plus étonnant, « compte tenu de la distance et de la sensibilité des appareils de mesure, il apparaît que l'information a été transmise au moins dix millions de fois plus vite que la lumière » ![69] Comment est-ce possible dans notre référentiel ? Comprenons que de telles vitessent ne peuvent se propager dans notre espace-temps où « c » est limitée... Il faut donc envisager un autre référentiel où la vitesse de la lumière y est largement supérieure. Rien ne contredit la co-existence d'au moins deux référentiels à vitesse de la lumière différente pouvant échanger des informations et influences diverses à la manière de cellules dialoguant entre elles dans un corps humain.

La *communication hyperspatiale* est donc *instantanée* et ne peut être expliquée par la voie classique du voyage photonique à 300 000 km/s. Le voyage de la « sphère d'influence » a donc dû passer par un autre circuit. Les tachyons auraient une vitesse au repos supérieure à la vitesse de la lumière. Ces tachyons ne peuvent cohabiter dans notre univers photonique, ce qui laisserait supposer qu'ils habitent un autre espace-temps relativiste superposé au notre, lui même intriqué avec notre dimension.

---

[68] http://sergecar.perso.neuf.fr/cours/theorie8.htm
[69] Archive : http://www.cebaf.gov/news/internet/1997/spooky.html

Nicolas Gisin déclare à ce propos : « C'est ce que l'on nomme la non-localité quantique. Et c'est très difficile à comprendre, parce qu'il faut imaginer que cette information se propage ailleurs que dans notre espace. Je ne peux pas vous dire où, cela reste un mystère. C'est pour cela que nous disons que ces corrélations semblent surgir de l'extérieur de l'espace-temps ». [70]

Le fait que deux particules intriquées puissent interagir en défiant les lois de la physique prouve que toute information sur un phénomène ou objet, associée à une manifestation, doit assurer la conservation de son unité structurelle indépendamment de la distance, de la durée ou de tout autre facteur. L'information sur la forme, délocalisée, agirait en créant un lien hyperspatial. Ce lien fonctionnant comme un tenseur ne serait pas soumis aux constantes de la physique et ne serait donc pas de nature quantique. Le lien unifiant l'ensemble serait comme un ordre, une harmonique associés à une fréquence. Ce lien qui unirait les particules ou objets intriqués ferait appel à la fois à une influence immatérielle, informationnelle et vibratoire, pouvant se manifester simultanément dans les référentiels auxquels elles appartiennent en faisant vibrer les membranes de ces univers.

Ces deux dimensions impliquent à leur tour qu'elles soient intriquées de manière à échanger mutuellement des données et pouvoir interagir. Sinon, la moitié du photon séparé en deux resterait isolée et sans lien avec la seconde, ce qui n'est pas le cas. <u>Que ce système soit pourvu d'une ou de plusieurs dimensions vibrant telles des cordes, il s'agit d'un système unique.</u>

2. Mr Spok, prêt à téléporter ?

Non, je ne vais pas vous transférer dans un épisode de Star Trek, en revanche nous allons explorer davantage encore les *transferts instantanés* suggérant la téléportation !

La téléportation quantique pourrait-être les prémisses de ce qu'on saura peut être faire dans quelques décennies, à savoir téléporter quelqu'un ou quelque chose d'un endroit à un autre, sans passer par des lieux intermédiaires, mais directement d'un point A à un point B.

Dans l'expérience de téléportation quantique menée par Nicolas Gisin à l'institut d'optique de l'université de Genève, **la matière et l'énergie ne sont pas téléportées, mais seulement la structure - soit les états quantiques - car téléporter de la matière-énergie suppose qu'il faille passer par des lieux intermédiaires.**

---

[70] http://www.swissinfo.ch/fre/sciences_technologies/Lumieres_suisses_sur_la_teleportation.html?cid=6856852

Dans l'expérience, un objet peut être téléporté sans jamais exister dans des lieux intermédiaires, c'est à dire que « seule la structure est téléportée, la matière reste à la source et doit déjà être présente au récepteur », nous explique Nicolas Gisin dans son document en PDF[71]. Extraordinaire n'est-ce pas ?

Si on voulait téléporter un photon intriqué de paris à New York, la structure du photon serait téléportée mais sa matière resterait à la fois à Paris tout en devant être déjà être présente à la réception (New York) ! Et, cela, *sans passer par des « lieux » intermédiaires*. Pour vous imaginer cela, c'est comme si, pour téléporter la tour Eiffel, on téléportait son architecture mais pas la matière des piliers métalliques !

La téléportation quantique ne fait pas intervenir la matière, les ondes, il n'y a pas de flux d'énergie et en apparence quasiment pas d'information : l'information ici est la mesure faite par les ondes, et comme cela dépasse la vitesse de la lumière, l'information est comme « absente ». L'information n'est en réalité pas absente, mais devient cachée, c'est à dire qu'elle retourne à son plan originel, l'espace du champ informationnel super-lumineux.

Le système est ingénieux puisqu'il ne s'encombre pas de téléporter la matière-énergie, se contentant de transférer l'information sur la forme, cette structure ou patron de forme étant la quintessence soutenant toute manifestation. En effet, la matière est l'incarnation de l'information sur la forme.

Dans le cas de l'expérience, le photon passe vraisemblablement de son état matériel à son versant informationnel de façon instantanée et cette information est déjà présente à la fois au départ et à l'arrivée. De notre point de vue, il y a un déplacement de A à B, alors qu'en fait l'information est déjà présente à B. Il n'y a aucun déplacement car l'information est présente partout, et c'est elle qui donne une structure aux objets de l'univers et nous permet par exemple de faire des incursions dans le futur.

Vous vous demandez peut-être quel lien cela peut-il avoir avec la pensée ? La télépathie pourrait s'expliquer par le constat que rien n'est dissocié et que l'information est présente partout à la fois. Par intrication, il se peut que vous deviniez à l'avance ce que pense une personne de votre entourage, ou soyez informé d'un événement futur vous concernant ou concernant quelqu'un que vous connaissez bien.

Pour ma part, il m'arrive régulièrement de deviner des choses à l'avance. A titre d'exemple, en voyant mon nouveau voisin, j'ai pensé « il travaille dans la restauration » (ce qui s'est confirmé plus tard) ; cet été j'ai su que la sandale de ma fille allait rendre l'âme le soir même (sans raison préalable),

---

[71] *www.unige.ch/sciences/physique/conferences/**gisin**.pdf*

et eu la très forte intuition que mon amie allait avoir une fille alors qu'elle était tout juste enceinte....

Pour en revenir à l'information, si cette dernière disparaissait, la structure de A et de B se disloquerait et nous verrions les objets de notre quotidien se déliter, disparaître comme s'ils n'avaient jamais existé. Or, ce n'est pas le cas. L'information relative aux états quantiques de la structure est préservée. Lorsqu'il s'agit de téléportation de photons intriqués, on peut dire que l'information les concernant est intégrale quelque soit le lieu spatial reliant tous les êtres vivants mais aussi la matière, le temps, l'espace..., entre eux. C'est pourquoi nous parlons de l'univers comme d'un TOUT interconnecté.

Pourquoi la matière et l'énergie ne sont-elles pas téléportées ?

L'énergie-matière appartiennent à notre espace-temps et résultent d'un degré de manifestation néguentropique. Dans le plan de l'information, cette énergie et matière existent sous la forme d'une information ou code-source. La densité de notre espace-temps sous-lumineux l'expriment sous forme d'énergie et matière associée à l'architecture physique des quantas. Mais une fois dématérialisés, les quantas sont dépouillés d'énergie thermique et de leur support matériel, de leur densité (masse)....

Sous les traits d'une ossature informationnelle, les états quantiques portent l'information sur l'énergie-matière. Il n'est donc pas besoin de téléporter cette énergie-matière puisque l'architecture informationnelle des états quantiques est préservée et déjà présente en A et B. En outre l'énergie thermique ne peut coexister dans un référentiel où la masse et le temps n'existent plus, ne serait-ce que dans un référentiel tachyonique. Dès que les neutrinos ont dépassé « c », ils n'étaient plus dotés de masse et leur temps est devenu imaginaire en vertu de la relation « c varie avec t ». En effet, l'énergie thermique implique des masses, échanges et collisions. Dans un plan dimensionnel où l'information est maître, la vitesse de la lumière devient infinie et en son sein le temps n'est plus ; toute masse est forcément inexistante... N'étant pas assujettie au temps, l'information sur la structure a donc logiquement toujours été présente au point A et au point B. Spontanément, l'énergie et la matière se matérialisent sans nécessiter de délais temporel. Quand je dis « A » et « B », ce sont des localisations arbitraires, sachant que d'un point de vue quantique, un seul quanta peut occuper plusieurs lieux à la fois et n'est donc pas fondamentalement local.

D'une certaine manière, il existe certainement des passages telles des alvéoles d'un filtre à café laissant passer l'information universelle, par percolation. Notre espace-temps bénéficierait ainsi d'un transfert instantané d'information depuis d'autres sphères. Notre univers multi-couches formerait ainsi un maillage complexe dynamique.

David Bohm, corrobore ce que j'avance puisque pour lui la physique quantique fonctionne sans notion d'espace ou de distance, ***la matière n'est que de l'information***, si bien que l'univers peut être comparé à un hologramme.

Jean François Roch et ses collègues de l'ENS Cachan nous disent à ce propos : *« **la réalité n'existerait fondamentalement pas dans l'espace et le temps et les objets au sens classique n'existeraient pas sans un observateur** (peut-être pas nécessairement humain) **pour les observer !** »*[72]

J'avais abordé peu avant la portée de l'observation sur le monde quantique. Explorons un peu plus cette piste.

3. L'expérience de la double fente et le choix de l'observateur :
Imaginez que vous puissiez modifier votre passé... Impossible ! direz-vous. Et pourtant... Voici comment cela est déjà possible.

Dans ***l'expérience de la double fente***, nous disposons d'une source d'émission d'électrons (ou de photons), une plaque dans laquelle on a ménagé deux fentes et une plaque qui sert à mesurer si on a un comportement ondulatoire ou corpusculaire... Jusque là, c'est une expérience assez classique pour observer le comportement des quantas soumis à l'observation humaine.
« C'est là que l'expérience devient stupéfiante. Bien qu'ayant dépassé les deux fentes, ***c'est le choix de l'observateur qui va déterminer dans le passé par quelle fente le photon a voyagé, par une ou par les deux en même temps !*** C'est le critère que Niels Bohr avait adopté pour déterminer si quelqu'un avait vraiment pris conscience de ce qu'est la mécanique quantique ». (note bas de page 72)

---

[72]   http://www.futura-sciences.com/fr/news/t/physique-1/d/choix-retarde-quand-la-mecanique-quantique-agit-sur-le-passe_10413/ ; livre de John Wheeler "*J. Wheeler and W. Zurek, (eds.) Quantum Theory and Measurement, 1983*",

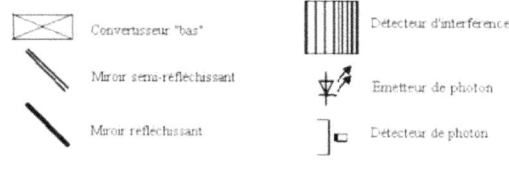

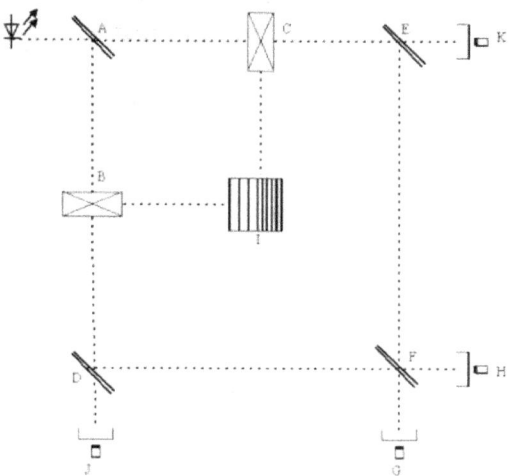

Laurent Sacco, intervenant sur le site internet Futurascience, donne quant à lui une conclusion bien loin des sentiers battus : *l'expérience de la gomme quantique à choix retardé*.

Extension de l'expérience des fentes de Young et de celle d'Alain Aspect, **l'expérience** de la gomme quantique avec choix retardé **consiste en une « rétroaction implicite dans le temps »**[73]

Dans cette expérience, on observe le résultat après que la particule ait déjà franchi la première série de fentes. Normalement, on évince le problème de l'observation sur les quantas. Or, dans cette expérience, on s'aperçoit que l'intervention du détecteur de photons semble modifier le passé de la particule ! Plus précisément, on reçoit l'information avant que les particules ne soient parvenues à destination : « quand le photon signal vient impressionner la plaque photographique en I, le photon témoin n'a pas encore atteint D ou E (miroirs réfléchissants), et encore moins F. C'est le « choix retardé » dont il est question dans l'expérience. **Le résultat enregistré en I est donc fixé avant que le photon témoin ait été détecté en J/K, ou en G/H**. ».

Pour comprendre comment fonctionne le système, se reporter en note de bas de page.[74]

L'article sur wikipedia ajoute : « *Si cela était possible, cela voudrait dire que l'on pourrait recevoir des messages du futur !* Par exemple, si, en même temps que le photon, on émettait un message en destination d'un physicien (à cent années-lumière de là) lui demandant si, par exemple, la

---

[73] http://fr.wikipedia.org/wiki/Exp%C3%A9rience_de_Marlan_Scully

[74] En fait, en B et en C, sont placés des « convertisseurs bas ». Un « convertisseurs bas » est un appareil qui, à partir d'un photon en entrée, crée deux photons en sortie, corrélés. Étant corrélés, toute mesure effectuée sur un des deux photons de sortie nous renseigne sur l'état de l'autre photon. Par définition, un des deux photons en sortie sera appelé « photon signal » et l'autre « photon témoin ».

http://fr.wikipedia.org/wiki/Exp%C3%A9rience_de_Marlan_Scully

théorie des cordes est exacte ou non, et de remplacer les miroirs D/E par des miroirs parfaitement réfléchissants si oui, et de les enlever si non, alors il serait possible de savoir immédiatement si la théorie des cordes est valable ou non en décryptant une figure d'interférence en I. »

La mécanique quantique rend compte d'un fait absolument ahurissant : passé, présent et futur n'ont de signification que pour nous, observateurs et acteurs de notre réalité. Lorsque l'on cesse de devenir observateur de la vie, sans attendre quoi que ce soit – en étant dans le silence intérieur qui préside à l'univers et à la vie – il ne reste que le regard silencieux et joyeux de la vie où le temps perd son sens. Lorsque notre propre regard cesse de se poser sur quoi que ce soit soi, reste l'absence de regard où tout est déjà là : les messages du futur que la plaque photographique a enregistrés nous montrent que l'information universelle n'est pas linéairement limitée au temps et peut donner une explication supplémentaire aux phénomènes dits parapsychologiques.

Un fil conducteur :
Pourquoi le cerveau ne sélectionne t-il qu'un seul des états superposés : l'onde ou la particule ?
Pour mieux saisir cette superposition quantique de l'onde et de la particule, c'est comme si vous preniez deux photos d'un paysage et que ce faisant, vos deux images se soient superposées : sur l'une votre impression est que le paysage est composé de minuscules petits points (comme dans le pointillisme en peinture), et sur l'autre, le paysage semble onduler. Les points représenteraient les particules et le paysage ondulé représenterait la fonction d'onde.. Nous avons un même paysage, dans deux états superposés. Toutefois, ces images sont-elles LE paysage que vous avez regardé ? Selon David Bohm, **l'effondrement de la fonction d'onde qui sélectionne instantanément un seul état** parmi tous les états superposés possibles, **pourrait être remplacé par un « potentiel quantique », c'est à dire une in-formation ou processus d'inscription dans les formes, un holomouvement qui guide les forces**. Il reprend l'idée d'onde pilote postulé en 1926 par Louis de Broglie, d'une onde guidant le chemin des particules.
« Nous pouvons considérer de la même manière le « potentiel quantique » comme contenant des informations actives. Il est potentiellement présent partout, mais réellement actif seulement là où il y a une particule ». Pour lui « c'est le tout qui détermine les propriétés des particules individuelles et de leur relation, et non l'inverse »[75].

---

[75] B. J. Hiley: *Some remarks on the evolution of Bohm's proposals for an alternative to quantum mechanics* [archive], 30 January 2010
Livre de David BOHM : (en anglais)

Extrait de son livre « Meaning and information » (traduit de l'anglais) : « À titre d'exemple, prenons une onde radio, dont la forme comporte des informations représentant soit le son ou des images. Les ondes radio elle-mêmes ont très peu d'énergie. Le récepteur, cependant, a une énergie beaucoup plus grande (par exemple à partir de la source d'alimentation). La structure de la radio est telle que la forme portée par l'onde radio est prise sur l'énergie beaucoup plus grande du récepteur. La forme de l'onde radio informe ainsi littéralement l'énergie chez le récepteur, c'est à dire inscrit sa forme dans cette énergie, et cette forme est finalement transformée (qui signifie « forme transportée à travers ») dans les formes connexes de son et lumière. Dans l'onde radio, le formulaire est initialement inactif, mais comme la forme entre dans l'énergie électrique du récepteur, on peut dire que **l'information devient active**. En général, ces informations sont potentiellement actives dans l'onde radio, mais elles deviennent réellement actives seulement **là où il y a un récepteur qui peut lui répondre avec son « énergie propre. »**.

C'est là que la pensée et la production psychique prend tout son sens car l'information ne devient active que lorsqu'il y a quelqu'un au bout du fil « avec sa propre énergie ». L'univers comporterait ainsi une information active, en attente de potentialisation, et une phase active faisant intervenir des particules, individus, formes et actes de vie en interaction.

La réalité intelligible appelée *Noumène*[76] par Platon (originellement), **est soumise à l'expérience qui en est faite par un ensemble d'êtres**. Selon Edmund Husserl, philosophe du début du XXe siècle, le *noumène* est la réalité intemporelle, indéfinissable... On peut au mieux la percevoir, sans jamais pouvoir la décrire avec des mots ou la cerner à l'aide de concepts.

Ce qu'on prend pour des réalités ne sont que des déformations de l'intellect qui, en pensant faire l'expérience d'une réalité perceptible, croit qu'il est ce qu'il expérimente.

Que dire des phénomènes dits paranormaux ? Chacun a une approche différente de ce qu'il vit, comme si chacun d'entre nous avait son propre appareil photo et que chacun prenait une photo différente. Aucune n'est réellement fausse. Réunies, elles donnent une image globale du paysage de notre réalité conceptuelle...

La *reliance* puise donc dans un maillage où l'hyper-communication est de mise, passant par des canaux subtiles non physiques avant d'entrer en résonance avec des relais physiques tels que la pensée humaine,

---

http://www.implicity.org/Downloads/Bohm_meaning+information.pdf

[76] Du grec « nooumena », réalité intelligible, mot dérivé de « noûs » ou « noos », intelligence, esprit, pensée, soit comme principe, soit comme faculté

l'observation, les interactions, intrications, etc.

Les voies de l'hyper-communication voyagent à des vitesses dépassant de loin la vitesse-seuil de la lumière dans notre dimension spatio-temporelle. Cette vitesse c n'est qu'une facette de l'équation, un élément de l'ensemble.

Le problème des scientifiques actuels est qu'ils se bornent faire transiter l'information selon la vitesse de la lumière, ce qui génère des paradoxes. Il n'est pas incompatible de considérer que l'information puisse transiter du futur vers le passé en un instant t, quelle que soit la distance séparant deux éléments intriqués dans l'univers... La disparition de l'information dans le cas de l'expérience de la gomme quantique n'est pas réelle, puisque l'information est parvenue avant même que les quantas soient arrivés à destination. De même l'effondrement de la fonction d'onde est la conséquence des interactions du milieu – ce que démontre la théorie de la décohérence – mais j'ajouterais qu'il faut y inclure l'influence des consciences car à la différence des interactions entre particules, l'intervention de la conscience accélère le processus de disparition rapide des états superposés. Ce qui explique que dans l'expérience du chat de Schrödinger, le chat est donc mort mais qu'au moment de l'observation, l'ensemble des probabilités a été réduit à une seule possibilité.

Retenons pour l'heure que l'émergence de particules ou d'événements, de matière, d'idées, est la conséquence de la stimulation du champ bio-disponible fait d'énergie-lumière-information dont nous ne percevons que les conséquences : ce que nous vivons au quotidien. C'est la phase active.

Nous avons vu que l'observation portée sur le monde quantique interférait également avec les quantas. Le temps est lui aussi une illusion de l'esprit, ce dernier façonnant littéralement notre perception des mécanismes universels.

Quels sont ces véritables mécanismes, comment opèrent-ils, et quelle est la place de l'information dans le cosmos ? L'ordre naît-il du chaos ?
Je vous invite à lire la suite pour le savoir !

II. Entropie ou néguentropie ?

Généralités

Il est bon de revenir aux sources pour comprendre les choses. Par exemple, le mot « cosmos » se retrouve en latin, dont la racine étymologique signifie « monde ». Mais « cosmos » provient originellement du grec ancien *kósmos* qui signifie « ordre, bon ordre, parure ». Voyez comment le cosmos est associé à l'ordre chez les grecs : pour les pythagoriciens, le cosmos est l'« ordre de l'univers », et l'univers devient monde dont l'ordre paraît harmonieux à nos yeux.

Mais l'ordre universel subit un contrepoids : le désordre... omniprésent, réglant le cycle de vie et de mort... et de renouveau.
Tel l'alternance du jour et de la nuit, ce principe permet à notre système dynamique de s'auto-informer et s'auto-réguler en permanence. Serait-ce là un argument en faveur d'un cycle universel ?

Le concept d'univers cyclique fut introduit par John Wheeler qui avait été un collaborateur d'Albert Einstein dès les années 1930. Dans ces années là justement, Friedmann, Lemaître mais aussi Richard Tolman (et Einstein) ont pensé que l'univers pouvait être cyclique : naître, vivre, mourir puis renaître. Ce modèle était une alternative au modèle d'expansion de l'univers. Georges Lemaître avait même appelé ce processus, « l'univers phoenix ». Mais **en 1934, R. Tolman mena des travaux qui le conduisirent à invalider la théorie, en se fondant sur le postulat que l'entropie ne peut qu'augmenter dans un système fermé**.[77]
Par la suite, Stephen Hawking alimenta également le moulin de la controverse en se basant sur des processus très mécanistes stipulant que la vie génère de l'entropie en puisant dans son environnement afin de produire de l'énergie. De ce point de vue, l'entropie est le gage de survie des espèces... En effet, les systèmes vivants organisés se nourrissent de leur milieu pour survivre. En se basant sur ce constat, Hawking énonça que ces phénomènes augmentent le désordre général de l'Univers et donc son entropie. Mais est-ce là tout ? Pouvons-nous réduire l'univers à notre espace-temps où effectivement, l'entropie est présente ? Par ailleurs, sommes-nous sûrs que l'entropie est croissante ? Une entropie croissante suppose qu'il y aura toujours plus d'entropie et donc de chaos. Jusqu'à quel point l'entropie peut-elle augmenter sans se heurter au fameux seuil critique ?

---

[77]R.C. Tolman, *Relativity, Thermodynamics, and Cosmology*, New York, Dover, 1987
(1re éd. 1934), poche (ISBN 978-0-486-65383-9) (LCCN 87006728), (LCCN 34032023) pour l'édition de 1934

Par ailleurs, quand on évoque l'entropie on doit aussi évoquer son pendant antagoniste et complémentaire : la néguentropie présente en tout, dont les organismes vivants en sont les fiers détenteurs. L'entropie serait-elle finalement supérieure à la néguentropie ? Le désordre finira t-il par prévaloir ?

Il me semble nécessaire de recalibrer la place allouée à l'entropie et considérer le cosmos comme un système, bien que fermé, ayant un certain degré d'ouverture mais surtout dynamique et évolutif, auto-organisé. En effet, tout système présente au moins un certain degré de perméabilité, et le cosmos à l'instar du monde du Vivant, se perpétue en obéissant à des mécanismes universels de production d'information, de rétroaction et d'échanges contrebalançant l'entropie. Certes l'univers finira par mourir, mais de quoi parlons-nous quand nous disons que l'univers mourra ? Tel un corps physique, fatigué et usé par les années, le corps universel avec sa matière et son énergie finiront par s'éteindre. Pour autant, que dire de son versant informationnel ? L'entropie rongera t-elle également le socle de toute matière : l'information ?

L'entropie peut-elle réellement empêcher l'univers de renaître ?

L'univers vit, grandit, interagit, et en son sein se produisent des quantités insondables de processus où la vie et la mort se côtoient, ses conglomérats de matière et ses nouvelles configurations... La membrane d'une cellule humaine bien que fermée, cloisonnée, n'est pas hermétique aux influences extérieures. Au contraire ! Je n'affirmerai pas que l'univers est comparable à une cellule, mais entre l'univers dit fermé de Tolman et l'univers où l'information s'accroît à mesure qu'en son sein naissent des systèmes auto-organisés de plus en plus complexes, il doit y avoir une voie intermédiaire et c'est ce que nous allons explorer.

Je regrette que la théorie des univers cycliques se borne à une question d'entropie. Je ne crois pas un univers hermétique où l'entropie est croissante au point d'occulter sa polarité complémentaire : la néguentropie... Or, justement, tout dans la nature montre cette polarité. L'énoncé arbitraire sur le cosmos et son entropie sont également en contradiction avec de nombreux constats.

Nous en sommes aux balbutiements de notre propre connaissance de soi. Il me paraît alors tout à fait incongru d'affirmer que l'univers ressemble à un SAS pressurisé d'où rien ne transpire. Si tel était le cas, on aurait beau agiter la figurine dans sa boule de neige, il ne produirait pas grand chose de plus que de gros flocons flottant et s'agitant en tous sens dans le fluide, sous le regard amusé d'un enfant...

Sans nier la place qu'occupe l'entropie dans notre cosmos, il reste ce qui n'est pas observable, de sorte qu'invoquer une entropie croissante revient à amputer l'univers de toute accumulation d'information...

Tout est cyclique ?

Je suis tombée récemment sur une découverte amusante. Certains y ont vu une preuve d'un mouvement cyclique de l'univers.... Sans abonder en ce sens, il se trouve que le Satellite WMAP de la NASA a montré des motifs circulaires dans le fond diffus cosmologique (sorte de trame de notre tapis spatio-temporel). Bien sûr, rien ne permet d'affirmer que ces motifs circulaires témoignent d'une progression cyclique de l'univers mais ils sont peut être le témoin physique des cycles cosmiques tels qu'annoncés dans la littérature sacrée du monde entier. Ainsi, les « yuga » dans la littérature védique sont les âges anciens correspondant à des ères de plusieurs milliers d'années. Nous serions actuellement à la fin de l'age de fer appelée *kali yuga*. Cet âge est associé à la dégénérescence, à la maladie, au chaos. Beaucoup ne contrediront pas ce constat !... Plus globalement, d'aucun scientifique s'accorde à dire que nous arrivons au terme d'un grand cycle cosmique de presque 26 000 ans, appelé précession des équinoxes. Ceci est une réalité. La terre et le système solaire sont en mouvement autour d'autres grands systèmes, lesquels sont en rotation autour de systèmes plus grands encore dans notre galaxie. Notre propre galaxie effectue une révolution autour d'autres galaxies amas... Et ce, à l'infini. Les cycles sont une réalité physique.

Les cycles biologiques en témoignent : cycles circadiens, bio-rythmes, cycles menstruels, cycles cellulaires... sans parler des cycles temporels comme l'alternance jour/nuit, cycle de l'eau, cycle lunaire (28 jours).

Ici, à gauche, Ouroboros, littéralement le serpent « qui se mord la queue » est l'éternel cycle de la nature. Et ce n'est pas sans rappeler la 10e carte du Tarot de Marseille (ici à droite) représentant la roue de la fortune symbolisant la succession de cycles répétitifs allant de l'apogée au déclin... En  numérologie, le 10 se résume par le 1 (10 = 1 + 0), le 1 étant le recommencement d'un cycle, chaque cycle allant de 1 à 9.

Pour comprendre ce qu'on entend par univers cyclique, partons de l'idée qu'il y a eu un point de départ duquel l'univers est né. Lorsque l'univers atteindra une phase de dilatation maximale, il pourrait alors entamer une lente contraction sur lui même, comme un ballon qu'on dégonfle. Toujours dans la théorie, il pourrait mourir au terme d'un « big crunch » (inverse du big bang)... Nous verrons plus avant dans l'ouvrage que big bang et big crunch ne sont pas ce qu'on imagine...

Dans le modèle cosmologique actuel, on pense que l'univers s'est dilaté brusquement à partir d'un point d'une densité infinie (Big Bang) il y a environ 13,75 milliards d'années. En réalité, l'univers serait bien plus âgé puisque certaines galaxies sont apparemment vieilles d'environ 15 milliards d'années.
L'univers aurait ainsi connu une inflation (dont les termes sont regroupés sous la théorie de l'inflation), c'est à dire une violente phase d'expansion comparable à un ballon qu'on gonfle brusquement et qui poursuit son expansion.... Cette expansion peut se prolonger indéfiniment si la gravité est insuffisante par rapport à la densité de matière de l'univers. La théorie sur l'expansion de l'univers se fonde également sur l'anisotropie du fond diffus cosmologique et sur les observations de cisaillement des galaxies

(distorsion de l'image des galaxies par des concentrations de masse d'avant-plan). Pour moi, cette interprétation peut être remise en cause par des hypothèses différentes, d'autant plus qu'elle implique la présence de matière noire jusque là jamais détectée.... Nous y reviendrons plus en détail. Par ailleurs, il faut reconnaître que l'idée du Big bang peut être elle aussi remise en cause par des constats physiques et logiques.

Comme il faut commencer quelque part, commençons par la question de l'entropie.

Définition de l'entropie :
L'entropie, le deuxième principe de la thermodynamique, mesure les variations d'une fonction d'état ; c'est le rapport entre quantité de chaleur par température noté Q / T. Ainsi, la thermodynamique est la science de la chaleur et des machines thermiques ou la science des grands systèmes en équilibre. Nous parlons donc d'une étude relativement exhaustive d'un système donné dont les éléments interagissent entre eux et faisant intervenir de la chaleur/température.

Mais l'entropie a été étendue à beaucoup d'autres domaines. Par exemple, **l'entropie statistique** considère la **mesure du degré de désordre d'un système au niveau microscopique :** plus l'entropie du système est élevée, moins ses éléments sont ordonnés, liés entre eux et capables de produire des effets mécaniques, et plus l'énergie est gaspillée de façon incohérente. On cherche donc là encore à mesure l'énergie et à quantifier la dégradation d'un système physique.

Dans la théorie de l'information, une théorie probabiliste, on tente de quantifier le contenu moyen en information d'un ensemble de messages dont le codage informatique satisfait une distribution statistique précise. Elle a été publiée par Claude Shannon en 1948, via son article « A Mathematical Theory of Communications".

La néguentropie :
« Ce concept a été initialement introduit par le physicien autrichien Erwin Schrödinger dans son ouvrage *Qu'est-ce que la vie ?* (1944) pour expliquer la présence de l'ordre à l'intérieur des êtres vivants. Il l'a aussi développé et mis en perspective avec les travaux de Claude Shannon et du physicien français Léon Brillouin dans son ouvrage *La Science et la théorie de l'information* (1956). » (Déf. de Wikipédia)

Norbert Wiener la décrit comme une traduction physique de l'information. Dans un système dynamique, on parle non pas de néguentropie mais de *disentropie* en faisant notamment intervenir la notion de percolation conduisant à un état d'auto-organisation. La percolation fonctionne sur le principe des machines à café de bar, où, sous la pression, l'eau passe à travers le percolateur et le café moulu pour devenir café... Même principe pour le masque à gaz, où le gaz, par percolation, devient gouttelettes d'eau une fois de l'autre coté du masque.

Dans l'optique de l'information, la percolation est une transition d'un état à un autre dans un *processus physique critique* : **au delà d'un seuil critique, on obtient une auto-organisation par amas « infini » d'éléments individuels.**

Wikipedia nous dit : « ce qui rend possible cette évolution vers plus d'ordre, c'est l'apport de l'extérieur : la cellule est un système « ouvert », inclus en fait dans un système plus vaste ».

L'entropie peut-elle être étendue au cosmos ?

Bien qu'on ignore ce qu'il y a encore dans notre univers et a fortiori à l'extérieur de l'univers, des indices peuvent nous permettre de savoir si l'univers est totalement isolé. Or, voici un axiome énoncé concernant l'entropie statistique : « **Un système isolé atteint l'équilibre lorsque son entropie devient maximale** ».

1) L'univers est-il isolé et dans ce cas comment se comporte l'entropie ?

Reprenons la définition d'un univers isolé selon Wikipédia :

« Un **système isolé**, par opposition à un système ouvert, est un système physique qui n'interagit pas avec ses environnements. Un système isolé est un système qui n'échange ni matière ni chaleur ni travail avec l'extérieur (paroi adiabatique et indéformable).

Ce système isolé obéit à un certain nombre de loi de conservations : le total de son énergie et sa masse (en physique classique) reste constant au court du temps. S'il ne peut y avoir d'interactions avec l'extérieur, il peut y avoir des réorganisations internes à énergie et masse constante. L'univers dans son ensemble est considéré pour l'instant comme un système isolé, ce qui reste un postulat à démontrer. »

A la différence du système isolé, un **système fermé** peut échanger de la chaleur ou du travail avec l'extérieur, mais pas de la matière.

A l'opposé du système isolé que serait l'univers, un **système ouvert** interagit en permanence avec son environnement. « L'interaction peut se faire via des informations, de l'énergie ou des matières transférées vers ou depuis les frontières du système, en fonction de la discipline qui définit le concept. La notion de système ouvert s'oppose à celle de système isolé qui n'échange ni énergie, ni matière, ni information avec son environnement. ». Si l'univers est isolé, alors comment expliquer les échanges d'énergie, de matière et d'information en son sein ?

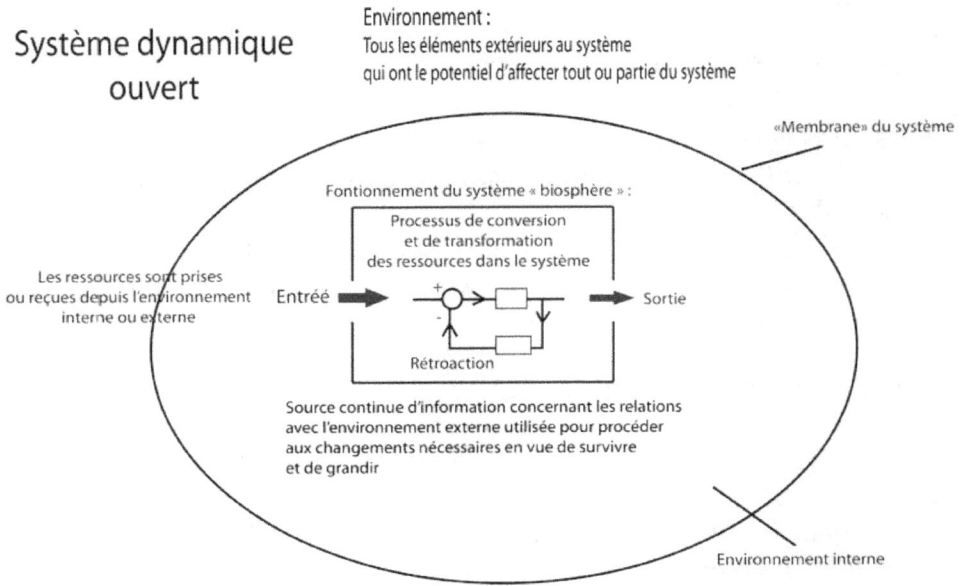

Tout système comporte systématiquement un certain degré d'ouverture ou inversement de fermeture sans lequel il n'y aurait pas d'auto-organisation en son sein et encore moins d'échanges de toutes sortes... Les faits nous montrent qu'il se passe beaucoup de choses dans l'univers : interactions diverses, phénomène d'évolution des espèces par mutations génétiques sans chaînon manquant, naissance spontanée de particules par fluctuations quantiques du vide, échanges et accumulation d'information, effets vibratoires, pensée créatrice, et auto-organisation par feed-back. *Par ailleurs, ce que nous mesurons correspond seulement à ce qui est présent et accessible à notre intellect/sens/systèmes de mesure, mais à pas ce qui est hors de notre champ d'exploration* - autrement dit nous n'avons pas accès à ce qui dépasse notre champ d'observation. Et les observations au télescope nous montrent que l'univers n'est pas si homogène que ça. Selon les zones, la densité de galaxies est plus ou moins importante...
Le vide quantique lui aussi n'est qu'un aspect de la manifestation universelle et ses fluctuations démontrent qu'il y a des mécanismes cachés qui œuvrent ailleurs que dans notre espace-temps. Le système global est bien plus vaste qu'il n'y paraît et il est tout à fait évident, selon la logique la plus basique, de constater que l'univers n'est pas un système isolé.
La matière et l'énergie sont-elles l'équivalent en totalité de l'information de l'univers ? Je dirais que nous ne mesurons que ce qui nous est accessible.

Par extension, je dirais sans trop m'avancer que l'univers bien que fermé telle une cellule biologique (comportant une membrane), n'est pas isolé et *s'il n'est pas isolé, il faut envisager que d'autres univers puissent exister en dehors de son enceinte...*

Si l'univers est déjà fini, comme nous l'évoquerons plus loin, alors on suppose qu'il est topologiquement fermé. *Une porte fermée signifie t-elle que la pièce est totalement isolée et qu'il n'y a pas un peu d'air pouvant circuler de l'extérieur vers l'intérieur, et vice versa ?*

2) <u>Une entropie maximale induit-elle un équilibre du système</u> ?

Si l'univers n'est pas isolé, alors son équilibre peut-il encore être conditionné à une entropie maximale ?

Qui dit entropie maximale, dit perturbation de l'ensemble du système. Une entropie n'est jamais locale, tout comme lorsqu'on se casse le pied, c'est tout l'organisme qui souffre. L'équilibre fait appel au phénomène de rétroaction, par retour sur information, de sorte que lorsqu'un système ouvert est concerné par une entropie dite locale, l'univers entier en est informé.

Est-il nécessaire que le système atteigne une entropie maximale pour retrouver un équilibre ? *Du moment où il se produit une rétroaction permanente, l'entropie peut être tempérée dès que le système est informé.* Localement, de notre point de vue, effectivement, on peut remarquer un pic d'entropie, comme la mort d'une étoile ou l'effondrement de notre économie qui engendrera un rééquilibrage, en instaurant par exemple un système économique fondé sur de nouvelles bases. Les désastres physiques sont immenses lorsqu'un tel chaos se produit avec son cortège de licenciements, de drames familiaux et financiers, évidemment. Et on peut dire dans ce cas qu'une *entropie maximale engendre un rééquilibrage du système, sans que ce dernier soit un système isolé* !

Un système ouvert permet d'autant mieux un rééquilibrage que les échanges sont permanents et multilatéraux. Mais ici, on ne parle pas des raisons de ce rééquilibrage lorsque l'entropie est à son maximum. *Qui dit désordre maximal, dit information maximale.* Un pic de désordre implique une information sur celui-ci, sa nature, ses composantes, ses effets, etc. Par conséquent, la raison pour laquelle une entropie maximale dans un système amène à un équilibre, est dû au fait que l'information sur le désordre est elle aussi à son paroxysme. Mais pas seulement.

Ce n'est pas tant l'information sur l'entropie qui importe que ce que cette entropie implique. La création croissante de désordre implique une création proportionnelle d'ordre. *Il y a non seulement création d'information, mais aussi transition de phase et émergence !* C'est ce que nous avons étudié précédemment. Lorsqu'un pic de désordre apparaît il s'en suit que le système atteint – localement du moins – un seuil critique au delà duquel se produit un changement d'état.

L'ordre l'emporte sur le désordre car nous assistons à une émergence. Lorsque notre société assistera à l'effondrement imminent de son économie basée sur l'exploitation des richesses au détriment de la majorité des peuples, il se produira un changement par nécessité. En mourant, une étoile dissémine ses spores dans l'univers et permet la naissance de niches d'étoiles dont la densité dépasse celle de l'étoile mourante. On peut donc dire que nous assistons à une création d'ordre phénoménale.

Ici nous ne tenons pas encore compte de la production mentale des êtres vivants. Et l'entropie peut être renforcée par notre agitation mentale.

Dans le cas de notre économie, si nous cumulions l'information issue de nos pensées et émotions, nous serions surpris de constater que nous produisons énormément d'information, probablement bien plus que si nous n'existions pas sur Terre !

Ce que nous pensons, l'univers le manifeste. Par conséquent, lorsque nous luttons contre ceux qui produisent du chaos dans notre société, la nature et l'orientation de nos émotions, intentions et désirs produisent beaucoup d'entropie – bien que l'accumulation d'information soit à proportion égale.

La colère, la haine, le désespoir sont des émotions négatives qui ne font qu'alimenter le chaos existant. L'accumulation d'information augmente certes, mais *c'est un cercle vicieux* alimentant l'entropie ! Parallèlement une complexification du système s'opère : nous le constatons avec la mondialisation de l'économie et le regroupement d'états sous le contrôle européen (pour ne prendre que cet exemple).

L'univers fonctionne beaucoup sur les boucles rétroactives négatives. Afin de maintenir l'homéostasie du système, il peut se produire la fusion de plusieurs systèmes ou sous-systèmes. Notre système économique inclut par exemple de nombreux sous-systèmes (politique, bourse, emploi, fusions d'entreprises, formation de monopoles..). Cela s'opère naturellement afin de contrebalancer le désordre du système afin de mieux résister aux fluctuations et incertitudes.

Plus un système devient complexe, plus les variétés d'états différents qu'il peut prendre, le sont. Chaque fois que des systèmes fusionnent (telles des entreprises), on multiplie les variétés d'état, on ne les additionne pas ! Imaginez à quel point le système peut devenir complexe, si bien que pour contrôler ce système, le cerveau de contrôle devra lui aussi être au moins supérieur en densité et en complexité. Les mécanismes d'auto-régulation doivent donc fonctionner au moins sur un retour sur information, au point d'engendrer ponctuellement des émergences. Cette morphogénèse qui est la façon dont un système a la capacité d'engendrer de nouveaux systèmes est une des lois universelles prouvant que le tout est capable de s'auto-réguler. C'est pourquoi l'équilibre revient tout naturellement passé une entropie maximale, une la densité critique atteinte.

Prigogine, auteur du concept des « structures dissipatives » et « d'auto-organisation des systèmes », a montré que contrairement à ce que l'on croyait, dans certaines conditions, en s'éloignant de son point d'équilibre, le système ne va pas vers sa mort ou son éclatement mais vers la création d'un nouvel ordre, d'un nouvel état d'équilibre. ». Les structures dissipatives sont des systèmes qui échangent de l'énergie ou de la matière dans leur environnement défini comme un système ouvert « qui opère loin de l'équilibre thermodynamique. Un système dissipatif est caractérisé par la balance de ses échanges (ingestion d'énergie, création d'entropie), et l'apparition spontanée d'une brisure de symétrie spatiale (anisotropie) qui peut quelquefois résulter en une structure complexe chaotique. Le nouvel état du système est stabilisé grâce à sa « consommation » d'énergie issue de l'environnement. »

Ceux qui entretiennent le système actuel dans l'état d'esclavagisme que nous connaissons produisent de structures dissipatives et produisent une grande entropie qui n'est pas incompatible justement avec l'idée d'auto-organisation.

Le peuple, lui, produit une certaine quantité d'information dans la volonté d'un changement de société positif. **Lorsque ces deux forces opposées se rencontrent, les tensions amplifient le chaos puisqu'elles luttent en produisant du désordre.** Pour étonnant que cela puisse paraître, deux forces s'opposant produisent encore plus chaos, bien que ceux qui militent pour la justice et l'équité pensent induire une force positive.

Par conséquent, le désordre provoqué par la lutte entre les deux camps atteindra son point culminant à un moment donné. *Lorsque cette entropie sera maximale, le retour sur information devrait venir atténuer les effets délétères grâce à une boucle cybernétique négative.*

A cela il faut ajouter un autre point : l'homme est un générateur d'information qui peut contrebalancer tout chaos en produisant une information orientée vers l'harmonie ; et dans ce cas, ses pensées ne se contentent pas de produire de l'information, sa conscience se syntonise avec l'ordre immanent de l'univers. Au lieu de continuer d'osciller sur lui-même, l'univers répondrait à cette demande de syntonisation en vibrant sur un autre mode, et engendrant une rupture de l'ancienne modalité. Brisure de symétrie. Matière et antimatière, amour et haine.

L'information sur le désordre de notre économie peut ainsi devenir inférieure, à un moment donné, à la production d'amour d'un ensemble d'acteurs du système, à condition que la densité tendant vers l'amour soit suffisante pour contrebalancer l'entropie. Le mental, lui, produit de l'information mais si cette information est dépourvue d'amour et se base sur la lutte, le désir, le manque, la violence, l'entropie ne fera qu'augmenter. A proportion égale, nous avons autant d'entropie que de néguentropie. Mais ce qui change c'est que la production d'amour, de non-lutte, de confiance en la vie, de lacher-prise induit une vibration fondamentale universelle puisant directement dans l'univers super-lumineux. Notre univers étant sous-lumineux, les oscillations visant à compenser les erreurs et perturbations que l'homme produit en grande partie peuvent être renversées par une fréquence de réharmonisation dont la puissance est plus grande que celle des émotions négatives.

Le secret ne résiderait donc pas dans la lutte mais dans l'amour et le lacher-prise. Lorsque ces conditions sont réunies, alors la néguentropie qui est l'auto-organisation ultime devrait annuler plus rapidement les effets du chaos par syntonisation de l'ensemble. Comme des cordes de guitare bien accordées vibrant l'unisson, le monde peut devenir équilibré dans ses forces complémentaires où la vie et la mort continueront de s'alterner tel le souffle vital de la respiration. Mais pour ce faire, il faudra nécessairement atteindre, là encore, une certaine densité critique.

Deux options se présentent donc dans notre société :
- Lorsque le paroxysme du chaos sera atteint, l'entropie maximale cédera le pas à un rééquilibrage par boucle rétroactive négative et création d'un système plus complexe différent de l'ancien ; la densité critique sera d'autant plus vite atteinte qu'il y a d'acteurs en jeu. Un nouveau système fera place à l'ancien mais rien ne prédit que ce nouveau modèle sera meilleur que l'ancien en terme d'éthique si les forces d'opposition restent basées sur la haine réciproque
- La production d'amour, de confiance et de paix par des êtres vivants pourrait rééquilibrer le système tout entier si un certain nombre de consciences est réuni : la puissance de cette force de syntonisation étant l'ordre parfait, c'est une force supérieure à celle de la haine mais cela suppose d'atteindre là aussi une certaine densité critique.

Ce qu'il faut retenir ici, c'est le constat que l'ordre prévaut sur l'illusion matérielle du chaos puisque derrière l'entropie se cache l'information et nous parlons donc de néguentropie.

3) L'entropie croît-elle avec le temps ?
L'entropie étant de façon généraliste une mesure du désordre, on peut donc considérer que si le désordre croit avec le temps alors la fin de l'univers pourrait ressembler à un grand « chaos ». Dans cette optique, le commencement de l'univers serait l'incarnation d'un « Grand Ordre »[78]. Premier paradoxe car on suppose que le big bang est une phase dense et chaude avec beaucoup de collisions de particules ; son entropie devait donc être maximale ! Si l'entropie est nulle au début de l'univers, comment concevoir que le big bang soit un long fleuve tranquille ?

---

[78] En référence au Grand Ordre des franc-maçons

En considérant que le début de l'univers incarne l'ordre parfait, une entropie nulle, alors le big bang ne marque pas le début de notre univers et nous parlons d'autre chose que de matière en collision. Qu'est-ce que le big bang dans ce cas, s'il n'est pas l'incarnation de l'entropie ? Le big bang est-il né, comme le pensent beaucoup encore, dans un grand chaos ?

Ce qui précède la naissance du temps, c'est à dire l'avant l'ère de Planck ou avant-matière, pourrait en revanche correspondre à une ère où l'entropie est nulle.

En effet, si l'entropie croit avec le temps, la naissance du temps implique donc la naissance de l'entropie. Avant le temps, l'entropie n'existe donc pas. L'entropie devient alors le pendant de l'espace-temps-matière. Si l'entropie croit avec le temps, alors au big bang elle fut infinie ! Or, si au big bang le temps naissait à peine ainsi que les dimensions d'espace, la vitesse de la lumière elle, était extrêmement véloce. Juste après le big bang, la vitesse de la lumière a décru rapidement pour atteindre celle que nous connaissons aujourd'hui. Infinie au départ, elle prit son rayon avec les dimensions d'espace et de temps.

Nous avons donc une vitesse de la lumière presque infinie au départ, avec des collisions terribles. Que devons-nous en conclure ? Que l'entropie était à son maximum au big bang mais qu'elle a décru proportionnellement avec l'évolution de la flèche du temps et de la vitesse de la lumière puisque le temps varie avec la vitesse de la lumière. Je dirais donc que l'entropie est tout au plus constante et non croissante. ***Puisque c varie avec t, et que S (entropie) varie avec t, lorsque « c » a commencé à décroître pour atteindre une vitesse constante (c = 300 000 km/s car t est stable), l'entropie S est devenue elle aussi constante et non croissante.***

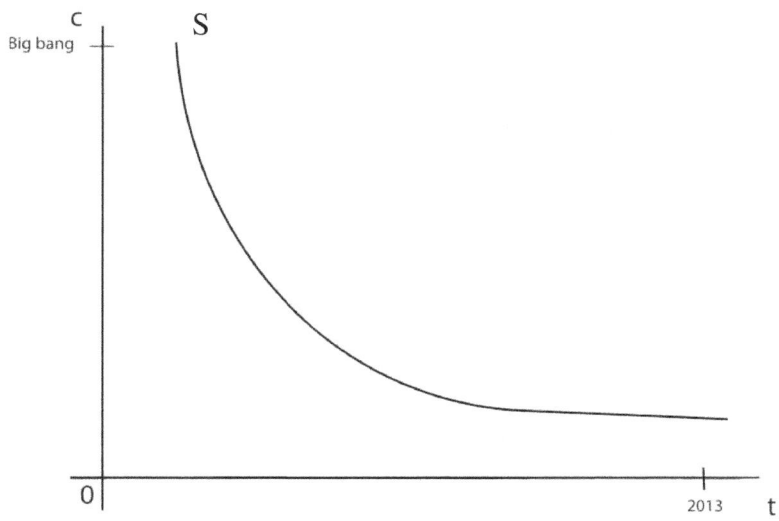

4) Univers fermé et dimensions adjacentes

Les chercheurs traquent dans notre univers la matière noire qui agirait comme une force antigravitationnelle sur la matière au même titre que l'antimatière. Il est impossible en effet que de l'antimatière puisse cohabiter dans notre espace-temps sans provoquer une sorte d'auto-annihilation mutuelle voire la destruction totale de notre univers. Par conséquent, si la matière a subsisté, l'antimatière a, quant à elle, forcément existé aussi et n'a pas pu disparaître pour ne laisser que de la matière à partir des photons originels.

S'il est resté de la matière, il est forcément resté de l'antimatière, contrairement à l'idée selon laquelle il serait resté plus de matière que d'antimatière lorsque l'univers avait un centième de seconde : « Comme nous habitons dans un univers fait de matière, il faut bien qu'il y ait une petite différence entre une particule et son homologue antiparticule » nous dit-on[79]. Ceci n'est pas logique puisque nous pouvons comparer matière et antimatière au recto-verso d'une feuille de papier ou les pôles nord et sud de la Terre. D'ailleurs, les prix Nobel de physique reconnaissent que nous avions autant de matière que d'antimatière. « Au moment du big bang, il y a 14 Milliards d'année, la quantité de matière et d'antimatière était exactement la même. »

Ce n'est pas parce que nous ne sommes les observateurs du système « matière dans l'espace-temps » que l'antimatière devrait présenter une différence avec la matière, sa jumelle au point que cette dernière l'ait supplantée lors des auto-annihilations mutuelles à l'époque dense et chaude de l'univers ! Main droite et main gauche sont identiques, elles sont simplement énantiomorphes, en miroir.

Par ailleurs, le fait qu'on ne voit pas l'antimatière, signifie t-elle qu'elle a disparu ? Aurions-nous juste un pôle nord et pas de pôle sud sur une planète, ou de la lumière sans absence de lumière ? Il me semble peu probable qu'il y ait eu une inégalité entre ces particules de signe opposé. La théorie des univers jumeaux de Jean-Pierre PETIT me semble suffisamment éloquente et étayée pour la considérer sans avoir à la jeter à la poubelle comme le fait la communauté scientifique actuelle en remplaçant antimatière (dans sa propre dimension) par matière noire. J'y consacre un chapitre entier dans l'avant-dernière thématique du livre.

Une seule cellule biologique aurait-elle un sens ? La théorie sur les univers jumeaux tend à prouver que notre cosmos ne se limite pas à de la matière.

---

[79] http://lewebpedagogique.com/physique/quest-ce-que-la-brisure-de-symetrie/

5)   Observateur du système et mesure de l'entropie :

Considérons ceci : l'observateur que JE suis tentant de mesurer l'entropie du système dit « fermé » qu'est l'univers ne peut mesurer que l'entropie du système et non celle du système incluant l'observateur que JE suis. On ne peut mesurer l'entropie correspondant à l'information sortant de notre système puisque JE suis EST dans le Système. Seul un observateur extérieur pourrait mesurer l'information totale sortant du système incluant celle de l'observateur du système. Cette information augmente nécessairement au fur et à mesure que l'univers se nourrit d'information. Or, entre le big bang et notre temps, il s'est passé beaucoup de choses. En tant qu'observateur du système (cosmos), notre mesure de l'information est subjective : il nous est impossible de mesurer l'information qui sort du système puisqu'on fait partie intégrante du système. L'entropie de l'espace-temps correspond donc à ce que nous mesurons depuis notre point de vue et systèmes de valeurs.

Nous sommes assujettis à une vision myope des choses et au fait que nous ne possédons pas tous les outils pour mesurer l'information du cosmos + êtres vivants + néguentropie du système + information sortant du système. De plus, nous sommes des générateurs d'information en tant que consciences et êtres vivants. Comment évaluer cette somme d'information ? L'entropie ne peut résumer la totalité de l'essence de l'univers dont on a vu qu'il communiquait par des voies très subtiles ! Or, que savons-nous réellement de ces voies d'hyper-communication dont nous explorons timidement les abords ?

6) Entropie et néguentropie

Considérons que le versant opposé de l'entropie est la néguentropie, un facteur d'auto-organisation mais aussi un indice d'accumulation d'information. Lorsque nous mesurons un accroissement de l'entropie, nous devrions aussi mesurer un accroissement de la néguentropie.
L'entropie est une donnée mesurable dans le système « cosmos ». On peut mesurer la quantité de chaleur dans une réaction chimique, le degré de dégradation cellulaire au sein d'un organisme vivant, etc. Mais pensons-nous à mesurer la quantité d'information produite ou transférée lors d'une diminution de température, ou lors d'un cancer ?
Dans la mesure où le cosmos accumule de l'information et bien que cette information mesurée corresponde à son équivalent en entropie, il n'en reste pas moins que l'information s'incrémente dans le temps... Si l'entropie est constante, alors la néguentropie l'est également. Mais pouvons-nous avoir plus d'entropie que de néguentropie et inversement ?

Si nous perdons plus que nous en gagnons, comment l'univers peut-il se structurer et se complexifier avec autant d'harmonie ? Les preuves abondent que le Vivant se perpétue à contre-courant de l'entropie et mieux encore : l'information ne peut que s'accumuler durant le temps en raison des multiples interactions au sein du système et des êtres vivants néguentropiques, procréant par leurs pensées davantage d'informations qu'une plante ou qu'un processus de transformation et de dégradation ne le font. Nous verrons cela plus loin.

Et incluant dans l'énigme cosmique la paraphyschologie, l'âme, les états de conscience modifiés, la vie après la mort, et la réalité de ces phénomènes, il semble évident que l'univers ne se limite pas à 3 ou 4 dimensions. Et si l'entropie n'est qu'une facette bien réductrice de l'équation, reste la néguentropie triomphante et témoin vivant que l'univers est non seulement ré-informé, mais intelligent et hautement ordonnancé. De ce point de vue détaillé par les nombreux arguments que j'ai avancés précédemment, comment ne pas penser que l'entropie invalide la possibilité que l'univers puisse, après sa mort, renaître à nouveau ?

En attendant, je vous propose d'explorer un peu plus le concept de l'entropie associée à l'énergie-matière.

Entropie et thermodynamique :
une vision myope de l'énergie-matière ?

La théorie de l'information et la théorie de l'entropie statique ont une approche intéressante. Si l'on veut considérer le cosmos du point de vue de l'information il est important d'envisager la question de l'entropie sous un grand angle, c'est à dire en examinant objectivement la place de l'information au sein du cosmos avec ses multiples canaux de circulation : les êtres vivants, les systèmes de communication connus et inconnus, l'information contenue dans la matière, l'énergie sous ses aspects matériels et immatériels, l'information qui sous-tend la pensée, la conscience en tant que génératrice d'information, etc.

Il n'est pas possible de quantifier toutes les sources d"information. L'énergie thermique, elle, est quantifiable. C'est la plus simple à mesurer en fait. Il n'en est pas de même de l'énergie dégagée par les ondes psychiques, par les émotions, par la matière et énergie sombres dont parlent les scientifiques et que la science ne parvient pas à déceler. Par ailleurs en tant que générateurs d'information, l'homme occupe une place délicate en tant que potentiel créateur.

En élargissant le spectre de l'information au delà des contingences physiques, il est possible d'entrevoir la place allouée à l'information dans les processus vitaux et les liens subtiles qui unissent les êtres vivants à un ensemble dynamique.

Le cosmos ne se réduit pas exclusivement à des notions de chaleur, température, échanges et dégradation de l'énergie (notion d'irréversibilité)...

Le cosmos est fermé en apparence, si on considère qu'il ne se passe rien d'autre que des phénomènes purement physiques à l'intérieur de celui-ci et qu'il n'y a rien en dehors de l'univers, ce dont nous sommes ignorants. Nous ne savons pas si l'univers a un bord, une « membrane » comme celle des cellules biologiques, si cette membrane est perméable, ni ce qu'il y a à l'extérieur... Autant d'inconnues dans l'équation de l'univers et de la vie !

Mais l'univers peut être plus étendu qu'on ne le pense en considérant qu'il puisse exister logiquement d'autres dimensions que celles déjà répertoriées en son sein, en y incluant les phénomènes de la parapsychologie, l'âme, l'inconscient collectif... mais surtout en considérant que l'univers est un système dynamique et ouvert.

La *deuxième loi de la thermodynamique* énonce que *l'entropie d'un système isolé augmente ou reste constante*, *avec impossibilité de passer du désordre à l'ordre sans intervention extérieure*.

Les échanges de matière et d'énergie, d'information, montrent des transformations irréversibles ou non. Irréversibles d'un point de vue matérialiste mais non point d'un point de vue spirituel.

Il est possible de corriger certaines mauvaises habitudes, le cours de la vie par des choix judicieux, un état d'esprit pessimiste par un autre plus optimiste... Le concept de l'entropie selon l'angle thermodynamique est réducteur en ce qu'il ne tient pas compte de tous les autres phénomènes rendant un processus réversible et qui plus est, auto-organisé.

Dans un système ouvert des échanges d'information se font. Si on considère que le système Univers est ouvert, alors on suppose qu'il se dilatera indéfiniment et s'il est fermé (ou isolé), qu'il retombera sur lui-même... Mais, tout système présente des degrés divers d'ouverture. L'univers en fait clairement partie. Pour l'heure, les sciences abordent ces notions sous l'angle thermodynamique, non sous un angle plus holistique. Il faut tout revoir. Il est possible d'avoir un système fermé présentant les caractéristiques générales du système ouvert, tout en préservant, comme pour la cellule biologique, une membrane ne laissant filtrer que ce dont elle a besoin.

Voici ce qu'en dit wikipedia : « En premier lieu, les membranes biologiques constituent une barrière sélective entre l'intérieur et l'extérieur d'une cellule ou d'un compartiment cellulaire (organite). Elles présentent donc la propriété de **perméabilité sélective**, qui permet de contrôler l'entrée et la sortie des différentes molécules et ions entre le milieu extérieur et celui intérieur. Cela permet à chaque organite cellulaire, mais également à la cellule tout entière d'avoir une composition propre différant de celle extérieure. ». Pour autant, on considère la cellule comme une entité autonome, auto-organisée et coordonnée avec les autres, entretenant un dialogue étroit avec l'extérieur et de cellule à cellule.

La première loi de la thermodynamique est le principe de conservation de l'énergie (l'énergie est toujours conservée) : l'énergie totale d'un système isolé reste constante. Il n'y a que transformation d'énergie en d'autres énergies... Elle confirme l'expression de Lavoisier : « Rien ne se perd, rien ne se crée, tout se transforme ». Ceci est tout à fait conforme aux constats. Toutefois, si l'univers est ouvert, alors l'énergie peut varier et s'incrémenter au gré des échanges d'information et de la production d'information (pensées, émotions, idées, créations artistiques, etc). Contrairement à un univers isolé, l'entropie peut donc fluctuer tout en restant à peu près constante à grande échelle.

C'est le monde physique, le monde de matière, qui subit les assauts répétés de l'entropie et qui se dégrade peu à peu. L'univers est donc constamment en train de rééquilibrer le système afin de le rendre cohérent, et ce, en puisant toujours plus d'énergie en son sein... La mort d'un corps nourrit la terre, la mort d'une étoile ensemence d'autres systèmes. Le principe de transformation vise à limiter au maximum l'entropie.

Cette dernière s'accumule néanmoins inexorablement à l'instar de sa sœur jumelle la néguentropie, et finira par avoir raison de l'univers de matière. Car en effet, il y a bien accumulation au fil du temps, que ce soit d'entropie dans notre espace-temps matière, que de néguentropie dans notre univers global. La différence réside en ce que l'information issue de tous ces processus ne se perd jamais, sans quoi la Vie perdrait ses modèles structurels et ne saurait plus comment s'adapter au mieux à son environnement.

Exemple : je remplis un verre par un flux d'eau constant. Au bout d'un temps t, le verre sera plein. Mais si j'augmente l'apport en eau alors le verre sera plein plus rapidement.

L'autre versant de l'énergie :

Un certain nombre de médecines ancestrales, telles la médecine chinoise, reconnaît l'existence d'énergies subtiles, le corps n'étant pas considéré organe par organe, mais comme un ensemble entretenant des relations étroites les uns avec les autres et avec le champ énergétique de la personne. Certains pensent utiliser *l'énergie du vide* ou *effet casimir* comme source d'énergie propre pour le monde. Cela n'est pas si simple car l'énergie produite artificiellement en créant un « vide » entre deux plaques (dû aux fluctuations du champ électromagnétique décrit par la théorie de l'électrodynamique quantique) nécessite autant d'énergie pour séparer les plaques que le bénéfice retiré de leur rapprochement. En réalité, l'énergie du vide permet aux particules (dont des particules virtuelles) de naître au cours du processus d'interaction entre différentes particules réelles. Il s'agit en fait d'échange d'informations ayant une visée de transformation et de manifestation entre particules, cet échange pouvant se faire parce qu'il y a eu stimulation du vide quantique, autrement dit du champ unifié. La transformation de particules en d'autres particules n'est que la résultante de cette demande à multiples niveaux : le niveau non physique lorsque l'information reste immatérielle et le niveau physique lorsque l'information devient matière.

Le système est donc plus large que les bornes de l'enveloppe corporelle qui pourrait être comparée à une cellule biologique.

L'énergie qui nous anime peut sembler bien fragile, de sorte qu'à la mort d'un être vivant, on peut se demander ce qui advient de toute cette énergie. Meut-elle avec le corps ? Existe t-il une préservation de l'information sur l'énergie ? Si oui, où et comment ?

Voyons ce qu'il en est réellement.

On ne meut pas !
Le champ intracellulaire H3 d'Emile Pinel

L'énergie, vous l'avez compris, est l'autre versant de la matière. Or, *l'énergie se conserve systématiquement*. Les transferts d'énergie peuvent varier mais *l'information issue de l'énergie doit se conserver*, sans quoi l'énergie se perdrait au cours d'un processus physique impliquant des interactions.... et la structure physique, le modèle se perdrait.

Si l'énergie n'était pas conservée au cours de processus de transformation, les fonctions biologiques et physiques, nucléaires s'en trouveraient disloquées.

Le principe de conservation de l'énergie reste toujours valable. Par conséquent, l'information sur l'énergie doit l'être également puisque l'information est l'instruction sur la forme, que l'énergie prenne la forme de radiations gamma, de champ électromagnétique, de chaleur, de bio-photons, de matière, etc.

1ère découverte : au cœur du vivant, il n'y a pas de temps

Emile Pinel, mathématicien et biologiste démontre via ses équations et travaux trois choses :
- le noyau de la cellule n'est pas soumis au temps
- les phénomènes qui s'y passent se font à des vitesses prodigieuses
- Au cœur de l'ADN, le temps est converti en énergie !

4e constat et pas le moindre : **l'existence d'un champ intracellulaire** dont les fonctions défient l'imagination.

Pinel met ainsi en évidence l'existence d'un **champ intracellulaire unique** électrique et magnétique appelé **H** qui est selon ses termes : « physico-psycho-biologique ». Ce champ unique se compose de 3 champs de nature différente : **H1, H2 et H3** ayant chacun 3 autres composantes, soit en tout 9 composantes (3X3=9).

Le champ H décomposé en H1, H2 et H3, permet la circulation d'ordres au sein du champ H.

Dans son livre « Vie et Mort », E. Pinel dit : *« Il est évident que l'ensemble des champs H constitue un ordinateur (c'est à dire un programme)* dans lequel le champ d'indice 3 (H3) transmet les ordres du champ d'indice 2 au champ d'indice 1 ».

Champ physico-psycho-biologique ;
Champ de forme qui survit après la mort

H3

Donne les ordres

Transmet à H1
pour exécution

H2

H1

Champ de mémoire ;
programmation cellulaire

Champ magnétique

$$H2 \Rightarrow\!\!> H3 \Rightarrow\!\!> H1$$

Il détaille la fonction de ces champs en page 138 : « **H2 doué de mémoire renfermant toute la programmation cellulaire ; H3 de transmission des ordres de H2 au champ exécutant. Ce champ dans le noyau se présente comme un champ de forme ; H1 magnétique exécutant les ordres de H2 qui lui sont transmis par H3** ».

H3 est un champ de forme, (champ morphique) tel qu'indiqué par Emile Pinel. Il serait une sorte d'intermédiaire faisant le lien entre H1 et H2, vecteur de transmission de l'information, tout en ayant les propriétés de H2 et H1. Cela ne vous rappelle t-il pas le principe de la dualité onde-particule où le cylindre a les propriétés du carré et du cercle ?

H2 donne l'ordre à H1 mais passe par H3 pour la transmission.

Dans « les fondements », page 208, il déclare :
« l'ensemble de ces champs constitue bien un ordinateur [c'est-à-dire une machine fonctionnant suivant un programme], par définition. Les comportements de ces équations montrent que les H^{i1} (*i = imaginaire ; le champ H comporte une propriété non physique et se réfère aux mathématiques : nombres imaginaires par opposition aux nombres réels*) sont les composantes d'un champ physique, les H^{i2} sont les composantes d'un champ physicobiologique servant de mémoire, les H^{i3} sont les composantes d'un champ de transmission. »

Pour illustrer la partie concernant les nombres imaginaires associés aux champs H, Pinel prend pour exemple les « influences de la psychologie sur la physiologie » et « L'existence d'ondes émises par nos cellules ». Le domaine du réel peut côtoyer ainsi le domaine de l'impondérable et du psychisme dont les effets bien concrets se font sentir dans le corps/soma. Par exemple, le chiffre 5, en soi, n'a aucune consistance ni réalité propre. C'est un chiffre, mais qui, comparé à d'autres valeurs, permet de lui donner une certaine réalité.

De façon étonnante, les équations de Pinel montrent qu'*à la mort de l'individu, H2 et H1 meurent mais* <u>*H3 conserve toute l'information du vivant.*</u>.. Ce champ H3 a une composante psychologique constatée par Emile Pinel avec les malades qu'il a soignés et ayant les propriétés des deux autres champs : une composante magnétique et une composante de mémoire. *Mais <u>H3</u> possède en plus une composante supplémentaire de taille : la composante <u>de nature psychologique</u>... et qui n'est pas physique. <u>C'est un champ de forme, et par conséquent un champ informant.</u>*

Dans Vie et mort, page 101, il explique : « D'abord, des expériences, reconnues par les milieux scientifiques du monde entier, établissent que par la pensée un sujet peut provoquer en lui des phénomènes physiologiques qui sont capables non seulement de modifier ses fonctions mais encore de les arrêter en agissant sur les organes qui les concernent et d'entraîner la mort, alors que tous les organes sont normaux. De même et inversement, les modifications de la physiologie normale peuvent influencer le psychisme de l'individu, voire même le déséquilibrer totalement. »

Toujours dans « vie et mort », page 165 il poursuit : « l'une des trois composantes du champ fondamental gravitationnel intranucléaire *H3 est un champ de forme, le seul résistant après la mort* ».
H3 présenterait au moins deux facettes : « selon le type d'expérience auquel on le soumet, H3 apparaîtrait soit comme un champ magnétique (modèle plan) soit comme une longueur (modèle de la molécule d'ADN), l'entité représentée par H3 dépendrait du type d'expérience, à la manière de la dualité onde-particule. »[80]
Il déclarait enfin[81] : « il est curieux de constater que, parmi les 3 champs intracellulaires seul le champ H3 subsiste […] [ce champ H3] est un champ psycho-psysico-biologique ; seules subsistent ses propriétés psycho-physiques ; après la mort ce qu'on appelle les impondérables subsisteraient dans le flux d'un champ physique, flux aussi impalpable à mon sens que le flux d'un aimant [...] »... « Précisément, lorsque les équations satisfont les conditions de mort, nous avons vu que des trois champs H1, H2, H3 du

[80] http://www.scribd.com/brunov99/d/35948013-Les-3-Champs-14
[81] Arsitra.org : extraits de « Essai de présentation des champs cellulaires H1, H2 et H3 d'Emile Pinel » par Serge Nahon ; livre « vie et mort » d'Emile Pinel ; « Au coeur du vivant » de Jacqueline Bousquet

tenseur de mesure dans la relativité générale, seul H3 subsiste avec son flux, tous les deux constants H2 et H1 devenant indéterminés. Nous verrons plus loin comment ils peuvent se retrouver. Il faut donc penser que, à ce moment là, **H2 s'est complètement déchargé sur H3 avec perte de son caractère biologique.**

Or, si l'on considère les cellules dont l'ensemble forme l'individu, la forme se conserve après la mort. H3, qui dans le vivant est champ de forme intranucléaire, est aussi celui de la forme dans la mort. Or des expériences reconnues par le monde scientifique de beaucoup de pays établissent la **subsistance des impondérables après la mort.** Ils ne peuvent se trouver que dans le champ H3 comme provenant de H2. Le champ résultant H de ces trois composantes gouverne notre vie, nos comportements physiques, physicochimiques, biologiques par la psychologie, c'est-à-dire par nos impondérables... »

Jacqueline Bousquet, théoricienne et chercheur au CNRS, reformule la déclaration de Pinel en ces termes : « toute incarnation implique une mort inéluctable de la forme physique mais implique aussi une survivance au niveau du champ de forme contenant les impondérables, donc le psychisme ».

C'est justement la psyché du mourant qui survit en dehors du corps du moribond, lors d'une EMI/NDE...

En d'autres termes, nous ne mourons pas vraiment, seules les composantes physiques meurent lorsque les champs H1 et H2 se sont déversées en H3, lequel devient le réceptacle de notre existence passée, sous la forme d'un champ de mémoire, de forme... et donc d'information-lumière.

Voilà qui explique les expériences de mort imminente, les comas dépassés, les sorties du corps ou les états de conscience modifiée.

Dans sa conférence à Saintes, Jacqueline Bousquet nous fournit une approche nouvelle des champs de PINEL, en les associant avec l'Information de façon très pertinente :

Champs de Pinel

└─▶ 3 champs :

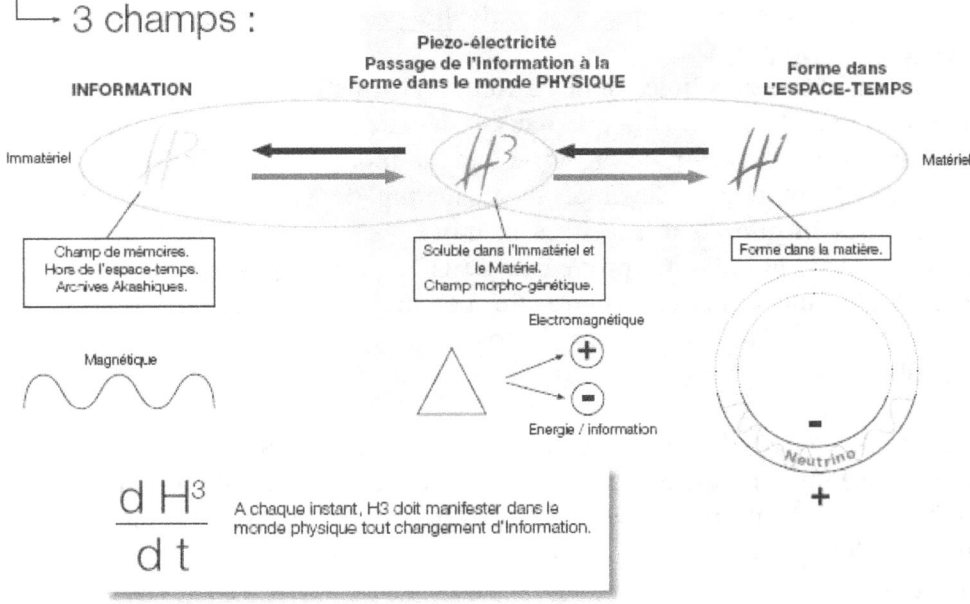

$$\frac{d\,H^3}{d\,t}$$ A chaque instant, H3 doit manifester dans le monde physique tout changement d'Information.

La formule $\frac{d\,H3}{d\,t}$ est une équation fondamentale découverte par Pinel.

L'ensemble des schémas utilisés lors de sa conférence, dont celui-ci, est accessible en vous rendant sur le site www.arsitra.org, et plus précisément à l'adresse indiqué en bas de page[82].

---

[82] http://www.arsitra.org/yacs/articles/view.php/1910/conference-de-jacqueline-bousquet-saintes-le-2

168

SOS Parasites : Information et parasitages

Comment améliorer la communication entre soi et le monde, et entre soi et son corps ?

Avec la naissance de l'homme, l'information n'a jamais autant été plus au cœur du sujet. L'évolution fonctionne sur le principe de rétroaction avec une information en permanence réactualisée... Nous parlons donc d'une information dynamique au sein d'un univers dynamique mais non déterministe.

Le libre arbitre, bien que sclérosé par les parasitages qui perturbent la réception de l'information pure (influence du mode de vie individualiste, rapport avec l'argent, déconnexion avec la nature) participe à cette dynamique.... C'est pourquoi beaucoup parmi les penseurs actuels disent qu'il faut lâcher-prise pour permettre aux potentialités de se manifester. Pourquoi ? Parce que si vous ouvrez les portes du cœur et de l'esprit, vous capterez bien plus d'informations utiles et favoriserez les opportunités par une meilleure circulation des énergies.

C'est en soi qu'on trouve généralement la plus grande source de parasitage... Celui qui a confiance est celui qui sait consciemment que la potentialité peut s'exprimer de façon plus concrète et rapide en lâchant prise face aux événements de la vie.

Concrètement, le corps est composé d'atomes. Ces atomes sont constitués d'un noyau atomique constitué de protons et de neutrons. Autour, gravitent les électrons. ***Entre le noyau atomique et les électrons, se trouve 99 % de vide !*** Or, le vide quantique est le lien où les énergies, les potentialités sont maximales. Imaginez comment, par des pensées négatives, vous pouvez influer sur ce vide plein d'énergie, puisqu'il est réceptif à ce qui se produit dans notre espace-temps-matière. Energie étant équivalente à la matière, cette production d'énergie influe donc sur le vide quantique.

Il est reconnu scientifiquement que l'ADN est un langage biologique que le corps utilise pour dialoguer avec soi. Le corps-soma est un TOUT. Quand le corps va mal, il s'exprime par des douleurs, des spasmes, des maladies, et quand l'esprit refuse d'entendre le corps, les cellules peuvent même se déphaser, refuser l'apoptose (ou mort programmée des cellules en réponse à un signal afin de débarrasser le système de cellules endommagées ou non indésirables) : « Les anomalies dans la régulation de l'apoptose contribuent à divers états pathologiques, parmi lesquels le cancer. Le cancer apparaît lorsque l'équilibre entre la prolifération et la mort cellulaires est perturbé, par une prolifération cellulaire accrue ou par une apoptose moindre ou déficiente. »

Comprendre son corps et ce qu'il veut nous dire revient à rétablir l'équilibre qui avait disparu. Le corps forme un Tout, je l'ai dit. En médecine chinoise, il est établi que tous les organes ont une mémoire et une conscience. La théorie de "La mémoire cellulaire" est définie comme la capacité des cellules des tissus vivants à mémoriser et à se souvenir des caractéristiques du corps dont ils sont originaires. », d'où l'apparition de rejets lors de transplantations ou greffes.

Ce n'est pas sans rappeler ce qu'a découvert Emile Pinel avec le champ H physicopsychobiologique. Quand le corps va mal, l'esprit va mal et vice versa. Cela nous amène à nouveau au principe du Qi qui est l'essence vitale universelle inscrite dans le Yin Yang, deux forces opposées qui contiennent chacune la graine de son opposé et dont le flux permet une dynamique en parfait équilibre. « Dans son état primordial, l'existence du Qi original signifie que toutes choses sont Une. Le Qi du Yin et du Yang conserve ce potentiel conjonctif ou unificateur (Zhang et Rose 1999, p50) »[83].

C'est ainsi qu'une cause non matérielle peut engendrer des maux physiques. Tout déséquilibre dans la distribution de ces forces dans l'être vivant peut induire des perturbations. Ne reste plus qu'à mettre des mots sur les maux !

Étant donné que nos atomes sont également le socle de nos cellules, il faut comprendre que les émotions négatives et/ou refoulées, les traumatismes, les pensées négatives ont une action néfaste sur ces flux dont la nature n'est pas physique, tout comme le vide quantique n'est pas à proprement parler physique : ce sont les fluctuations de ce vide qui font naître des particules.

Il existerait pour le corps des centres énergétiques comparables à des *points chauds* sur le globe terrestre connus pour engendrer des îles volcaniques, telle l'île de la Réunion, par éjection massive de magma...

Les chakras qui sont ces centres d'énergie vitale. On en comptabiliserait 7 principaux dans le corps. Les points et méridiens sont d'ailleurs bien connus en acupuncture si bien qu'en agissant sur ces points de conjonction, on peut rétablir un certain équilibre naturel. C'est pourquoi les inductions sophroniques (technique d'induction en sophrologie pour atteindre le subconscient), la méditation, la cohérence cardiaque ou l'hypnose fonctionnent si bien, parce qu'elles prouvent que nous avons en nous les outils pour nous réparer en puisant dans l'énergie bio-disponible. Si la cohérence cardiaque fonctionne c'est parque ce les neurocardiologistes ont découvert que le cœur est en fait constitué de 60 à 65% de neurones, et qu'il est par conséquent, un autre cerveau de notre corps.

---

[83] « La Mémoire cellulaire et la théorie du Zangfu Par Attilio D'Alberto Traduit de l'anglais par May Lucken-Ardjomande »
http://www.attiliodalberto.com/articles/Cellular%20Memory%20French.pdf

Transformation :

Il est intéressant de noter que plus nous nous intéressons à la physique des particules et au Vivant, plus ces disciplines nous prouvent que tout est inter relié, intriqué et régi par un champ d'information-énergie-lumière. Les chercheurs du monde entier commencent à entrevoir seulement les réponses aux questions existentielles.

A titre d'exemple supplémentaire, la loi de conservation de l'énergie impose que lors d'une réaction nucléaire ou d'une désintégration, la somme des énergies des particules de départ est la même que la somme des énergies des particules émises. Il y a seulement transformation. Une pierre qui s'érode ou une étoile qui meurt, libèrent autant d'énergie et donc d'information qu'elles en contenaient au départ, énergie qui sera récupérée pour servir de matière première à autre chose.

De même, les spores de carbone issues de l'effondrement d'une supernova pourront servir de terreau au processus de développement de la vie sur une planète (si les conditions locales sont favorables).

Cela signifie que l'information est conservée via les champs de forme, de la même manière que le champ intracellulaire H3 mémorise toute l'information de l'individu au moment de la mort, peut-être sous forme d'onde stationnaire. Nous reviendrons sur cette piste un peu plus loin.

L'évolution de la vie se fait au dépend de la mort, un processus qui signifie transformation, passage d'un état à un autre et non destruction totale et encore moins fin de tout. S'il y avait destruction totale, l'information issue de la matière se perdrait et par conséquent l'énergie ne pourrait se conserver. Or, l'énergie doit se conserver pour qu'il y ait transformation et réactualisation des patrons de formes : ADN, structures biologiques, processus divers.

Les espèces vivent en se nourrissant les uns des autres dans le processus de survie et d'équilibre des écosystèmes. L'ordre y préside. Si tout se transforme, alors l'information contenue au big bang existe sous une autre forme, une autre densité, d'autres énergies ici et maintenant. Mais l'information initiale ne s'est pas « entropisée », c'est à dire réduite en cendres.

L'entropie associée injustement à la mort est seulement en apparence une mesure du désordre. Sans une part de désordre, il n'y aurait ni libre arbitre, ni indéterminisme, ni volonté, ni évolution, ni progrès et donc ni échange d'énergie, ni transformation et réactualisation.

L'art de transformer ce qui préexiste sous une autre forme est une des lois évolutives et l'une des bases structurelles du cosmos. Preuve en est la faculté de la matière à se manifester sous différentes formes : onde, particule, énergie thermique, structures (minérales, végétales, animales...)

plus ou moins complexes, etc.

Les lois sont les mêmes pour tous, les clés d'activation sont identiques. Chaque système complexe tel le corps humain a la faculté d'agir sur son environnement afin de générer une modification de celui-ci. L'objectif ? Le mouvement, le perfectionnement, spécialisation, diversité, expérimentation, acquisition du savoir et de la sagesse, développement de l'amour et de la confiance, connaissance ultime des lois cosmiques... pour enfin fusionner avec tout ce qui est.

Les particules possèdent un spin et un sens d'enroulement de la charge électrique. Cette propriété est une clé du mouvement et de la transformation.

Nous sommes tous des miroirs, et nous projetons tous des images différentes de nous même. Ces images en se rencontrant produisent des franges d'interférence formant une image en trois dimensions de l'ensemble. Cette reconstitution tridimensionnelle de ce que nous avons projeté nous montre ce que nous désirons voir, entendre, sentir, toucher, percevoir. C'est pourtant une image tronquée de qui nous sommes réellement. *L'image projetée de soi n'est jamais soi, simplement par peur, l'homme peut projeter une image de lui représentative de ses conflits intérieurs, de ses attentes et désirs...* Un homme timoré et peu sûr de lui, projettera une image conforme à ce qu'il montre de lui, mais ce n'est qu'une image, une illusion, pas ce qu'il est réellement.

Nous ne pouvons ainsi percevoir ce que nous projetons et la somme des images produites par un ensemble d'individus sera ce que la société verra si elle ne voit pas au dedans d'elle même, au delà du mirage dans le désert.

D'ailleurs ce qui n'est pas perceptible est considéré comme virtuellement inaccessible voire impossible. *Quand l'homme demande une société plus juste, et qu'il ne voit que désolation, il ne voit que ce qu'il est habitué à voir, les parties sombres tapies en lui, le coté négatif...* Il lui sera très difficile de voir la beauté de ce qui est en train de se passer : la lumière qui brille en lui et qui aspire à un monde meilleur, et la lumière qui brille chez tous ceux qui souffrent, y compris chez ceux qui font souffrir les autres. Le besoin de lumière et d'amour est d'autant plus grand chez les bourreaux qui pensent qu'en opprimant ils trouveront la plénitude. Ce n'est qu'un exutoire, une issue qu'ils ont cru valable pour eux et par égoïsme il n'ont pas vu que cette voie n'était bénéfique ni pour eux ni pour les autres. L'expérience le leur prouvera.

En réalité, ce qui n'existe pas à nos yeux existe probablement ailleurs, ou sous une autre forme.

De plus, le champ d'information étant soumis au regard de la conscience incarnée, il ne peut faire surgir que ce que l'esprit considère comme possible. Il ne fera pas émaner ce qu'il n'a pas sollicité. Imaginez que vous puissiez voir plus que le spectre visible de la lumière et voir les ondes radio, les ondes UV, les infrarouges.. Les serpents possèdent un organe sensoriel que nous ne possédons pas : l'organe de Jacobson qui est une véritable centrale chimique analysant les odeurs et pouvant détecter la chaleur de ses proies. Un chien voit quant à lui le monde selon l'odorat, ce qui rend sa perception et vision du monde très différente de la notre ! Comme vous le voyez, tout est relatif !

Le vivant, à contre courant de l'entropie :

Le corps humain avec sa complexité, ses cellules intelligentes, n'est rien moins qu'un assemblage d'atomes qui, pourtant, transcende la matière en communiquant entre cellules[84], molécules, protéines... Ces cellules, nous l'avons vu, expriment un état hautement organisé de la matière bien que soumis aux lois de la thermodynamique : l'entropie augmente localement pour permettre l'échange d'énergie et de matière première pour la survie de l'ensemble. Des cellules meurent pour assurer la survie du corps. C'est pourquoi 98% de nos cellules sont renouvelées chaque année au lieu de 100%.

L'échange d'énergie se fait en gérant les ressources internes. Le corps humain, rappelons-le, est composé exclusivement de cellules qui sont elles mêmes constituées d'atomes... *Le corps humain est-il entropique pour autant ?* C'est encore *un effet de synergie et le fonctionnement du corps humain est synergique*[85] tout comme le cosmos.

Bien que la mort soit programmée dès la conception, il est impossible de réduire la vie à un processus entropique. L'être vivant est un organisme perpétuant la vie au travers de la mort qui est un passage d'un état à un autre état... *Ainsi, l'apoptose ou mort programmée des cellules suite à un signal émis, assure le renouvellement cellulaire.* La mort des anciennes cellules est-elle la mort de l'individu ou sa renaissance ?

L'être vivant génère de l'information par la pensée et via sa faculté à participer à l'évolution d'une culture, d'une société. Son information « charnelle » est incrémentée de sa participation à la création de structures matérielles (objets, outils, produits de consommation, édifices...) et immatérielles (concepts, idées, idéologies, paradigmes, structures sociétales...). *L'être vivant est donc par définition néguentropique, en ce que son information interne s'enrichit au fil du temps*, en compensation de sa dégradation physique. Chaque instant qui passe est un instant où l'être vivant acquiert de l'information, accroissant cette information en lui et à travers lui au sein de son groupe familial, social, via les réseaux de

---

[84]   La cellule (du latin *cellula* petite chambre) est l'unité structurale, fonctionnelle et reproductrice constituant tout ou partie d'un être vivant

[85]   Plusieurs facteurs ou influences agissant ensemble créent un effet plus grand que la somme des effets attendus s'ils avaient opéré indépendamment, ou créent un effet que chacun d'entre eux n'aurait pas créé isolément.

communication à sa portée... Mais il fait plus qu'améliorer ses conditions de vie, sa culture, son savoir : ses ondes mentales (pensées, émotions, sentiments) sont comme des sonars qui parcourent la trame invisible de l'univers... L'homme cherche à se dépasser, à trouver la paix malgré l'adversité.

Les scientifiques commencent à comprendre que l'intention et la focalisation sur une idée permet une plus grande manifestation physique.

Je me souviens avoir vu à la télé une expérience visant à déterminer la réalité de l'intention. Un homme avait été mis dans une salle ; les chercheurs avaient placé sur lui des capteurs mesurant l'activité cérébrale, cardiaque, etc... Un autre homme, un magnétiseur, avait quant à lui été été placé dans une autre salle totalement hermétique, sans moyen de communication entre les deux individus. Le magnétiseur a ensuite envoyé une intention de guérison à l'autre homme. *Les signaux enregistrés sur l'ordinateur, bien que faibles, ont montré que le sujet de l'expérience avait bien reçu l'intention du magnétiseur !*

Il y a une nature ontologique et holistique à la pensée et par conséquent, une source unique de manifestation de l'information pour tous les états manifestés et non manifestés. C'est dans cette matrice informationnelle traversant notre espace-temps, *depuis une source extérieure, que vivent toutes les potentialités actives et à venir, les modèles structurels de forme, les idéaux, les informations sur les actes passés...*

Rappelez-vous que matrice provient de la racine latine « mater » qui signifie mère ! La mère porte, engendre. Elle peut faire office de mémoire cosmique et de progénitrice en faisant germer en elle tout ce qui peut l'être. Elle serait en quelque sorte l'engramme de notre passé historique, générant le phénomène de cause-conséquence. Le karma. Ce karma doit être ici dépourvu du concept de la punition qui est un concept d'homme, mais simplement de relation de cause à effet.

Oscillations néguentropiques

Un drap agité par le vent :

Expression d'une polarité dans le l'espace-temps, le couple entropie-néguentropie s'exprime par la polarité et l'oscillation entre ordre et désordre.

Tel le Yin et le Yang, inséparables et intriqués, l'entropie et la néguentropie ne font qu'un et s'équilibrent l'un l'autre par complémentarité.

- Le Yang est de polarité masculine, un souffle dynamique émetteur, créateur ; il transforme et sépare... Il est soutenu par le Yin...
- Le Yin, est de polarité féminine, une énergie de profondeur, stable, structurante et unificatrice

L'entropie est une énergie de surface en ce sens qu'elle se manifeste physiquement ; la néguentropie est une énergie de profondeur qui sous-tend la manifestation, de quelque nature qu'elle soit et sans avoir à la qualifier.

Quand un drap est agité par le vent, il se produit des plissements. Le vent est la force active qui induit l'agitation du drap . L'agitation du drap devient réceptrice du souffle émetteur.

Dans notre espace temps, les plissements aussi se font. L'univers n'est pas aussi homogène qu'on pourrait le croire, et en tant qu'enceinte où le Yin et le Yang s'opposent et se complètent, il est impossible d'ignorer cette respiration cosmique, ces souffles en mouvement...

Dans notre trame spatio-temporelle, la lumière ne se propage pas à vitesse infinie en raison de son association avec la coordonnée temps. Il existe un plafond à la propagation de la lumière en relation avec le temps – le temps servant de support à l'expression de la lumière. Ce plafond nous le connaissons. Notre dimension est donc « sous lumineuse » dans le sens où la vitesse de la lumière n'est pas infinie ; en son sein le mouvement est un maître mot.

Ce mouvement oscillatoire implique des échanges d'information-lumière nécessaires pour qu'il y ait un processus d'évolution, de réajustement des systèmes complexes et d'assimilation de l'information utile en vue de sa transformation. Les effets de marée gravitationnelle en témoignent. Les planètes du système solaire réajustent leurs positions en raison de l'attraction gravitationnelle puissante de Jupiter et du soleil. La présence de planètes géantes dont Jupiter, la plus massive du système solaire, sont les gardiennes des planètes plus petites telle que la Terre, lui évitant de subir des bombardements fréquents de météores ou d'astéroïdes.

Le réajustement des systèmes dynamiques complexes oscillant entre entropie et néguentropie détermine ainsi la cinématique de la vie et des particules vivant des interactions tout en maintenant l'équilibre global. Vous allez comprendre pourquoi peu après.

Pour l'heure, je dirais que l'entropie appliquée à l'échelle du cosmos constitue avant tout une mesure d'une fluctuation dans l'acquisition de l'information et sa manifestation dans son support matériel. Ainsi, la mort d'une étoile représente certes une entropie dans le sens de mort, de destruction ou de perte d'énergie, mais pas une mort en soi, car celle-ci participe à l'essaimage de spores qui serviront à la formation d'autres étoiles ou galaxies. Nous sommes déjà morts alors que nous pensons être vivants. Dès notre naissance, nous sommes programmées pour mourir. C'est une mort qui sert un plan global. Un plan néguentropique, un plan organisé et structuré, ordonné dont la manifestation dans notre espace-temps n'est pas de nature entropique.

De quoi parle t-on quand on évoque l'entropie associée au cosmos ? Parlons-nous du rapport Chaleur-Température avec le temps, du rapport Energie-Volume, du désordre qui croît avec le temps ?

Le temps : un incrément informatif :
Le temps peut être vu comme un incrément informatif. Prenons un exemple : l'information universelle au temps t = 2011 est supérieure au temps t = - 200 000 ans. Vous êtes d'accord...

Le perfectionnement du phylum prouve que l'échange d'information-énergie-matière est à l'œuvre et nécessite l'action d'une Loi néguentropique. L'ordre a toujours été ; il n'a jamais été moins grand par rapport à la naissance de l'univers, mais il implique des interactions dans notre monde sous-lumineux, des phénomènes dissipatifs d'énergie sous forme de température et autres constats développés dans les lois de la thermodynamique.

La survie d'un ensemble nécessite des fluctuations qui sont vues comme du chaos, une apparente désorganisation... Mais au final, l'ensemble enrichit son information interne. **Dans quelle visée ? Un niveau de perfectionnement toujours plus grand. Un indice néguentropique plus élevé.** Ceci est comparable à tout être vivant désirant se surpasser pour faire mieux, la cessation de la souffrance étant le but ultime de tout être doué de conscience.

Examinons pas à pas la façon dont ce système global néguentropique fonctionne.

Circulation de l'information : la boucle cybernétique

- Principe de la boucle cybernétique :
La cybernétique, en quelques mots simples, est la science des systèmes auto-régulés par l'action d'échanges et d'interactions.
Le mathématicien américain **Norbert Wiener** inventa le premier en 1948 le concept de « cybernétique », **la science du contrôle des systèmes vivants ou non-vivants.**
Du grec Kubenêsis, la cybernétique est « l'action de manœuvrer un vaisseau, de gouverner ». Ses applications dans la robotique, l'informatique, les réseaux de communication (satellites, systèmes audiovisuels...), les réseaux financiers, systèmes d'armes intelligentes..., répliquant ce que la nature sait déjà faire en biologie et dans la science des écosystèmes, font de la cybernétique une science du contrôle et de l'information dans le cadre d'une gouvernance de systèmes complexes (société, télécommunications, armée)... Je sais, c'était une longue phrase !

Chose intéressante, Wienner prévoyait déjà en 1950 dans son livre « Cybernétique et société » le remplacement de l'homme par les machines. Il mit d'ailleurs en garde les gouvernants sur les conséquences dévastatrices de la cybernétique si l'évolution technique des sociétés n'était pas en adéquation avec une évolution concomitante des structures des sociétés. Il avait notamment prévu un chômage sans précédent. Il aurait fallu ajouter à cela : une adéquation entre évolution technologique et éthique. Comme le proverbe le dit si bien : « la liberté des uns s'arrête là où commence celle des autres »...

Le domaine des sciences s'appliquant à la conception d'intelligences artificielles implique forcément l'intervention de la cybernétique. Un cerveau humain traite des trilliards d'informations par seconde, et ce, grâce à un retour sur information. Ce retour au point d'origine s'appelle le Feedback. Il permet la ré-actualisation de données pour un meilleur réajustement du système.

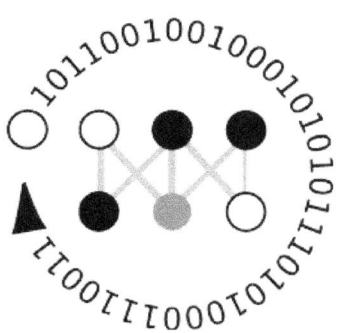

Voici le logo de la cybernétique : on y retrouve les différents éléments composant un système interactif chapeauté par une séquence binaire (0 et 1) formant une boucle rétroactive symbolisant le retour sur information.
(source image : wikipedia)

177

Aujourd'hui, on définit la cybernétique comme « la science constituée par l'ensemble des théories sur les processus de commande et de communication et leur régulation chez l'être vivant, dans les machines et dans les systèmes sociologiques et économiques ».

Un système cybernétique pourrait donc être défini comme un ensemble d'éléments en interaction, dont des échanges de matière, d'énergie, ou d'information.

Quand nous communiquons, nous échangeons des informations induisant une modification du comportement ou un changement d'état psychologique et physique. De façon générale, les éléments réagissent en changeant d'état ou en modifiant leur action.

« La communication, le signal, l'information, et la rétroaction sont sont des notions centrales de la cybernétique et de tous les systèmes, organismes vivants, machines, ou réseaux de machines. » nous dit l'auteur d'un article sur la cybernétique.[86]

Ce concept de retour sur information, nommé feedback ou rétroaction, est primordial dans le cosmos. *Sans ce processus, il n'y aurait aucun réajustement, aucune incrémentation de l'information dans notre espace-temps et donc aucune auto-organisation.*

Attardons-nous à présent sur le feedback.

- <u>Feedback et régulation des systèmes</u> :

La cybernétique se fonde sur le principe de rétroaction qui est « l'action *en retour* d'un effet sur le dispositif qui lui a donné naissance, et donc, ainsi, sur elle-même » (wikipedia).

C'est en quelque sorte un acte de réflexion sur lui-même (le système).

Voici la représentation d'une boucle cybernétique de type négative :
source image : wikipedia

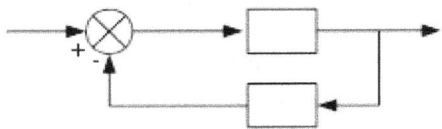

Ici le plus est tempéré par le moins.

---

[86] http://www.syti.net/Cybernetics.html

C'est le principe d'un thermostat de radiateur électrique ! Quand la chaleur atteint un certain seuil, le thermostat se déclenche, coupe le chauffage et permet ainsi de réguler la température d'une pièce.

Une bouche rétroactive peut être positive ou négative, mais elle implique toujours un retour sur le signal, soit l'information.

En biologie, la rétroaction concerne l'équilibre des écosystèmes, la cellule, le climat (modifications climatiques) ; au niveau social elle concerne la finance, les mouvements de capitaux, la psychologie ; au niveau de la communication elle concerne les moyens de communication (télé, médias, réseaux informatiques, etc), l'économie...

Cercle vicieux versus cercle vertueux :
L'un comme l'autre est une *boucle rétroactive positive.*
Les *boucles positives amplifient les tendances* ce qui peut conduire à un cercle vertueux ou inversement à un cercle vicieux...
Dans ce cas de figure, le plus renforce le plus et le moins renforce le moins. L'effet Larsen en acoustique fournit un bon exemple de cette amplification de la source par addition. En retournant au point d'origine, le signal se retrouve amplifié à chaque boucle au point de détruire totalement enceintes, amplificateur, et toute la batterie acoustique d'une scène ! Imaginez cela à l'échelle sociale... Bien entendu, dans une société, de nombreux systèmes sont interreliés, eux mêmes dépendant de notre biosphère, de sorte que les boucles rétroactives positives (cercles vicieux ou vertueux) peuvent côtoyer les boucles rétroactives négatives...

Les boucles cybernétiques négatives atténuent les effets/tendances.
Principe : un élément A fait augmenter l'élément B, mais en retour l'augmentation de B fait diminuer A. Le plus va vers le moins qui retourne au plus. On est donc en présence d'un système à polarité (ou dualité) où le système reste en équilibre.

Ainsi, un **système auto-régulé fonctionne sur des boucles cybernétiques négatives**. L'équilibre des écosystèmes l'illustre parfaitement.

- L'émergence :
Il est un autre phénomène lié à la cybernétique : l'apparition d'une **émergence**. Une émergence est **« l'apparition de nouvelles caractéristiques à un certain degré de complexité. »**[87].
Le centième singe dont je parlais au début de libre rentre dans le cadre de

---

[87] http://fr.wikipedia.org/wiki/%C3%89mergence

ce type d'émergence.

Du cosmos au Vivant, les rétroactions sont partout, en permettant aux systèmes complexes de maintenir un équilibre global par un réajustement. Les interactions permanentes favorisent les échanges d'énergie, de matière et d'information qui se traduisent par des ré-actualisations des « patrons de formes » que sont les modèles génétiques par exemple. Ce sont ces interactions qui induisent des émergences passé un seuil critique de densité. Les étoiles s'effondrent sur ce même principe universel passé une masse critique, une fois leur carburant épuisé.

Synergie du système : **l'émergence se caractérise** aussi par une **synergie** du système, c'est à dire que **l'ensemble fait plus que la somme de ses parties**[88].

Pour prendre un exemple simple, vous représentez plus que la somme de vos atomes et cellules, n'est-ce pas ?

La synergie est donc l'expression de cette plus-value où, pour prendre un autre exemple simple, **2 + 2 feraient 5 et non pas 4** !

Les multiples interactions provoquent une sur-stimulation du système qui, pour pouvoir conserver son équilibre, doit changer d'état. Cela s'appelle une transition de phase, car le système se met à vibrer et fonctionner sur un mode nouveau, avec de nouvelles caractéristiques. Il change de phase, de modèle structurel afin d'être plus en adéquation avec ce qu'on lui demande. On pourrait dire que nous sommes « déphasés » quand nous nous mettons à fonctionner sur un mode différent. Cela se produit quand la conscience est modifiée, par exemple quand nous sommes dans un demi-sommeil ou dans un état méditatif... Ce déphasage, loin d'être négatif dans ce cas présent, permet l'assimilation de l'information sur un mode autre que conscient. Le cerveau a déjà tout prévu à cet effet puisque les ondes cérébrales thêta caractérisent les états de somnolence, d'hypnose et de mémorisation de l'information, principalement chez l'enfant et le jeune adulte... Le cerveau compte 5 types d'ondes cérébrales différents, chacun ayant une fonction.

Tout ceci converge vers un autre constat : **l'auto-organisation des systèmes** qu'ils soient biologiques, physiques, ou mécaniques....

La systémique (l'étude des systèmes) tente d'approcher « les choses » par une méthode scientifique et une vision holistique des sujets complexes

---

[88] l'ensemble fait plus que la somme de ses parties. Ceci signifie qu'on ne peut pas forcément prédire le comportement de l'ensemble par la seule analyse de ses parties ; l'ensemble adopte un comportement caractérisable sur lequel la connaissance détaillée de ses parties ne renseigne pas complètement.

(sans les réduire à une approche fragmentée et cloisonnée des sciences).

Car force est de constater que le fonctionnement du cosmos se fonde sur des boucles cybernétiques où l'information est réactualisée via les relais qu'elle héberge : êtres vivants et configurations de matière...

L'information universelle se sert de ces relais (ou porteuses) pour induire une **homéostasie**[89] qui est la capacité à conserver son équilibre de fonctionnement en dépit des contraintes extérieures.

En effet, notre espace-temps est parasité de nombreuses manières, ce qui rend difficile la circulation de l'information. Ce bruit de fond comparable à de la neige sonore entre deux fréquences radio, nécessite des échanges multiples à différents niveaux.

Les distorsions de l'information provoquées par la haine, la violence, le besoin de domination, l'égoïsme, la suffisance, le mensonge ou la censure médiatique engendrent un certain chaos... Les émotions aliénantes et les pensées négatives déstructurent les organismes qui voient leur entropie interne augmenter (stress, dépression nerveuse, difficulté d'assimiler l'information, croyances ou intégrisme, maladies, révoltes, émeutes, etc)...

Or, on sait que l'information circule en étant captée, traduite, digérée et transformée par les êtres vivants tels des nutriments.

Si les nutriments sont de mauvaise qualité s'en suivra une mauvaise assimilation de l'information avec toute la panoplie de maladies physiques et psychiques qu'on vit dans nos sociétés modernes. **Nous sommes tous des médias, producteurs et transformateurs de l'information**. Et à ce titre, nous procédons à une introspection quasi-permanente par le biais du feedback. Ceci nous permet d'ajuster nos comportements et de mieux nous connaître.

Les boucles cybernétiques auxquelles nous sommes assujetties peuvent être positives : selon notre inclinaison, nous reproduisons alors des schémas vertueux où nous progressons. Inversement, si le cercle est vicieux, les comportements seront de plus en plus destructeurs.

Nous fonctionnons également sur des boucles cybernétiques négatives où nous tendons vers un équilibre psychique et physique... A nous de générer des boucles tendant vers un équilibre de notre être, ainsi que du collectif.

Voyons tout cela de plus près...

---

[89] Initialement élaborée et définie par Claude Bernadl, l'**homéostasie** vient du grec ὅμοιος, homoios, « similaire » et ἵστημι, histēmi, « immobile »

Information dynamique, résonances et homéostasie

- Feedback et résonance émotionnelle :

Je me souviens de la discussion passionnante que j'ai eue il y a quelques mois avec mon ami **Laurent Roussel**, coach en développement personnel. Il m'avait parlé de son projet de résonance émotionnelle et j'y avais trouvé un excellent sujet de dissertation et de conférence. Nous avons échangé des idées et il a finalisé sa conférence. A la page 25 de son excellent document, il montre à quel point le feedback nous fournit une information en retour sur nous même par le biais de l'expérience, et ce, afin que nous puissions réajuster nos réactions conscientes et inconscientes.

Je m'explique. Nous recevons en permanence de l'information, au point que nos expériences répondent souvent à un fil conducteur. *N'avez-vous pas remarqué que vos expériences de vie reproduisent un schéma récurrent ?* Pensez-vous que ce soit un hasard ?

En fait, l'explication en est relativement simple. *Plus une expérience est vécue et revécue, plus le système se renforce.* Il a également été mis en évidence que les cellules ayant vécu certains événements récurrents réclamaient de les vivre à nouveau. Dans le cas (fictif) cité par Laurent Roussel, Mathieu a « développé inconsciemment un système neuronal qui est parfaitement adapté à véhiculer les informations liées à la trahison et de refouler les émotions qui y sont associées ». *A force de vivre des expériences interprétées comme étant de la trahison, les cellules en prennent l'habitude et développent une certaine dépendance* à cause des hormones secrétées par l'hypothalamus. Parallèlement, les informations associées aux *émotions sont engrammées dans l'inconscient*, si bien que plus une expérience est vécue, plus elle se renforce en devenant un automatisme inconscient. C'est l'habitude. C'est pourquoi les réflexes conditionnés sont à la fois précieux pour la survie mais aussi une épée à deux tranchants.

Dans le cas de Mathieu, marqué par la sensation de trahison au détour de ses expériences de vie, voici comment Laurent Roussel analyse les choses (page 25 de sa conférence)[90] :

« Au niveau quantique, lorsque l'on parle de cette base de données de recherches, **il semble que ce soit dans le « champ unifié » que l'on puisse y retrouver toutes les mémoires à jamais vécues** par Mathieu depuis son existence. Le mental analyse, synthétise les informations reçues et cherche à donner du sens à ce qui se joue. Pour ce faire, il agit comme un ordinateur doté d'un moteur de recherche qui puise dans ce « champ

---

[90]   http://www.laurentrousselcoaching.com/Articles--Publications.html

unifié » tout ce qui ressemble le plus aux données reçues par le sujet sur le moment. Et **il les compare**. Une fois que le résultat est cohérent, il **remonte alors toutes les informations sur le plan physique** (qui prennent la forme de particules), ce qui crée **une nouvelle réalité**. Et dans notre exemple de coaching, une intense réaction émotionnelle.

Cette même réaction est à nouveau enregistrée sous la forme d'**informations émotionnelles, physiques et mentales dans la base de données personnelle** de Mathieu («champ unifié») **en tant que nouvelle expérience et tout l'Univers en est informé à son tour.** »

Quand l'expérience est vécue, cette dernière envoie un message fort associé à l'émotion et à l'engramme subconscient, le tout transmis par les cellules sous forme d'information (champ de forme H3) et transmises au champ unifié. Ce dernier s'occupe ensuite d'agencer les événements de la vie en reproduisant « les besoins physiologiques des cellules et d'autre part afin qu'il (l'individu) en fasse de nouveau l'expérience et puisse avoir l'occasion de modifier cette dernière. » par boucle rétroactive négative.

Voici ce que Laurent nous dit encore à ce propos :
« En vivant cette expérience Mathieu reçoit un feedback sur ce qu'il est, il peut donc mieux apprendre à se connaître et par la suite être amené à s'interroger : « comment vais-je réagir la prochaine fois que je vivrai une situation de trahison ? »

- **Yin-Yang ou l'équilibre des systèmes dynamiques auto-régulés :**
-

Extrait d'un document publié sur le web :
« Non seulement tout peut être divisé en Yin et en Yang, mais dans chaque catégorie une nouvelle division peut être observée, à l'infini. Par exemple, l'hiver est Yin et l'été est Yang. Le jour, en hiver, est Yang dans le Yin; la nuit, en hiver, est Yin dans le Yin. Le jour, en été, est Yang dans le Yang; la nuit, en été, est Yin dans le Yang. Le crépuscule d'un jour d'hiver est Yin de Yang de Yin, et ainsi de suite... »[91]

---

[91]   http://lartetlavoie.free.fr/yinyang.pdf

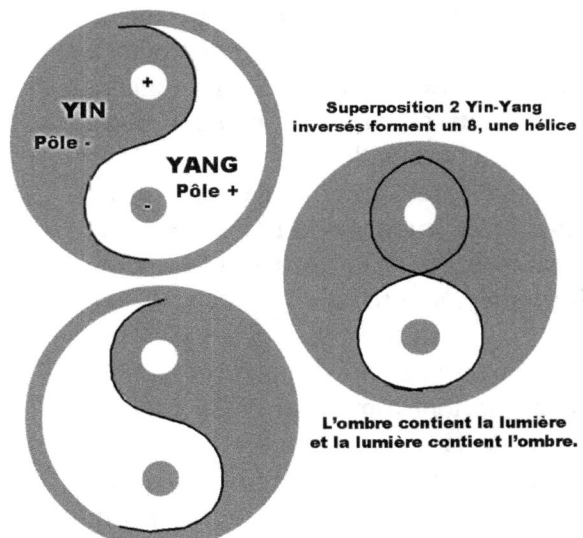

Superposition 2 Yin-Yang inversés forment un 8, une hélice

L'ombre contient la lumière et la lumière contient l'ombre.

Remarquez que le symbole Yin-Yang[92] ci-dessus forme un S, ou un 8 si on lui superpose un autre Yin-Yang.

Dans ce 8 à droite du schéma, nous observons qu'il peut se décomposer en autant de polarités +/- que subdivisions en Yin et en Yang (– et +)... Bien plus qu'une simple dualité, il s'agit là d'une véritable complémentarité.

Par ailleurs, le **8 symbolise également l'infinitude des cycles, l'abondance** liée à celui-ci.

Dans le schéma où j'ai superposé deux Yin-Yang, nous avons deux subdivisions Yin et Yang en miroir, en haut et en bas où l'ombre est présente dans la lumière et la lumière dans l'ombre.

Vous remarquez également que ces formes sont celles du tore ! Nous aborderons ce thème au chapitre 4.

Le 8 rappelle aussi la forme de la double hélice de l'ADN... On retrouve cette forme hélicoïdale dans les sinusoïdes des ondes également... et dans la plupart des processus physiques et biologiques.

Le chapitre suivant vous précisera la symbolique du 8 associée au cosmos, et la raison de la manifestation de formes et symboles dans les manifestations physiques et biologiques.

- Principe de mutation : comparatif entre modèles structurels

Ce qui va suivre est très important, car on doit distinguer information statique et information dynamique.

Les mutations génétiques procèdent d'un modèle tel un plan sur lequel il sera possible de travailler à ses modifications. Mais pas seulement. Cela va plus loin qu'une simple transformation de l'original.

Prenons le cas du processus de mitose cellulaire : il s'agit de la

---

[92]Le yin représente entre autres, le noir ou souvent le bleu, le pôle féminin, la lune, le sombre, le froid, le négatif, etc. Le Yang, quant à lui, représente entre autres le blanc ou souvent le rouge, le pole masculin, le soleil, la clarté, la chaleur, le positif, etc.

duplication de la cellule mère en cellules filles, c'est à dire la duplication du programme de la cellule mère transférée dans la cellule fille. Une seule cellule mère ne servirait à rien. Pour travailler sur un projet, il faut en sauvegarder le modèle initial, n'est-ce pas ? Et il faut des milliards de cellules pour faire fonctionner des organes ayant des rôles spécifiques.

La duplication du programme initial vise donc à rendre dynamique une information statique tel un programme restant figé, non utilisé, une archive.

Pour qu'il y ait mutation génétique et évolution des espèces il faut qu'il y ait un comparatif entre deux modèles structurels : le premier, devenu obsolète, et le nouveau qui lui succédera... Le monde du vivant permet ce comparatif.

De façon concrète, quand vous voulez rendre un avion plus performant, plus aérodynamique, vous examinez le plan initial et imaginez les améliorations à apporter. Quand les modifications de l'ancien schéma ne suffisent plus, une réflexion vous amène à tester un modèle nouveau sur de nouvelles bases structurelles. Dans ce cas, l'ancien modèle n'a pas disparu puisqu'il est fixé sur un support : papier, génétique, disque dur informatique mais il est mis de côté...

Le nouveau modèle est conçu à partir d'une copie du modèle initial, et sur lequel vous pourrez travailler. Le nouveau modèle l'emporte sur l'ancien en raison du feedback, et nous avons un avion de deuxième génération prêt à être fabriqué.

De ce fait, la mutation génétique implique un changement radical de modèle. Comment ce changement peut-il avoir lieu ? Parce qu'il y a en permanence réception et renvoi d'information par boucle cybernétique négative.

En effet, cela pourrait bousculer les idées préconçues sur le principe de l'évolution des espèces mais réfléchissez un peu : *si l'information (le programme) n'était que dynamique, que deviendrait l'information qui a engendré les premières formes (patrons de formes) telle que les cellules contenant l'ARN/ADN, les atomes, les particules ?*

Les mitochondries au sein des cellules possèdent leur propre ADN, ce qui indique une origine exogène provenant de l'endosymbiose d'une a-proteabacterie il y a 2 milliards d'années.

- <u>Information dynamique et ondes stationnaires</u> :

Vous avez pu vous rendre compte que l'information dynamique se nourrit d'une oscillation entre deux pôles avec une phase d'équilibre aux nœuds de pression.

C'est ce qui se passe pour une onde stationnaire.

Source image : wikipedia

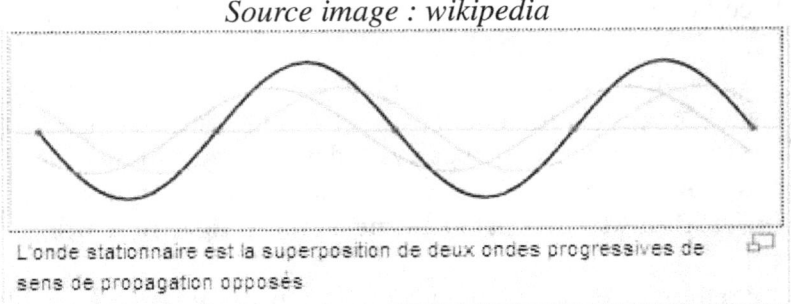

L'onde stationnaire est la superposition de deux ondes progressives de sens de propagation opposés

La polarité reflète le principe d'un rapport de force entre deux opposés, amenant à un point d'équilibre et apportant l'homéostasie du système entier. Citons l'entropie et la néguentropie, la lumière et les ténèbres, le bien et le mal, le mâle et la femelle, la chaleur et le froid, le pôle positif et négatif en électricité... etc. La polarité rend compte d'une dynamique qui résulte de l'expression du rapport de force entre ces souffles contraires mais complémentaires. La respiration, ce va-et-vient automatique de l'inspir et de l'expir, est inscrit dans nos processus vitaux primaires ! Quand on dit qu'on est inspiré c'est qu'on aspire à quelque chose ou à être... Quand on expire, on exprime ce qui nous a été donné.

Il est important de comprendre que notre monde est comme une toile d'araignée où toute idée, pensée, acte ou intention rencontre des milliards d'autres comme elles. Celles-ci s'apparient en se stimulant par effet de résonance.
En d'autres termes, si une idée germe, il y a de grandes chances pour que d'autres idées du même acabit germent aussi, par similarité et redondance... et par le fait que ce qui a été renaît.
En tant que caisses de résonances, nous propageons nos idéaux, nos rêves, nos conflits émotionnels, affectant ainsi toute la trame de notre réseau social. Les ondes mentales, se rencontrant, formeraient des ondes stationnaires engrammant l'information des émetteurs dans une matrice informationnelle plus globale.

Une grenouille sautant dans la mare affecte toute la mare, et si trois grenouilles font de même, les ondes de choc se rencontreront et feront des plis, des vagues...
L'écho s'en trouve amplifié donnant naissance à des révoltes par contagion, tel le grondement du tonnerre avant l'orage, tandis que le monde exprime la colère des indignés. Nos consciences fonctionnent à la fois individuellement et collectivement, comme les neurones d'un cerveau. Il ne vous viendrait pas à l'idée de croire qu'un neurone n'entretient aucune relation avec les autres neurones. De même, on parle alors de *conscience*

collective pour évoquer ce champ de conscience global qui unifie les êtres vivant d'une même biosphère. Ce champ est comparable à un fond commun d'informations sur les expériences individuelles et collectives, les émotions, les idées, les symboles universels, reflétant les innombrables interactions humaines, particulièrement au niveau de la psyché. Prenez les milliards de neurones qui composent le cerveau, capables de traiter des milliards d'information à la seconde, grâce à un travail en synergie multi-niveaux. La complexité et la rapidité de traitement de l'information a fini par créer une émergence : la conscience humaine, un générateur indépendant d'idées, pensées, émotions, sentiments, créativité, d'imaginaire aussi...

Le potentiel d'énergie en lice est colossal et peu d'entre nous en réalisent et en exploitent consciemment la portée... En rencontrant d'autres relais que soi, l'écho lancé tel un sonar va rebondir et répondre à l'envoyeur par une force proportionnelle...

L'information dynamique oscille sur la corde de l'espace-temps en créant des nœuds de convergence où, *à cette croisée des chemins, il n'y a plus d'oscillations, mais la rencontre du silence entre deux fréquences* de sens opposé ou divergent, formant une onde stationnaire...

Cette phase d'équilibre, aux nœuds de convergence permet de figer l'information et dans cette écoute silencieuse se produit une cristallisation.

Là peuvent se trouver les rencontres entre individus, les événements d'une vie, les grandes idées, les synchronicités... etc.

Theilhard de Chardin en 1922 parlait de « *Noosphère* »[93] pour évoquer la « sphère de la pensée humaine ».
Selon ses termes, dans *Le phénomène humain,* Paris – Ed. Seuil, 1955. p. 179 : « [C]'est vraiment une nappe nouvelle, la « nappe pensante », qui, après avoir germé au Tertiaire finissant, s'étale depuis lors par-dessus le monde des Plantes et des Animaux : hors et au-dessus de la Biosphère, une Noosphère. »

Comme je l'évoquais un peu plus haut, il est possible de comparer ce champ de conscience collectif à un résonateur où chaque conscience est comme un relais avec sa propre sous-fréquence, **l'ensemble des fréquences créant un spectre fréquentiel plus large, la fréquence fondamentale, celle de la conscience planétaire.**

---

[93] Terme inventé initialement par inventé par Vladimir Verdadski et repris et développé par Theilhard de Chardin dans son livre, *Le Phénomène humain* , en 1922, qui matérialiserait l'ensemble des consciences de l'humanité et la capacité de celle-ci à penser.

Un outil de comparaison simple est celui du spectre électromagnétique et ses subdivisions : la lumière visible, les rayons UV, les infra-rouge, etc. Ce spectre crée une gamme de fréquences qui résonnent en trouvant d'autres relais, d'autres cordes sensibles.

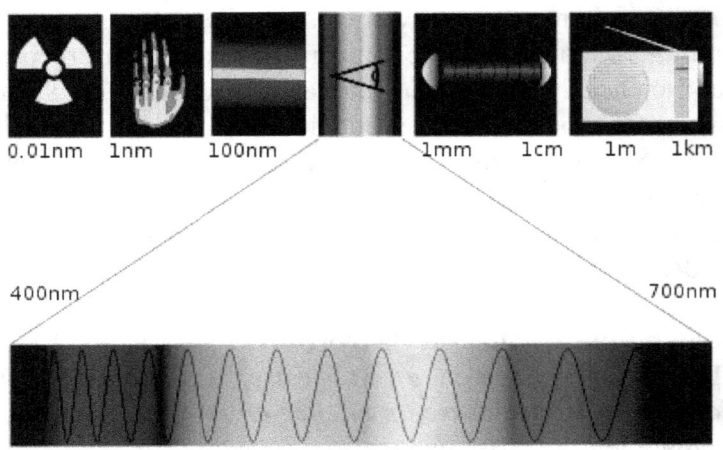

- Grille énergétique Terrestre et effets vibratoires :
La terre n'échappe pas aux vibrations.

>> **Les résonances de Schumann (de son inventeur) témoignent de l'existence avérée d'un champ électromagnétique dans la cavité Terre-Ionosphère** (la ionosphère est la couche supérieure de l'atmosphère chargée de particules très conductrices, les ions).
Les orages et notamment les orages magnétiques, les vents solaires et ses rafales de photons contribuent au maintien de ce champ vital pour la planète et pour tous les êtres vivants qui la peuplent. Sans ce champ, la vie n'aurait sans doute pas pu se développer.
En 1957, le Pr. O.W.Schumann (Université Munich) découvrit donc ces *ondes transversales magnétiques terrestres dont la fréquence fondamentale est de 7,8 hz* mais dont les harmoniques peuvent osciller de 14,3 Hz à 33,8 Hz.
Mais peut-on parler de grille énergétique, comme certains l'avancent dans la mouvance spiritualiste actuelle ?

>> **Grille énergétique terrestre :**

 **Marina Popovitch**[94] pense que oui. Personnalité légendaire russe, née en 1931 en Russie, Marina Popovitch a montré l'interaction permanente entre les émotions humaines et les champs électromagnétiques de la Terre ainsi que leur impact immédiat sur l'activité du Soleil. Elle a également montré la présence de zones obscures dans ces champs, notamment au dessus des pays en conflit comme l'Irak.

Selon elle, on néglige dans le monde scientifique l'***impact de la sphère émotionnelle sur le comportement de la Terre***... Le chaos émotionnel qui sévit sur Terre perturbe grandement la planète. Il suffit de voir à quel point un événement traumatisant peut affecter la sphère émotionnelle d'un individu, au point que si l'émotionnel n'est pas digéré au sens littéral, il peut un jour engendrer un cancer... Il existe tant de cas de cancers autour de moi liés à des traumas de ce type pour ne pas établir le lien direct avec notre plan émotionnel et énergétique.

Voici ce que Marina Popovitch déclare lors d'une interview réalisée pour le journal espagnol « Planète urbaine » en juin 2010 :

« – *Pendant la guerre froide, la Russie a donné une grande importance à l'étude du domaine paranormal. Vous avez fait des découvertes importantes sur la grille énergétique de la planète ainsi qu'un « champ d'enregistrement psychique » qui entoure la Terre. Comment cela fonctionne-t-il ?*

– Les études réalisées à Moscou ont déterminé que la planète est entourée d'un immense réseau énergétique, un « tissu » d'énergie qui possède une distribution de forme géométrique.

La forme géologique des continents répond aux schémas directeurs énergétiques de cette grille. Toute la structure de ce que nous connaissons comme l'univers physique s'ordonne selon des schémas géométriques déterminés. Ceci est connu sous le terme de « **Géométrie Sacrée** »[95].

---

[94] Source image : http://en.wikipedia.org

Marina Popovitch, Colonel dans les forces aériennes, ingénieur et pilote d'essai, professeur en science aérodynamique, a suivi des études en théologie et de physique, ainsi que plusieurs enseignements pratiques destinés à éveiller les capacités psychiques dites paranormales. Une étoile dans la constellation du Cancer porte même son nom. Elle a survécu à six crashs, a volé sur une quarantaine de types d'avions et totalise 107 records du monde dans l'aviation, dont bon nombre n'ont toujours pas été battus. Elle est aussi la première femme à avoir piloté un avion de chasse et avoir franchi le mur du son.

[95] Il n'y a pas de définition « officielle » à géométrie sacrée. Ce qu'on peut en dire est qu'elle fait le lien entre géométrie et sacré, étant associée à conscience et concept d'harmonie... Le nombre d'or employé dans les arts, appelé la divine proportion, rend compte d'une proportion et d'une harmonie parfaites et confère à toute œuvre l'idée de

Par ailleurs, en 1958, le professeur Bernascki a découvert une sorte d'anneau qui enveloppe la planète et qui contient un champ d'énergie dans lequel sont mémorisés des « registres » de toutes les formes de vie et de l'histoire de la planète. Il a été découvert que ce champ d'énergie ne se situe pas sur un plan physique. Nous avons été capables de détecter cette bande et de la «lire» avec des instruments scientifiques et en utilisant des médiums entraînés à le faire.

Nous avons ainsi découvert que ce champ est un tissu ethérique chargé d'émotions.

C'est pourquoi il est nécessaire de contrôler nos passions. Chacun de nous a le pouvoir d'affecter ce champ de manière positive ou négative. Toute la négativité exprimée, comme la haine et la peur, a une incidence directe sur l'état de la planète. La Terre réagit violemment à nos pensées et nos sentiments et elle émet un type de rayonnement qui se répercute sur les modèles climatiques. Les éléments sont comme des anticorps planétaires.

– *Est-ce que cela pourrait être une des causes des changements climatiques violents qui se produisent actuellement ?*

– C'est seulement une partie d'un immense processus qui s'inscrit dans un ordre cosmique parfait. Les scientifiques savent très bien que nous sommes confrontés à un processus cyclique et inévitable qui ne peut juste se réduire à l'homme. Dans l'univers tout est interconnecté ; quoique nous fassions, d'harmonieux ou de dis-harmonieux, affecte la Terre. Ces charges négatives affectent en tout les êtres humains et sont en fait plus puissantes que l'énergie nucléaire elle-même. La planète, comme si elle était un corps malade, réagit avec des anticorps naturels pour soigner ce désarroi. La pollution n'est pas causée uniquement par la consommation des énergies résiduelles. Nous sommes nous-mêmes une puissante source de pollution. Le monde répond à la haine et l'amour »

Que dire du projet militaire américain dénommé H.A.A.R.P, susceptible de perturber la fréquence R.S (résonance de Schumann) véritable « battement

---

canon de beauté, d'esthétisme... Le nombre d'Or se retrouve aussi dans les proportions du corps humain. «La fleur de vie » est la représentation par excellence de la géométrie sacrée dont toute forme découle : elle inclut notamment les 5 solides de Platon : triangle/tétraèdre ; carré/cube/hexaèdre ; l'octaèdre (8 faces) ; le dodécaèdre (12 faces) ; l'isocaèdre (20 faces) et représentent les 5 éléments de la création : feu, terre, air, éther, eau. L'ouvrage de référence est « L'ancien secret de la Fleur de Vie » de Drunvalo Melchizédek. La géométrie sacrée contient tout ce qui est émané, manifesté et répète des structures à l'infini... Les 5 volumes de platon sont à rapprocher des 5 éléments primordiaux, des 5 sens de perception humaine, des 5 doigts de chaque main, des 5 orteils, des 5 ouvertures du visage... On retrouve l'intervalle de la quinte dans la plupart des musiques sacrées et son pouvoir d'harmonisation est puissant.

de cœur » de la planète ?

H.A.A.R.P : le High frequency active auroral research program, est un programme scientifique et militaire américain : il s'agit d'un complexe d'antennes pointées vers le ciel qui prétend étudier la ionosphère. Ces antennes envoient de hautes fréquences dans cette couche supérieure de l'atmosphère électriquement très conductible, la mettant littéralement en ébullition ! Le GRIP (Groupe de Recherche et d'Information sur la Paix et la sécurité) à Bruxelles, a publié un rapport[96] sur le projet HAARP qui présente notamment les risques liés à ce projet.

Officieusement, HAARP pourrait devenir une redoutable arme climatique en créant des inondations ou sécheresses terribles sur une zone géographique ciblée et agir sur les systèmes de communication d'un pays quel qu'il soit, notamment sur un pays ennemi afin de le paralyser.

Étant donné la gamme de fréquences utilisée, HAARP pourrait également perturber le fonctionnement du cerveau via de basses fréquences émises (entre 0 et 50 hertz). Si ce n'est pas déjà le cas, au moins perturbe t-il la ionosphère avec des répercussions à plus ou moins long terme encore inconnus sur le climat.

A noter que les ondes RS dont la moyenne des fréquences est de 7,8 hz correspondent au rythme cérébral Thêta (4,5 à 8 Hz) caractérisent un sujet dont la conscience est apaisée ou en phase de méditation, mais aussi les états de somnolence, d'hypnose et de mémorisation des informations. Est-ce un hasard, la encore ?

La Terre communique à grande échelle avec l'homme.

---

[96] www.grip.org/pub/rapports/rg98-5_**haarp**.pdf

Le chaos : une fluctuation néguentropique ?

L'ordre naît du chaos, est-il énoncé dans l'ordre maçonnique. En réalité, il faudrait dire plutôt : le chaos naît d'une fluctuation de l'ordre ; seule une fluctuation de l'ordre donne l'illusion d'un certain chaos.

En effet, si l'ordre naît du chaos, c'est que ce chaos doit au moins diminuer localement de manière à permettre un rééquilibrage de l'ensemble. Mais est-ce réellement LE chaos ?

Examinons ceci : plus les interactions sont nombreuses, plus il y a échanges d'information. Nous assistons alors à un pic d'information. La densité d'information augmente exponentiellement en fonction de la densité en masse, interactions, échanges.

Durant la phase très chaude et dense de l'univers, ce dernier connaissait un chaos sans nom, et pourtant de ce chaos sont nés : atomes, étoiles, galaxies, gaz stellaires, vide cosmique, vide quantique, etc. Tout provient de ce chaos si prodigieux qui engendra la plus phénoménale manifestation d'information dans ce qu'on nomme « la matière ». *La matière est donc un condensé de ce pic d'information ayant pris forme en engendrant l'espace et le temps.*

Regardez le **climat**. Lorsque nous faisons subir à la terre des perturbations (entropie), le climat s'ajuste et le chaos généré localement produit un réajustement du système (fluctuation néguentropique).

L'axiome dit que l'équilibre intervient dans un système isolé quand l'entropie est maximale. Ceci pourrait être valable pour le climat, si on considère que notre biosphère est relativement isolée du reste de l'univers. Mais notre planète subit de nombreuses influences de la part du système solaire : effets de marée dus à la lune, activité solaire et magnétique... Tout cela a une incidence avérée sur le climat. L'extérieur du système agit sur l'intérieur de ce même système.

Pour en revenir au chaos, lorsqu'on fait une mesure de l'entropie, on mesure en fait une variation entre des états plus ou moins ordonnés. Ce qu'on appelle Ordre est l'état immanent de la Nature et de L'univers.

Un grand désordre fait émerger un **pic d'activité néguentropique**, cette activité étant **représentative d'une stimulation du champ unifié** (information universelle) **prenant les traits d'une émergence et d'un chaos matériels.**

Le désordre est une autre expression de l'information universelle incarnée dans la matière ; il est également une fluctuation de l'ordre en réponse à un stimulus, comme lorsque nous avons de la fièvre parce que notre corps lutte contre une infection.

Le chaos est variable dans un système dynamique ouvert où il y a des fluctuations.

Prenez cet exemple :

En bourse, il est aisé de constater des courbes ascendantes ou descendantes qui obéissent d'ailleurs à la suite de Fibonacci et au nombre d'Or. Les variations à la hausse semblent indiquer un état néguentropique (contraire de l'entropie). Nous apprécions alors la hausse du cours d'un actif car nous faisons une plus-value.... Les variations à la baisse dont les pics traduisent par exemple un crash boursier semblent indiquer une entropie. En réalité, l'ensemble de la courbe est intrinsèquement une *variation d'information*, un état global néguentropique dans le sens où il y a une accumulation d'information dans le temps... ***C'est notre appréciation, notre système de références qui la traduit en bon ou mauvais***, plaisant ou déplaisant, fructueux ou infructueux, etc.

En soi, l'information n'est ni bonne ni mauvaise, c'est son incarnation dans la matière qui lui donnera une saveur, une propriété et notre perception de celle-ci.

Au big bang, il ne faisait pas bon vivre, vous en conviendrez, mais ce fut l'époque d'un grand chambardement, d'une grande construction. **Pour construire une maison, il faut créer un chantier** ; d'ailleurs ne dit-on pas d'un grand désordre qu'il s'agit d'un « chantier » ?

Notre maison cosmique continue de fonctionner ainsi, en créant de l'entropie (en apparence seulement), afin d'ajuster son système fondé sur de constants échanges et réajustement de maintenir son harmonie. C'est l'incarnation matérielle de l'information qui lui donne cet aspect ondulatoire commun à tout l'univers, tout simplement parce notre cosmos doit en permanence effectuer des réajustements de son système.

On peut alors dire que notre espace-temps ne contient pas l'information totale de l'univers spirituel mais qu'il s'en nourrit par feedback.

Dans un système physique comme le notre, l'ordre et le chaos sont comme les deux versants d'une feuille de papier.

La raison pour laquelle cet ordre de choses apparaît sous la forme d'une sinusoïde est que notre système oscille en permanence sur lui même, **traduisant le mouvement de l'information** et les échanges dynamiques...

Si nous avions un système sans oscillation, ressemblant à un point de densité concentrant l'ensemble de son programme, l'information serait gelée et ne pourrait circuler. Nous aurions une sorte de cristal cosmique dont la vibration fondamentale pourrait ressembler à une onde stationnaire.

Il n'y aurait alors qu'une seule dimension à cet univers, la dimension d'espace étant réduire à son stricte minimum, la dimension de Planck.

L'ADN et sa forme hélicoïdale démontre que l'information est loin d'être figée, mais qu'elle appelle à des émissions-réceptions de toutes parts, afin de propager ce qu'elle émet et redistribuer ce qu'elle reçoit.

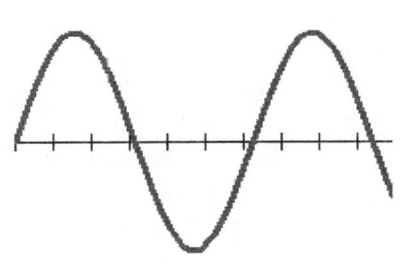

Agitez une corde tendue de part et d'autre. **L'oscillation de la corde nous donne un pic haut et un pic bas.** Une sinusoïde.

Question intéressante : le pic haut est-il un degré d'ordre plus grand que le pic du bas ? Ni l'un ni l'autre, fondamentalement.

Les pics traduisent des fluctuations d'un ensemble soumis à une agitation, les pics hauts et bas étant des **variations d'un ordre** sous la forme d'une oscillation...

L'entropie signifie t-elle une disparition de l'information ?

La réponse est NON. Elle est synonyme d'**information devenue cachée, engrammée dans un autre référentiel.**

L'entropie associée à la perte de chaleur est-elle une perte sèche d'information ? Je pense que vous avez déjà la réponse....

L'information associée à la mort ne fait que retourner à son état initial : le champ unifié. La matière procède de la non matière, rappelons-le, ce qui implique que toute mort physique équivaut au même « poids » en information dans le champ informationnel global.

C'est un retour aux sources enrichi de l'expérience, car l'expérience crée de l'information.

Énergie et matière sont en équivalence. On ne peut parler de matière sans parler d'énergie et on ne peut parler d'énergie sans parler d'information. De même on ne peut parler d'entropie sans parler de son pôle énantiomorphe : la néguentropie.

Finalement, est-ce l'ordre ou le désordre qui préside à la vie, à l'univers ? La matière obéit-elle dans l'ensemble à des lois chaotiques ? Il faut croire que non au vu des nombreux arguments exposés ici et constatables scientifiquement.

Par conséquent, ce qu'on nomme chaos n'est que variation d'un état supérieur d'information, néguentropique : on ne fait que mesurer localement une différence entre deux phénomènes physiques, qu'on appellera alors entropie ou néguentropie. Exemple : dissipation de chaleur vers un état plus froid... La probabilité de tendre vers un état entropique lorsqu'on prend froid est plus grande, ce qui ne signifie pas que nous perdons en information !

La théorie de la Panspermie dit que la vie est apparue sur la Terre il y a environ 3 milliards d'années grâce aux collisions de comètes qui hébergent dans leur enveloppe de glace et de poussières des micro-organismes primitifs. Une émission passée sur la chaîne Encyclopédia, a montré que des souches d'*escherichia coli* ont survécu à des chocs équivalent à la vitesse d'une chute de météorite. Au lieu de voir l'énorme trou provoqué par la chute de la météorite et l'extinction d'espèces dûe à ce cataclysme, pourquoi ne pas y voir un incrément informatif ?

Toute matière, tout atome et onde-particule est en réalité un composé d'informations riche et intelligent - une information structurelle capable de se combiner, d'échanger et de renseigner sur sa nature.

Lorsque la matière se dégrade lors d'un processus d'érosion, nous mesurons en fait un **différentiel d'information entre deux époques,** par exemple, entre le temps $t = -240\,000$ ans et $t = 2011$ après J.C.

L'information étant immatérielle, elle retourne à sa source pour se remodeler sous une autre forme.

L'énergie déployée par le **mouvement itératif de l'information se perpétue sans que l'observateur puisse forcément la mesurer,** donnant à l'observateur **l'illusion d'une perte**, d'une séparation. Or, rien n'est séparé ; tout est en TOUT et LE TOUT est en chaque partie.

- Fluctuations d'un champ néguentropique :
Nous avons affaire à des variations dans la distribution d'information, ce qui peut donner l'impression d'avoir affaire à un système chaotique. Il n'existe donc pas de réel système entropique, surtout pas à l'échelle de l'univers.

Notre espace-temps lui même a une durée de vie limitée mais c'est grâce à la coordonnée temps que nous mémorisons de l'information, grâce aussi aux consciences et cellules biologiques qui font office de génératrices indépendantes d'information – l'ensemble venant enrichir la base de donnée du champ unifié.

A la fin de l'univers, que deviendra l'énergie du pluri-univers ?
Elle devrait subsister dans la mesure où l'énergie n'est jamais détruite, conformément à l'une des lois de la thermodynamique, enrichie des multiples expériences du vivant dans la matière.

L'énergie *entropisée* dans le processus de transformation ne disparaît pas : l'énergie passe d'un état physique à un état subtil, un champ informationnel universel.

La réalité sous-jacente est que l'entropie met en jonction deux états réversibles ou non : l'**information initiale et l'information après transformation.**

L'énergie n'a pas perdu quelque chose entre temps. La seule chose qu'elle ait apparemment partiellement perdu, c'est de la chaleur, une vitesse, un peu de matière... Grosso modo de l'énergie au sens large du terme... Or, qu'est-ce que l'énergie ? La chaleur ? Un volume ? Un frottement ? Une érosion ? C'est avant tout de l'information sur la forme et sur son existence – par conséquent nous parlons de mémoire du vécu, au delà de la forme.

Durant le processus de passage de la vie à la mort par exemple, l'information sur l'existence devient une **« information cachée »** aux yeux de nos sens et de nos instruments de mesure. Cette information sous les traits d'une mémoire individuelle est transférée **dans un autre référentiel.**

Pour étayer cet argument, *pouvez-vous dire que vous perdu de l'information entre ce matin et cet après-midi ?*
Si vous pensez que oui, alors vous avez sans doute créé un trou quelque part dans l'univers et ça pourrait être assez dommageable ! D'ailleurs, si c'était le cas, votre organisme se disloquerait de l'intérieur car chaque seconde est une seconde d'information accumulée !...

Avez-vous déjà vu le temps aller du présent vers le passé ? Ce serait pire qu'un paradoxe temporel, n'est-ce pas ?

Par conséquent, le temps mesure de l'information qui s'accumule en permanence, même si cette mesure concerne un monde en train de basculer dans le chaos...

Mais avant d'en arriver à l'extrême limite de la mort, prenons le cas de nos sociétés dites décadentes. Qu'est-ce que le chaos si ce n'est la production d'une énergie et d'une information denses, bien qu'elles impliquent la destruction de ce qui existe aujourd'hui ? *Ce n'est pas parce qu'on détruit quelque chose qu'on ne produit pas a contrario de l'information sur ce changement de situation...*

C'est juste un changement de modèle, tel un un changement de paradigme. Bien que ce modèle ne soit pas très agréable à vivre, il continue néanmoins de produire une information. Et quand la société aura atteint la masse critique, au paroxysme de ce chaos, que se passera t-il ? Une transition de phase. L'ancien système basculera de lui-même sur un autre modèle.

Beaucoup espèrent que le prochain système économique et social sera meilleur, plus humain, plus équitable. Hélas rien n'est garanti. Un nouveau système ne signifie pas un meilleur système bien que la complexification de ce dernier implique davantage de rétroaction, d'exigences, de stimulis et l'implication de nos intentions, pensées, désirs, sentiments et émotions...

Nous vivons essentiellement dans un monde de lutte. La lutte pour la liberté versus lutte contre le pouvoir en place. Il est possible que la prochaine étape soit une plus grande globalisation de l'économie avec tout ce que cela entraîne comme conflits de toutes sortes... Cela reste une hypothèse bien sûr. La pression sociale exercée sur cette machinerie planétaire, hélas dépourvue d'étique, pourrait jouer un rôle essentiel dans la prochaine mutation socio-économique. Et tout cela prendra du temps...

Nulle intervention extérieure ne pourrait, par exemple, renverser le fonctionnement de nos économies basées sur la spéculation boursière, l'avidité, l'égoïsme, la recherche de la domination par le pouvoir procuré par l'argent, car tout cela est encore très enraciné chez l'homme.

Si l'information orientée vers plus d'amour, impliquant partage et respect atteint la masse critique nécessaire alors ce système obéira à la force d'impulsion en jeu. Tout dépend de nous. Lutter ou lacher-prise ? Il faut savoir que l'avenir proche est déjà procréé, toutes les pièces sont déjà réunies. Lutter contre un système déjà moribond ne sert à rien. Un autre lui succèdera. En revanche, nous pouvons semer individuellement les graines de l'amour en cet instant, afin que demain soit meilleur. Je ne dis pas que la lutte est mauvaise en soi, il n'y a rien de bon ni de mauvais par essence, il n'y a que de l'expérimentation...

Un **paroxysme est comparable à un pic d'activité solaire** donnant lieu à une éruption solaire. Une éruption solaire est pourtant nécessaire pour permettre l'équilibre du soleil. Prenons l'image d'une sinusoïde. Quand l'ordre est à son comble nous vivons comme sur une courbe ascendante agitée par le vent ; inversement pour l'anarchie.

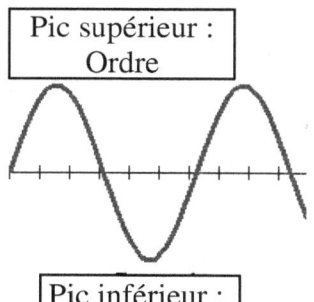

Pic supérieur :
Ordre

Pic inférieur :
chaos

Comme l'information grandit, alors l'énergie associée à l'information grandit aussi.
Lors du processus de transformation, l'entropie de l'énergie bascule sur son versant informationnel. Et donc l'entropie disparaît puisque l'information est néguentropie !

Qu'avons-nous sur ce schéma ? Deux pics d'une même courbe agissant comme une fréquence.

Le pic haut a t-il moins d'information que le pic bas ? *L'amplitude entre les deux est l'expression d'une évolution de l'information sur une courbe ascendante et descendante* ; l'alternance des deux exprime le mouvement et l'échange.

L'auteur d'un article scientifique sur les ondes stationnaires déclarait fort à propos : « C'est grâce à une partie de sa masse, accumulée sous forme d'énergie cinétique, que la matière peut agir et réagir avec d'autres matières à cause des ondes qu'elle émet et qu'elle reçoit, le tout selon les lois de Newton. ».[97]

En effet, il met en évidence par des équations le fait que matière et ondes stationnaires ont les mêmes propriétés. L'ordre et le chaos sont en virtuelle opposition, l'équilibre étant atteint lorsque les deux s'annulent d'une certaine manière. L'ordre et le chaos, deux polarités complémentaires pour l'harmonie d'un système quel qu'il soit. L'ordre peut produire autant d'énergie que le chaos dans ce cas de figure car le désordre n'est qu'un nouvel agencement de l'ordre – non que j'en fasse l'apanage bien au contraire ! Il est préférable bien entendu de générer une belle harmonie en maintenant les deux pôles en équilibre comme deux poids sur une balance.

Mais une étoile qui se meurt dans une immense implosion-explosion est-elle l'expression pure du chaos ? C'est juste une transition entre deux états néguentropiques. *La mort d'un individu est-elle une fin en soi ?* Là encore, il s'agit d'une transition, de l'état matériel à son état initial, informationnel - retour au point d'origine qui l'a engendré...

Vous aurez compris que les fluctuations que nous vivons dans notre monde ou dans l'univers reflètent ce fragile équilibre entre vie et mort, entre bon ordre et désordre... C'est entre la mort et la vie que nous pouvons vraiment accéder à ce qu'est l'ordre et la connaissance pure. La vie, elle, expérimente déjà la mort, et la mort promet déjà la vie.

L'univers n'a pas trouvé d'autre solution que la voie de la vie et de la mort, pour que l'expérience enrichisse son programme et qu'enfin le programme ne soit pas vain et qu'il progresse à son tour... L'univers, en ce sens, expérimente la vie par la manifestation nécessaire de son programme.

Comme l'indique le mot « thermodynamique », du grec ancien *(thermos)* « chaud » et dynamique du grec ancien *(dunamikos)* « fort, puissant », l'approche et le cadre d'étude de l'énergie est cloisonné à des notions de température, de volume, et de composantes physiques excluant le versant « information » car il est vrai que l'information est une donnée difficile à mesurer ! Mais il suffit simplement d'étudier différemment l'énergie pour comprendre que celle-ci est un indice néguentropique, à l'inverse de l'entropie brandie comme un argument-clé infirmant la théorie des univers à rebond.

Or, l'énergie fournit non seulement des informations sur la nature de la matière, mais de surcroît, elle EST à part entière une bulle de savoir en mouvement. Les échanges d'énergies renseignent sur les flux qui influent

---

[97]   http://www.glafreniere.com/ondes.htm

véritablement sur tout ce qui existe...

On pourrait donc formuler une nouvelle théorie de l'énergie fondée sur le pilier « information » :

1. Rien ne se perd : l'énergie se conserve ; celle-ci ne peut pas être détruite mais peut basculer sur sa polarité informationnelle

2. L'entropie formulée par la deuxième loi de la thermodynamique devient une fluctuation néguentropique au sein d'un système dynamique ouvert tel que le cosmos

Par conséquent, rien ne se perd mais tout se créée et tout se transforme (que Lavoisier ma pardonne !)

Le chapitre suivant vous entraînera dans le monde de la supersymétrie...

III. Architecture du vivant et de la matière : des modèles de base universels

Architecture matricielle du cosmos et du vivant

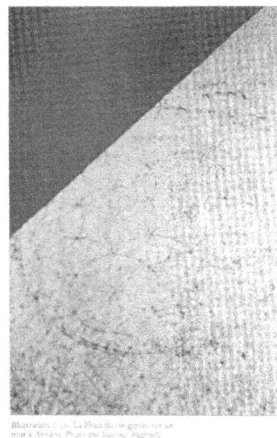

J'avais fait une brève mention au début de l'ouvrage concernant Drunvalo Melchizedek, auteur de *L'ancien secret de la fleur de vie*.

Page 34 et 35, il déclare à propos de cette fleur de vie formalisée par le dessin ci-contre : « Ce dessin contient dans ses proportions absolument tous les aspects de l'existence. Il renferme toutes les formules mathématiques, toutes les lois de la physique, toute les harmonies de musique, toute forme de vie biologique, et ceci, jusqu'à notre corps physique. Il contient en lui chaque atome, chaque niveau dimensionnel, tout, absolument tout ce qui se trouve au sein des univers et toutes les longueurs d'onde. »

Il découvrit que cette fleur de vie était apparue d'abord en Égypte il y a des milliers d'années. A sa plus grande stupéfaction, une amie lui rapporta une photo qu'elle avait prise durant son séjour en Egypte, sur ce ce qu'il estima être « probablement un des plus vieux murs en Égypte », dans un temple qui date de presque 6 000 ans, « soit un des plus anciens de la planète » !

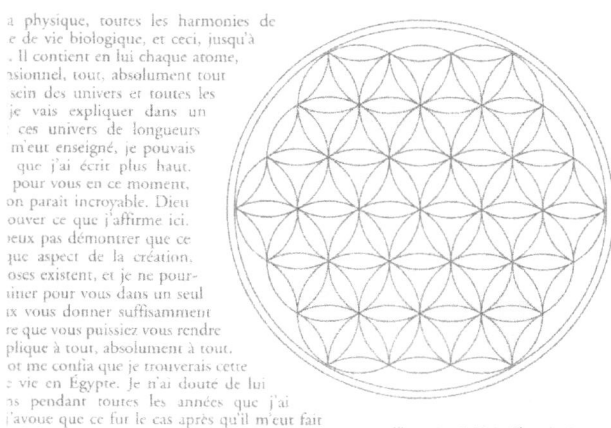

Illustration 1-15, La Fleur de vie.

Il s'agit du deuxième temple à Abydos. (Soit dit en passant, j'ai trouvé amusant, dans la série télévisée Stargate SG1, qu'Abydos fut le monde où aboutissent l'équipe d'explorateurs ayant passé la porte des étoiles découverte à Guizeh !)...

Vous me pardonnerez si je m'inspire de D. Melchizedek dans ce chapitre, mais j'ai souhaité vous restituer les principales convergences et symétries dans les structures matricielles du vivant.

Je ne pense pas qu'il soit important d'entrer dans une foule de détails, l'essentiel étant de voir à quel point le vivant et les structures physiques dérivent d'une matrice unique.

Au moment où j'entamai mes propres investigations, je précise que je ne connaissais pas vraiment le livre de D. Melchizedek... J'étais partie pour recenser les structures qui constituent le vivant, les forces physiques et les constats universels afin de découvrir un possible lien entre eux... J'en arrivai à la conclusion qu'il existait une sorte de constante unifiant toute chose, dont le nombre d'Or, PI et la suite de fibonacci.

Les principales formes structurelles apparaissant de façon récurrente, tel une empreinte systématique, ou un programme informatique, furent :
- La sphère,
- le tore et ses dérivés (cercle, sphère, cyclindre...),
- la forme hélicoïdale qui est un dérivé du tore (ADN, vortex, sinusoides...),
- les 5 solides de platon

que la fleur de vie cristallisent.

Après cette synthèse des différentes formes répondant à ces modèles de base, et ce n'est qu'en ayant déroulé spontanément le fil de ma réflexion que se tissa sur le papier une fleur de vie cosmique dont je remarquai soudain quelque certaine similitude avec la fleur de vie d'Abydos.

1. Architecture du vivant :

Vesica Piscis : une base structurelle pour la matière et le Vivant

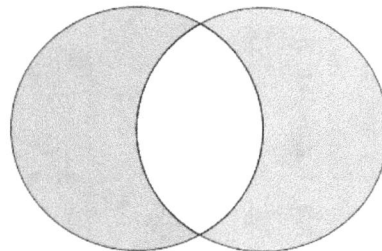

Le **vesica piscis** est l'intersection de deux cercles de même diamètre dont le centre de chacun fait partie de la circonférence de l'autre. Il signifie littéralement en latin *le corps du poisson (déf. Wikipedia)*, en raison de la forme évoquant un poisson.

Déclinaisons de la vesica piscis au cœur de la matière :
- Hydrogène, 5 premières orbitales

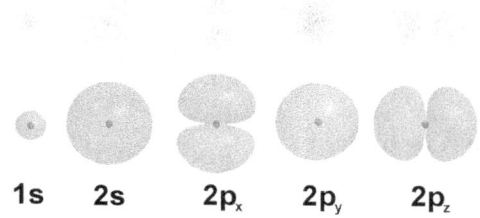

1s   2s   2p$_x$ 2p$_y$ 2p$_z$

Ces orbitales sont composées d'électrons orbitant autour du noyau de façon probabiliste. Cette répartition répond donc à des probabilités. Le hasard fait plutôt bien les choses puisque la répartition des électrons répond à une structure géométrique harmonieuse et non hasardeuse.

- Champ magnétique de la Terre :

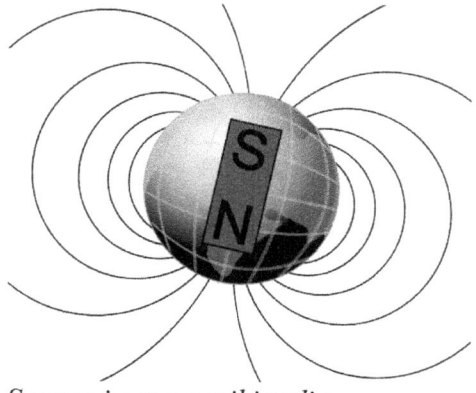

Source image : wikipedia

STRUCTURE CELLULAIRE ET VESICA PISCIS

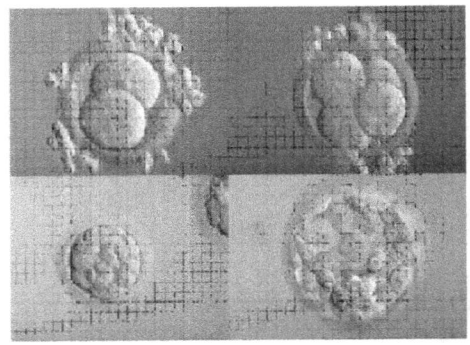
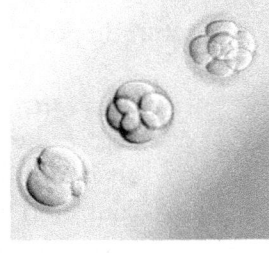

Vesica Piscis
Stucture de base de la vie et du cosmos

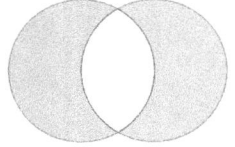

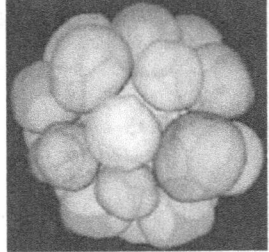

Embryon/cellules soumis à rayons x

Dédoublement des cycles cosmiques (dont le temps)
Théorie développée par Jaan-Pierre GARNIER MALET

Crop circle

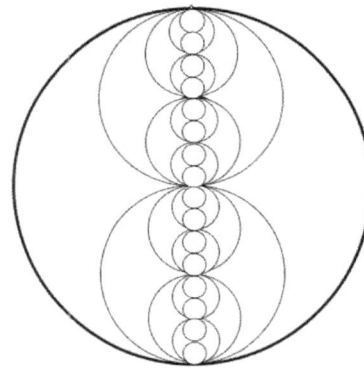

Sources images : http://clonage-des-cellules-souches.e-monsite.com/
James Hagadorn > embryon /cellules aux rayons x

La théorie du dédoublement des cycles et des temps de Jean-Pierre Garnier Malet implique que le temps n'est pas linéaire mais stroboscopique, comme un trait en pointillés. Dans cette configuration, les « blancs » du trait correspondent à des « ouvertures temporelles ». Dans le schéma ci-dessus, le temps est dédoublé par rapport au premier et accéléré. Ce dédoublement ressemble d'ailleurs étrangement à la fleur de vie. Dans sa théorie, le dédoublement des temps prend fin au terme d'un cycle cosmique de 25 920 ans, appelé précession des équinoxes, lui même intégré dans un cycle plus grand de 324 000 ans. Sur son site internet, J.P Garnier

Malet nous résume le principe de dédoublement par ces mots : « Une accélération de l'écoulement du temps dans un horizon imperceptible, dédoublé du premier horizon, permet à une particule, dédoublée de la particule initiale, évoluant de la même façon, d'obtenir la réponse avant la particule initiale. L'accélération du temps peut être telle que la particule initiale « n'a pas le temps » d'utiliser un « instant » de son temps pendant que la particule dédoublée « a tout le temps » d'obtenir la réponse à sa question « dans ce même instant ». Cela ne vous rappelle t-il pas l'expérience de la gomme quantique avec choix retardé où l'information est parvenue du futur avant même que les particules n'impactent la plaque photographique ?

En d'autres termes, le but visé est une circulation de l'information optimisée permettant au passé, présent et futur d'échanger instantanément des données et de réactualiser l'information à une vitesse vertigineuse. Dans ce mode de fonctionnement, le futur dialogue avec le passé en des temps infinitésimaux très rapides, accélérés, grâce aux ouvertures temporelles. Le dédoublement des temps rend cela possible. Ce n'est pas sans évoquer la nécessité de dupliquer un programme initial afin de le rendre dynamique et réactualisé, via des échanges d'information, matière, lumière et énergie..

Autres déclinaisons de la fleur de vie :

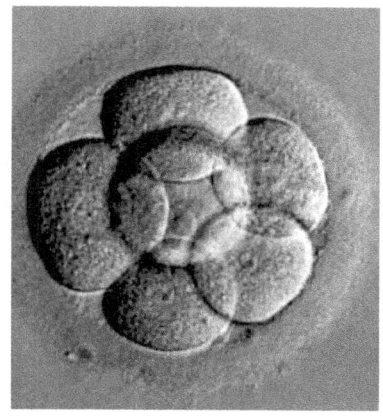

Photo de haute qualité (sur une journée) de 3 embryons humains au stade de 8 cellules ; 6 cellules sont visibles dans ce plan de focalisation

Source :Advanced Fertility Center of Chicago http://www.advancedfertility.com/embryos.htm -

>> 5e jour de fécondation

Comparaison avec la Fleur de vie :

      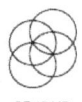  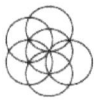 

OCTAEDRE EN ROTATION SPHERE VESICA PISCIS TREPIED DE LA VIE (2e jour) 3E JOUR 4e JOUR 5e JOUR 6e JOUR

Étonnamment, la photo de l'embryon au 5e jour (comportant 6 cellules visibles sur les 8) correspond à l'image de la fleur de vie au 5e jour (6 sphères) ! En effet, la cellule se divise d'abord en 2, puis en 4 puis en 8 cellules...
Au 6e jour, nous obtenons 7 cellules visibles et une graine de vie

complète ! Cela m'a fait penser à ce passage de la genèse (bible) :
« Et au 7e jour, Dieu acheva son œuvre qu'il avait avait faite, et il se reposa alors le 7e jour de toute son œuvre qu'il avait faite. Et Dieu bénit le 7e jour et le rendit sacré, parce qu'en lui il se repose effectivement de toute son œuvre que Dieu a créée dans le but de faire ». Bible, Genèse chap. 2 : 2

Et voici la Graine de vie : (une partie de la fleur de vie)
8 cellules visibles

Dans sa complétude, voici la représentation de la Fleur de Vie dans la géométrie sacrée et l'analogie avec quelques formes géométriques :

Fleur de Vie
dans la Géométrie sacrée

Structure d'une Marguerite

Fleur de vie formant un maillage complexe pouvant former n'importe quelle structure géométrique

Fleur virtuelle composée de boucles ou rubans de Möbius...

- Zoom sur le Ruban de Möbius : l'infinitude des cycles
(images : wikipedia)

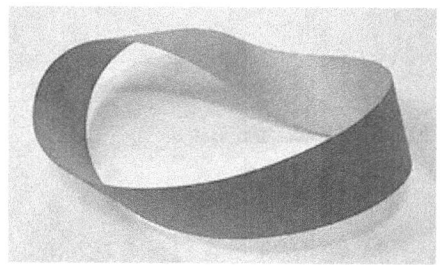

Symbole du recyclage !

- Le 8 : Symbole de l'infinitude des cycles

Ce ruban en forme de 8 est obtenu en effectuant une torsion en son milieu...
C'est le symbole de l'infini en mathématiques, la boucle qui ne s'achève jamais...

- Mitose cellulaire et vesica piscis :

Formation de l'oeil
au centre de la vesica piscis

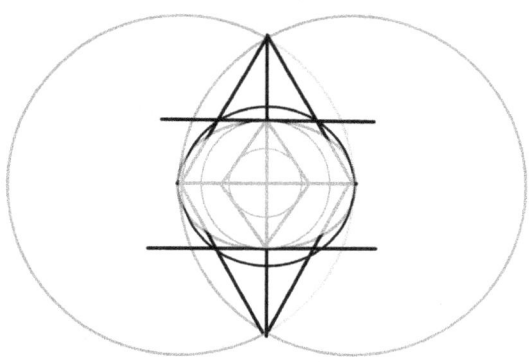

- Mitose cellulaire : Vesica piscis en phase de duplication :

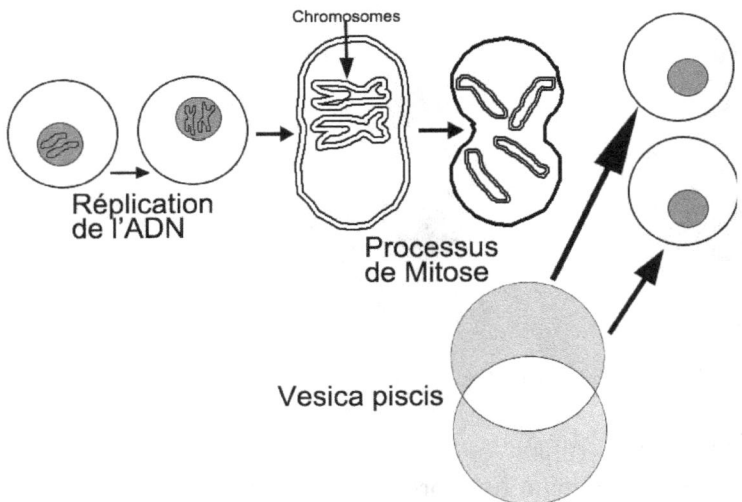

<u>Réseau neuronal et structure de l'univers à grande échelle :</u>

Un immense réseau neuronal

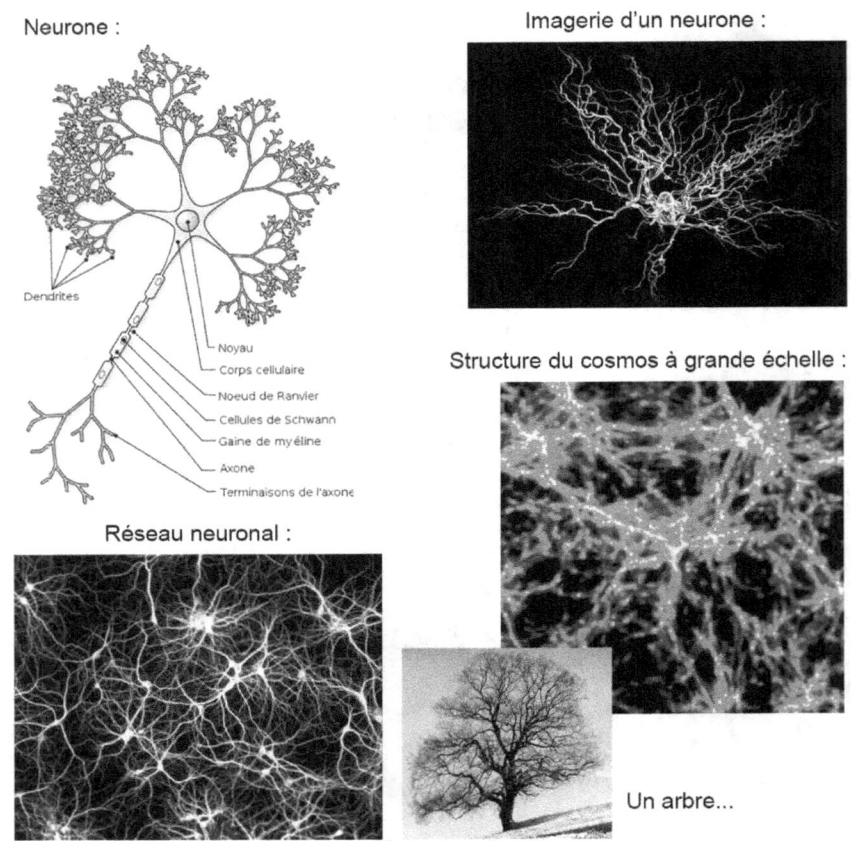

Les bronches et poumons, un arbre inversé et ses racines :

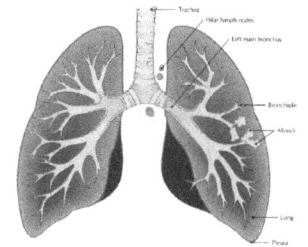 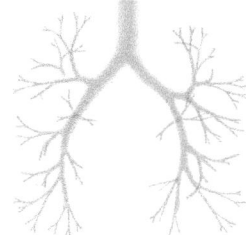

Les racines : (du latin radix « racine, base, source, fondement ») :

(image : wikipedia, auteur Emery)

<u>Univers lacunaire</u> :

(images : wikipedia)

La structure en nid d'abeilles répond à l'un des 5 solides de Platon, **le dodécaèdre, composé de 12 faces**, 20 sommets et 30 arêtes.

Chez les grecs, il était le symbole de l'Univers ! Sur l'image des alvéoles de la ruche, nous avons un dodécaèdre en 2 dimensions. En 3 dimensions, il aurait 12 faces tel que décrit précédemment.

Structure lacunaire :

Alvéoles d'une ruche :

Structure en « nid d'abeilles » :

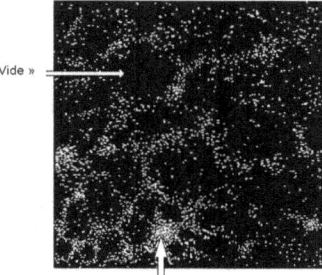

« Vide »

amas de galaxies
(crédit illustration : jp-petit.org)

Bulles de savon :

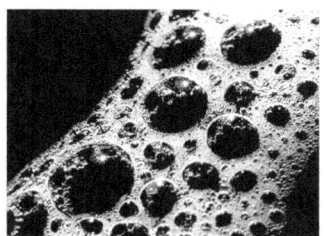

Image reconstituée de la structure
à grande échelle de l'univers.
Image de Jean-Pierre PETIT,
astrophysicien

Les Solides de Platon

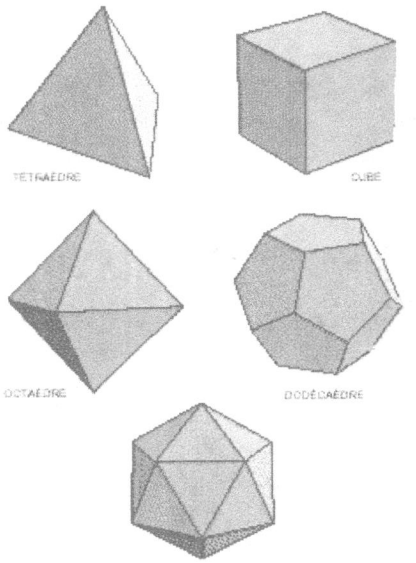

Les déclinaisons de ces 5 solides de Platon se retrouvent dans la MERKABA de la mystique juive permettant d'accéder au trône céleste. La MERKABA serait un véhicule de lumière, c'est à dire un véhicule de la conscience...
 Des praticiens disent que l'accès à ces sphères célestes très hautes se fait par des sons particuliers et prières répétitives lancinantes.

Je pense à cette Jérusalem céleste dont il est si souvent question dans la bible, dont la première référence apparaît dans le livre d'Ézéchiel...

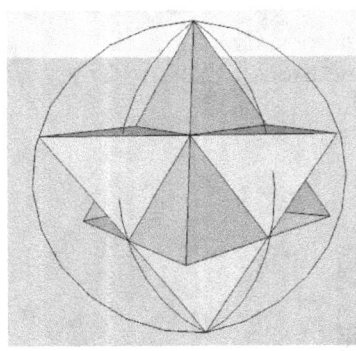

Les 5 solides de Platon s'intègrent parfaitement dans le Merkaba, le véhicule de Lumière fondé sur le champ ou souffle d'énergie vitale, le Prâna, et le champ de l'aura. Dans la mesure où la conscience est superlumineuse, on pourrait dire que chaque personne est un véhicule de lumière... Ce véhicule ne fait pas que vibrer dans notre dimension physique, temporelle. La vibration étant de nature spirituelle, toute conscience et corps physique associé vibre sur plusieurs dimensions. Lorsqu'une personne est très spirituelle, son champ d'énergie-lumière se met à tourner plus vite, à l'instar des astres dans l'univers (la terre effectue une révolution sur elle-même et autour du Soleil). A l'échelle humaine, la conscience vibrant sur de hautes fréquences, celles de l'amour, attitre à elle les belles expériences mais aussi d'autres individus qui se mettent à graviter autour d'elle à la manière des planètes autour du Soleil en créant toujours plus de sphères autour d'elle... Au final, l'être toucherait à l'ultime fleur de vie dans sa complétude.

MERKABAH : Étoile de David en 3 dimensions
Racine tirée de l'Egyptien MER-KA-BA/VAH
Terme hébreu signifiant *char* (de la racine R-K-B signifiant *chevaucher*)
Mer = lumière ou énergie lumineuse sous forme de deux champs tétraédriques ou de deux étoiles tétraédriques tourbillonnant à l'inverse l'une de l'autre et autour du même axe, lui même situé au centre de notre corps humain (extrait de l'ancien

secret de la fleur de vie). Il s'agit de deux champs d'énergie lumineuse à rotation inversée.

KA = esprit ou âme individuelle
BA = Réalité dans laquelle on vit
Le MERKABA serait le moyen de retrouver l'état de conscience le plus originel qui soit. On peut activer les champs d'énergie MERKABA par des exercices particuliers de méditation, des techniques de respiration et de vocalisation. Le symbole du MERKABA s'inscrit dans la géométrie sacrée, encore une fois.

Chakra signifie Roue ou Disque en sanscrit. Ce schéma représente les 7 principaux centres énergétiques chez l'homme. On pourrait les comparer à des « points de jonction de canaux d'énergie (nāḍī) ». Les chakras sont reliés aux organes et fonctions vitales mais aussi à une vibration/couleur, à une fonction physique/psychique et à un élément (eau, air, terre, feu)... Un chakra (Sagra en sumérien : SAG-RA ou SÀ-AK-RA[98], litt. « cœur qui draine (ou qui « inonde ») est représenté par une fleur de lotus. En sanskrit, chakra est une **roue en mouvement**, en raison du fait que ces centres d'énergie tournent à une certaine vitesse, et drainent de l'énergie. Ce sont en quelque sorte des vortex dont le mouvement est perpétuel. Chaque couleur du chakra correspond à une note de la gamme de Zarlino, en musique...

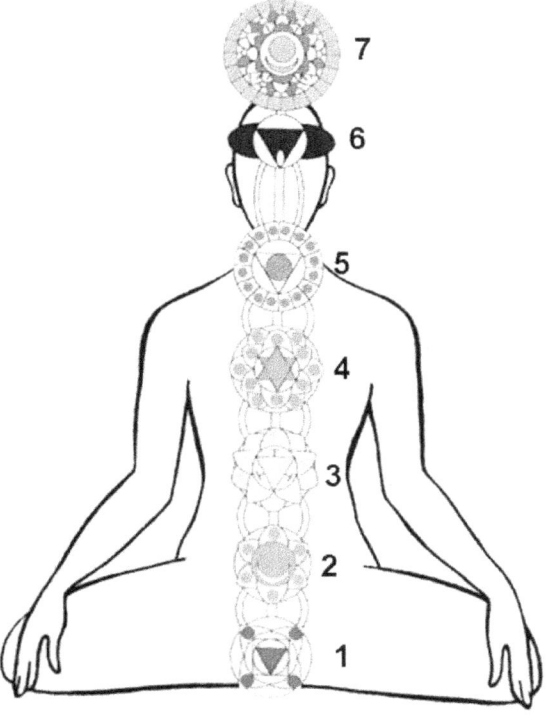

7. Couronne : spiritualité
Sahasrara Chakra : conscience universelle et divine, unité et illumination - centre coronal - glande pinéal

6. 3e oeil : Perception
Agnya Chakra:intuition, perception intérieure, facultés psychiques et cognitives - plexus choroïde - hypophyse, hypothalamus

5. Gorge : Expression
Vishuddhi Chakra: communication, expression, créativité - plexus laryngé - glande thyroïde

4. Coeur : Amour
Anahata Chakra : centre affectif, sentiments, harmonie, amour compassion, bonté, paix - plexus cardiaque - thymus

3. Plexus solaire
Nabhi Chakra: sensibilité, personnalité, image de soi, volonté, puissance - plexus solaire - glandes surrénales/pancréas

2. Sacré
Swadhistan Chakra: sensations, émotions, instincts, sexualité - plexus hypogastrique - gonades

1. Racine, instinct de survie
Mooladhara Chakra: iEnracinement, joie intérieure, stabilité, sécurité, survie, matérialité, équilibre fondamental

Le caducée était aussi le symbole de dieu Hermès Trismégiste, *le trois fois grand*

---

[98] Anton Parks, les Chroniques du Girku, Tome 1 : Le secret des étoiles sombres ; étymologie tirée de son syllabaire suméro-assyro-babylonien

par la sagesse. Ce dernier décrit justement la symbolique des nombres et des cycles.

Cristaux de glace : la super-symétrie

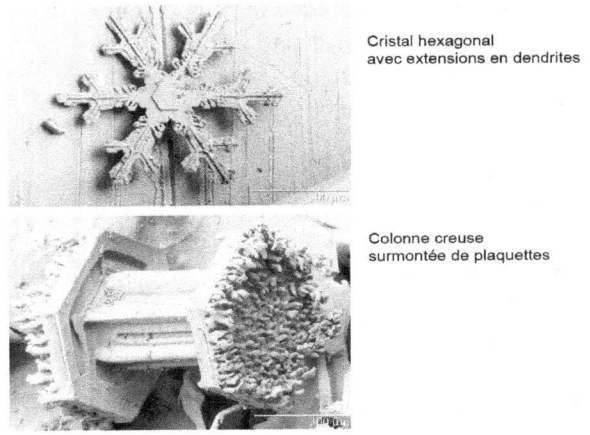

Cristal hexagonal
avec extensions en dendrites

Colonne creuse
surmontée de plaquettes

L'ADN : forme structurelle matricielle

Structure hélicoïdale de l'ADN
et sa superposition dans la matrice

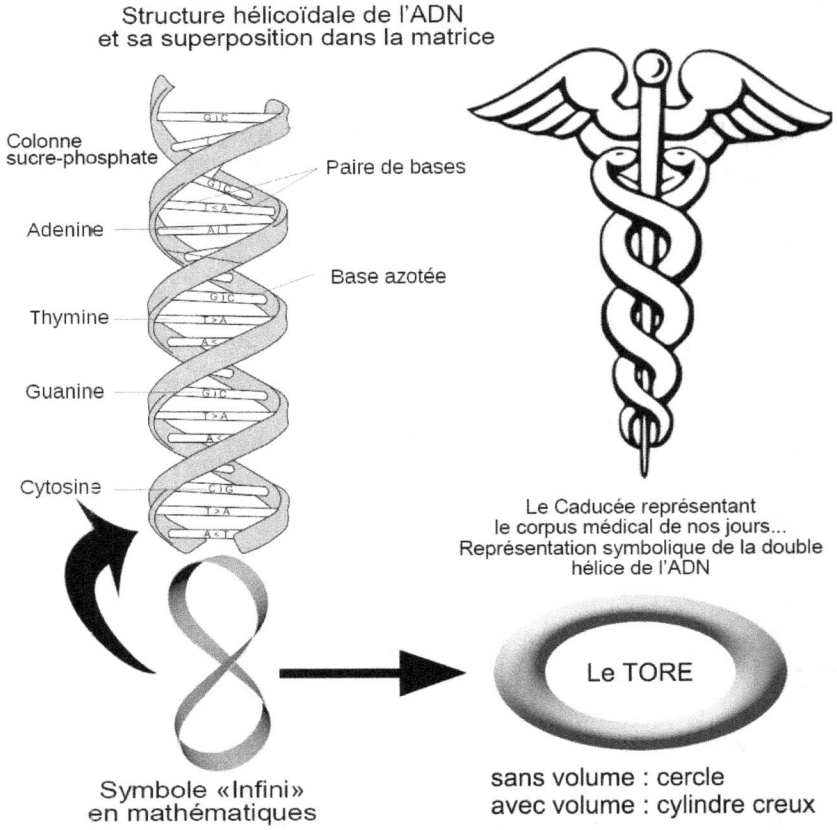

Colonne
sucre-phosphate

Adenine

Thymine

Guanine

Cytosine

Paire de bases

Base azotée

Le Caducée représentant
le corpus médical de nos jours...
Représentation symbolique de la double
hélice de l'ADN

Le TORE

Symbole «Infini»
en mathématiques

sans volume : cercle
avec volume : cylindre creux

Au travers de la cellule biologique, la perpétuation de la Vie s'exprime par la mitose. Dans ce processus vital, l'information du patrimoine génétique (programme) est dupliqué de la cellule mère à la cellule fille. Cette opération de dédoublement et de transfert est commune à la vie, à l'informatique, et au temps. Concernant l'informatique, nous la connaissons par la sauvegarde de fichiers ; concernant le temps nous la connaissons à travers le dédoublement des temps (théorie du dédoublement de J.P Garnier Malet) et l'accumulation d'information, réactualisations, etc.

Le programme se perpétue ainsi en assurant sa sauvegarde informatique tout en permettant aux cycles de se perpétuer sans se ressembler grâce à la ré-actualisation de l'information en des temps accélérés.

Les formes primaires : le tore, l'hélice, la sphère..., témoignent ainsi de l'unicité universelle dans la loi de l'infinitié. Le champ unifié devient l'agent producteur de formes matricielles ; les cycles en pérennisent la manifestation par la répétition de ces formes telle une palette de couleurs primaires pouvant générer des millions de couleurs.

Mais revenons un instant sur ce 8 qui est un Tore, une sorte de beignet avec un volume.

En numérologie, le 8 est associé à l'infinitié des cycles, mais aussi à la matérialité, au concret, au tangible, par opposition au 7 qui est associé à l'esprit. Or, le 8 succède au 7 ce qui signifie que la matière procède de l'Esprit procréateur, soit de la non-matière. Le 8 est également synonyme d'abondance en raison de sa boucle sans fin. Par la loi de cause à effet, l'infinitié des cycles telle une roue en mouvement, exprime le Karma. La roue tourne tant qu'il y a une oscillation, un mouvement. Lorsque la conscience parachève ce mouvement par la connaissance de soi et l'état de présence à Soi réalisant la fusion avec l'Un (l'UNi-vers), et par cette écoute intérieure, le cycle des vies s'arrête. L'oscillation prend fin.

La vibration du 8 permet ainsi dans notre espace-temps de générer des causes et des effets, inscrivant la transformation dans la matière au travers des cycles cosmiques. En cela, ils assurent la ré-actualisation de l'information universelle inscrite dans le champ unifié.

Sous la forme du tore ou du ruban de Möbius, alors l'univers porte la vibration du 8 incurvé sur lui-même. Au-delà du tangible contenu dans le volume-Tore, se trouve l'intangible du « vide » représenté par le trou au centre du tore.

Je vous en reparlerai dans la thématique finale.

On retrouve sur le schéma ci-dessus la structure hélicoïdale du **champ électromagnétique et sa longueur d'onde :**

Source image : http://www.entreterreetciel.net/

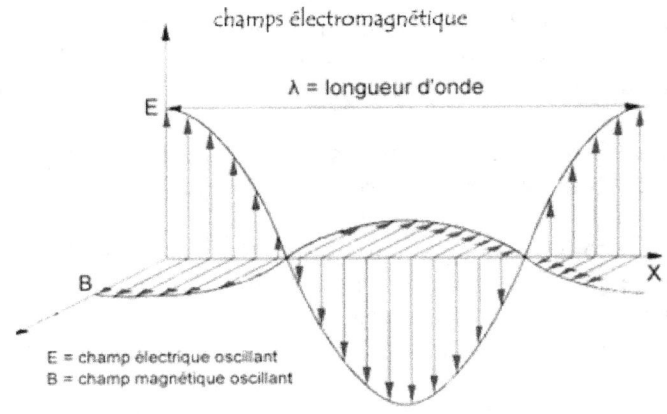

La séquence de Fibonacci :

Séquence de Fibonacci : 1 2 3 5 8 13 21 34 55 89 144 233...

Ces nombres entiers forment spirales dites de fibonacci et sous-spirales...

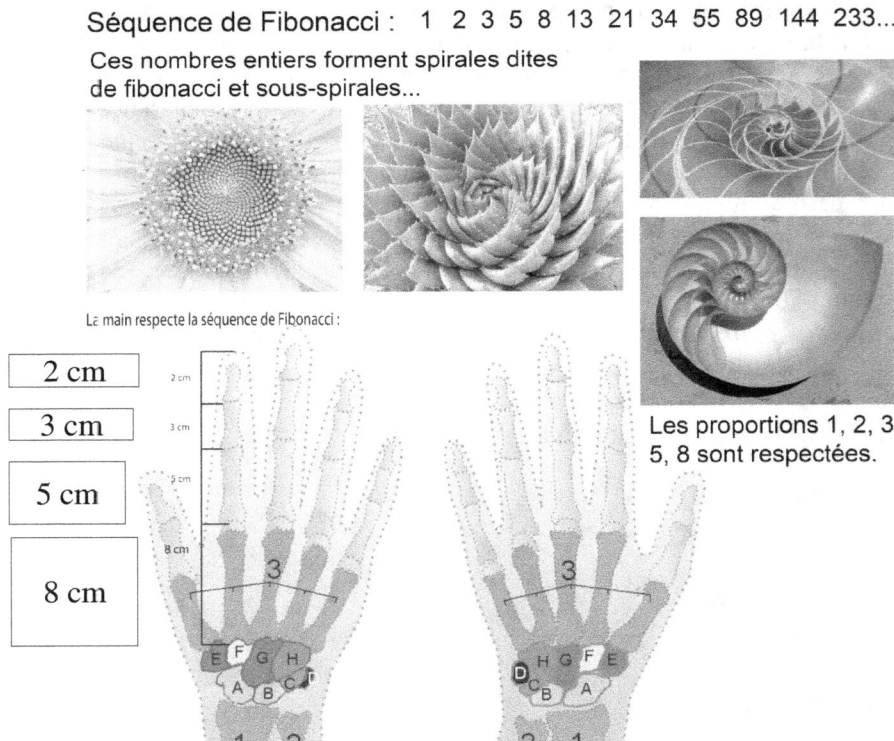

Les proportions 1, 2, 3, 5, 8 sont respectées.

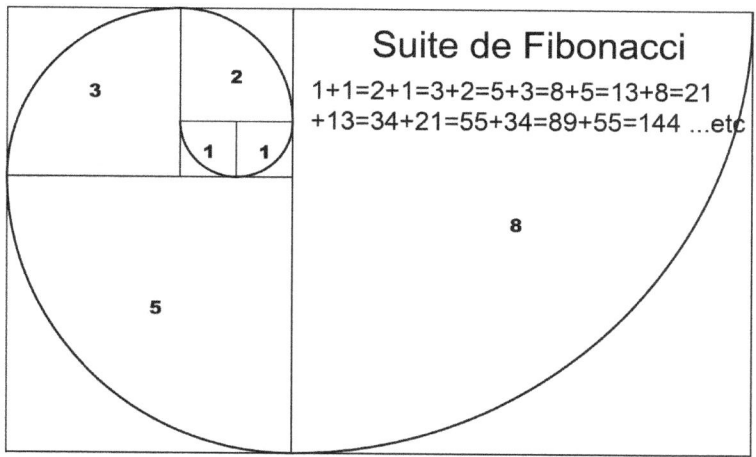

Suite de Fibonacci

1+1=2+1=3+2=5+3=8+5=13+8=21
+13=34+21=55+34=89+55=144 ...etc

La séquence de Fibonacci produit l'extraordinaire architecture des yeux, comme ci-dessus. On la retrouve dans de très nombreuses structures du vivant (plantes, animaux, proportions idéales...)

Et si l'univers répondait à la séquence de Fibonacci ? C'est une question que je me suis posée ; je vous en dirai plus une prochaine fois si cela se confirme...

Séquence de Fibonacci et nombre d'Or :

Le nombre d'Or (1,618) est appelé aussi « la divine proportion ». On le retrouve parfois dans la nature et certaines œuvres artistiques comme dans les proportions de la pyramide de Khéops, le Parthénon et jusqu'à Notre-Dame de Paris. L'homme de Vitruve de Léonard de Vinci respecte la divine proportion. Le nombre d'Or règle la croissance des organismes vivants dont le développement s'effectue selon un multiple de 1,618...

On dit que c'est un nombre irrationnel car ses décimales se déroulent à l'infini.

Un rectangle est dit d'or si le rapport entre la longueur et la largeur est égal au nombre d'or.

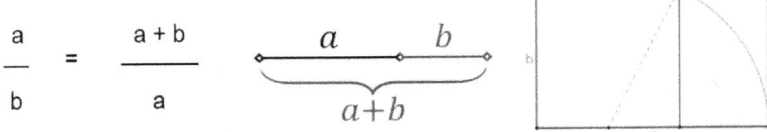

L'homme de Vitruve dessiné par Léonard de Vinci en 1492, respecte les « proportions dorées » : *(image : wikipedia)*

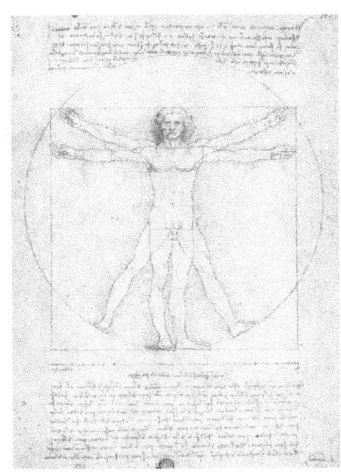

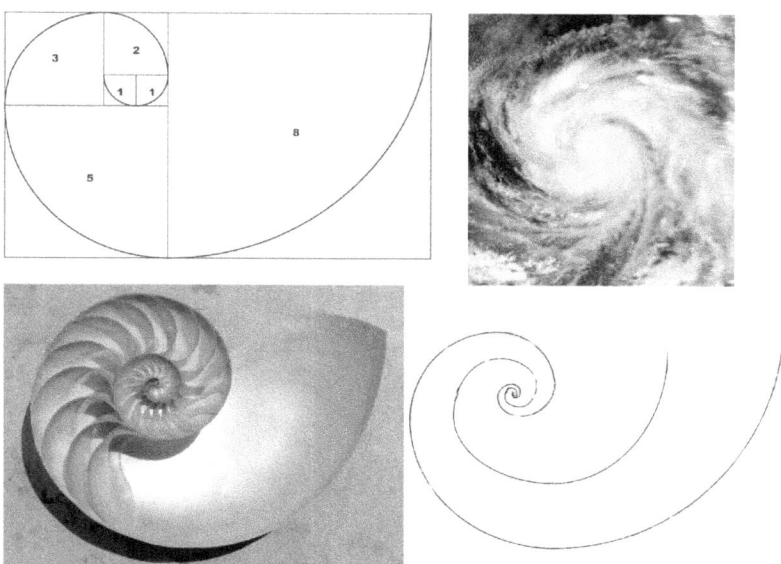

images : wikipedia

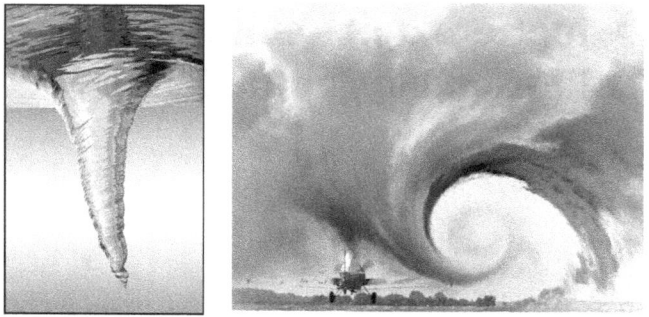

L'univers : un tore incluant tout type de configuration géométrique
Image : thrivemovement.com

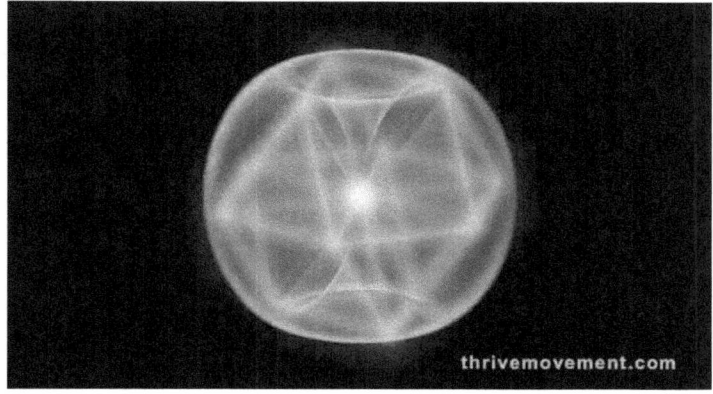

IV. Big Bang, matière noire et autres énigmes : l'illusion conceptuelle

L'autre visage de l'Univers

Généralités :

J'aimerais pouvoir affirmer qu'il n'y a rien au dessus de l'information, mais ce serait mentir ou galvauder la nature qui n'est pas limitative à nos perceptions, à la matière et à l'énergie. C'est une réalité que l'humanité finira par réaliser d'elle même ; encore faut-il que les masques tombent, ceux de l'illusion des sens, de l'Ego, de l'intellect...

Bien que ce livre tente de démontrer qu'au delà de l'espace-temps et des modèles cosmologiques actuels, l'information universelle est une force en action progénitrice, à la fois Yin et Yang, je ne peux réduire l'univers à de l'Information. L'amour dont l'ordre et l'harmonie sont les véritables agents producteurs de nos réalités, de l'univers et de tout ce qui existe - y compris en dehors de nos sens et perceptions. A la rigueur pouvons-nous avancer que l'Information universelle constitue l'une des propriétés du corps cosmique, mais il faut ici bien évidemment réintroduire la conscience inhérente à toute chose et la lumière-amour en tant que véhicule de sa propagation et de sa possible nature holistique.

Quand nous parlons d'information, nous parlons de ce qui renseigne sur la forme, nous parlons aussi d'intention. Mais pour prendre l'exemple du mille-feuille, il nous faut également envisager la possibilité qu'au delà de ce que nous connaissons, l'univers puisse se mouvoir, penser, créer des réalités pléthoriques et holographiques. Je dis bien Holographiques, car vous constaterez par vous-même que notre réalité n'est pas celle que nous croyons. Les textes sacrés insistent tous sur le concept de l'Illusion.
Nous verrons dans le dernier chapitre à quel point cette option est à considérer sérieusement.

Mais pour commencer, je vais vous conduire sur la piste des grandes énigmes du cosmos... J'ai pensé à ceux qui ne sont pas familiers des thématiques cosmologiques, aussi ai-je souhaité vous en résumer les grandes lignes afin que vous vous sentiez à l'aise avec la suite.

Et la lumière fut...

L'univers connu est supposé être né d'un état extrêmement dense et chaud il y a environ 13 à 15 milliards d'années : le Big Bang.

Le big bang est la phase de brusque dilatation qui aurait engendré l'espace-temps... On l'appelle aussi singularité initiale. C'est une sorte de limite temporelle, formant un horizon en deçà duquel le temps et les coordonnées d'espace cessent d'exister...
Selon l'auteur d'un article du site futura-science, « Pour le mathématicien, elle (la singularité) n'appartient pas à l'espace-temps, mais constitue un bord temporel situé à une durée passée finie. »
Nous parlons donc d'un point de départ non temporel.

L'ère de Planck a été découverte par Max Planck, physicien allemand (1858 à 1947). Cette ère très lointaine – la plus lointaine en fait - correspond à la très brève période durant laquelle le temps, l'espace, l'énergie, la lumière et la gravitation étaient indissociables. C'est le début de l'univers, à un stade où le temps, l'espace, l'embryon des forces fondamentales de l'univers formaient un tout unifié. Autrement dit, c'est le commencement le plus lointain de l'univers le plus petit que la plus petite des particules élémentaires.

Cette ère sépare véritablement ce que nous connaissons de l'univers et ce que la science ne peut décrire car la science se calibre sur des dimensions d'espace, de temps, d'énergie, de dimension, et de quantas. Un *mur entre la frontière du tangible et de l'intangible*, entre le monde que nous connaissons et un autre monde dont la nature échappe aux scientifiques et aux hommes.

Comment décrire en effet un « objet » dont la taille est plus petite que la plus petite des sous-particules atomiques, dont la température est phénoménale et dont le temps est encore balbutiant et fluctuant ?

Pour vous donner une idée de l'énergie de l'ère de Planck, elle équivaut à dix milliards de milliards de fois l'énergie de masse d'un proton soit 10^{19} gigaélectronvolts (GeV). Sa longueur vaut 10^{-33} centimètre. Enfin son temps est de 10^{-43} secondes...
En deçà de ce mur, le temps cesse d'exister, il est imaginaire pur.

On pense qu'il a prédominé à cette époque une supergravité, sorte de super force unificatrice. L'espace-temps naissant, les 4 grandes forces se seraient ensuite rapidement dissociées : gravité, force nucléaire faible, force nucléaire forte et électromagnétisme.
L'Ère de Planck reste donc le dernier avant-poste de l'univers, comparable à une cellule venant d'être fécondée, si petite et pourtant, *contenant le programme total de ce qu'il allait manifester...*

La naissance de l'univers est en effet marquée par un accouchement déployant de quantités astronomiques d'énergie et donc de température/chaleur, et de matière.
La matière déployée du vide quantique (de ses fluctuations) s'est ensuite

diluée comme des glaçons se répandant sur une flaque d'eau : ce sont les étoiles, poussières galactiques, galaxies... qui s'éloignent les unes des autres....

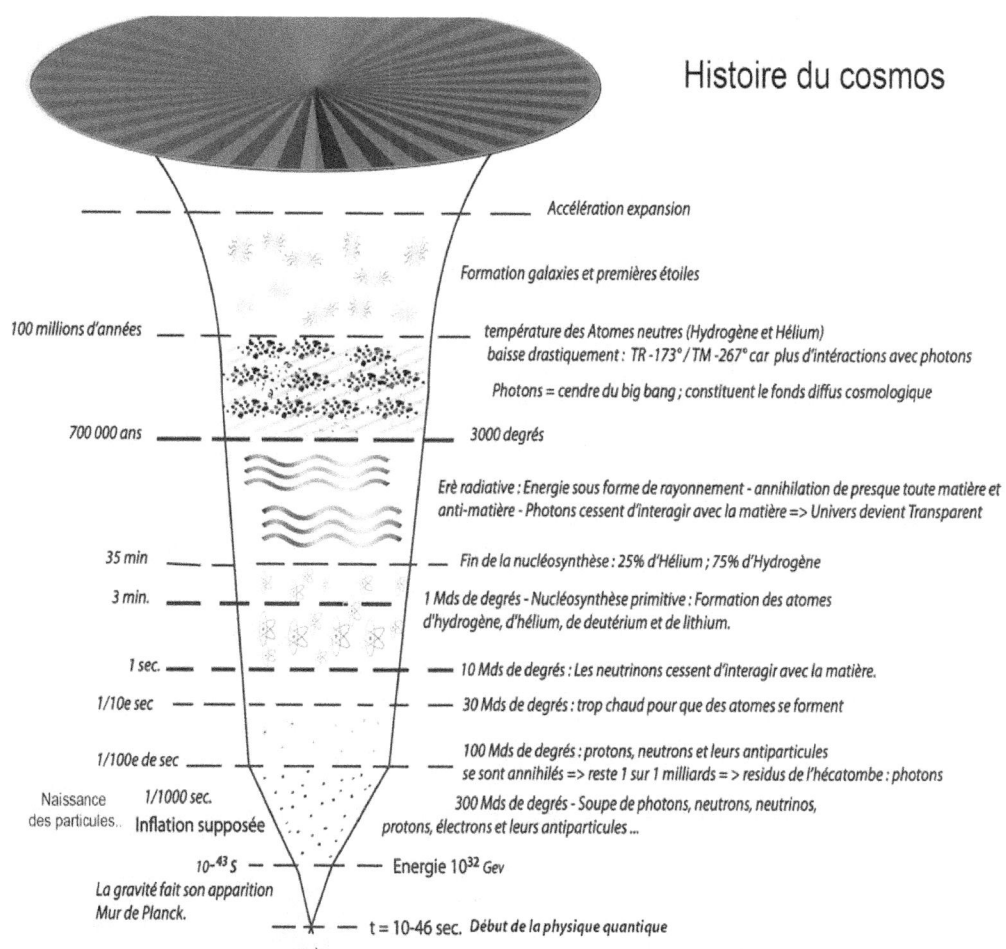

Histoire du cosmos

Accélération expansion

Formation galaxies et premières étoiles

100 millions d'années — température des Atomes neutres (Hydrogène et Hélium)
baisse drastiquement : TR -173° / TM -267° car plus d'intéractions avec photons

Photons = cendre du big bang ; constituent le fonds diffus cosmologique

700 000 ans — 3000 degrés

Erè radiative : Energie sous forme de rayonnement - annihilation de presque toute matière et anti-matière - Photons cessent d'interagir avec la matière => Univers devient Transparent

35 min — Fin de la nucléosynthèse : 25% d'Hélium ; 75% d'Hydrogène

3 min. — 1 Mds de degrés - Nucléosynthèse primitive : Formation des atomes d'hydrogène, d'hélium, de deutérium et de lithium.

1 sec. — 10 Mds de degrés : Les neutrinons cessent d'interagir avec la matière.

1/10e sec — 30 Mds de degrés : trop chaud pour que des atomes se forment

1/100e de sec — 100 Mds de degrés : protons, neutrons et leurs antiparticules se sont annihilés => reste 1 sur 1 milliards = > résidus de l'hécatombe : photons

Naissance des particules.. 1/1000 sec. 300 Mds de degrés - Soupe de photons, neutrons, neutrinos,
Inflation supposée protons, électrons et leurs antiparticules ...

10^{-43} S — Energie 10^{32} Gev

La gravité fait son apparition
Mur de Planck. — t = 10-46 sec. Début de la physique quantique

$t=0 ; c \sim \infty ; g \infty$ BIG BANG = Début de l'espace-temps-matière $E = mc2$ => $E = c.I° (I°)$ = Information)

Fin de la physique quantique; concept d'infini mathématique Photons non chargés électriquement => lumière-information

221

Zoom sur les grandes énigmes du cosmos

Le **big bang** est une théorie émise par le chanoine catholique belge **Georges Lemaître** en 1927, décrivant dans les grandes lignes l'expansion de l'univers.

Alexandre Friedmann l'avait prédit cinq ans plus tôt, mais il fallut attendre 1929 pour que ce phénomène d'expansion soit mis en évidence par Edwin Hubble via l'observation au télescope.

Einstein aurait pu aller en ce sens, mais il *pensait que l'univers était statique*, c'est à dire qu'il n'évoluait pas avec le temps, ce qui l'avait incité à inclure dans ses équations un nouveau paramètre, **la « constante cosmologique »** qu'il qualifia finalement de « plus grande bêtise de sa vie » lorsqu'Hubble prouva la réalité de l'expansion de l'univers.

Jusqu'ici on pensait que l'expansion poursuivait lentement son cours, mais les découvertes des années 1990 semblent indiquer que l'univers amorcerait une nouvelle accélération de son expansion dont la raison n'est pas claire. Cette nouvelle donnée pousse certains chercheurs à réintroduire la constante cosmologique dans les modèles actuels afin de trouver une réponse satisfaisante. De plus, la densité de matière totale de l'univers ne suffit pas à expliquer l'étonnante pérennité des galaxies évoluant en rotation sur elles mêmes.

Ainsi, **l'astronome** américaine **Vera Rubin** étudia la rotation des galaxies spirales. Elle *découvrit que les étoiles situées à la périphérie de la galaxie d'Andromède tournaient trop vite par rapport à celles proches du noyau* : la vitesse de rotation de ces étoiles éloignées du centre de la galaxie n'était pas décroissante contrairement à ce que voudrait la logique.

Anomalies de vitesse de rotation des étoiles en périphérie des galaxies :

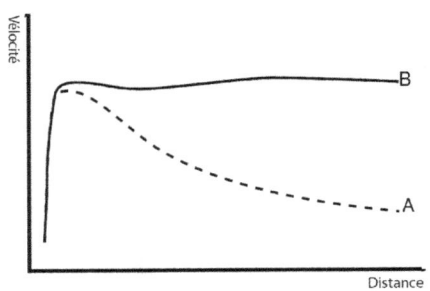

La question que Véra Rubin souleva est : *comment se fait-il que les étoiles ne suivent plus les lois de la gravitation ?*
Les étoiles éloignées du noyau devraient en effet avoir une rotation plus lente que celle des étoiles proches du centre. En effet, la force de gravitation à elle seule ne peut pas maintenir une vitesse de course aussi rapide pour ces étoiles éloignées du noyau galactique. Or, les étoiles du bord de la galaxie tournent aussi vite que celles proches du noyau...

De plus, les scientifiques se demandent pourquoi les galaxies ne se disloquent pas sous l'effet centrifuge puisque la matière visible n'offre pas de force gravitationnelle suffisante pour confiner la matière dans le disque galactique.

Afin d'expliquer ces phénomènes, on introduisit une nouvelle théorie : la *« dark matter » appelée matière sombre*, matière noire ou matière manquante, à laquelle on associe une « énergie noire », toutes deux indétectables et invisibles pour une raison encore inexpliquée.

Il faut savoir que selon le modèle standard, l'Univers contiendrait environ *1 à 5% de matière ordinaire* mais tous les scientifiques ne s'entendent pas sur les chiffres, ce qui amène d'autant plus de confusion dans la connaissance de cette force invisible de répulsion et de confinement de la matière dans notre univers visible.
La matière noire ne pouvant être détectée par des instruments de mesure, elle ne peut être déduite que par son influence gravitationnelle sur la matière ordinaire. Et pour tenter de cartographier la présence de matière noire dans notre cosmos, les astronomes ont employé la technique de la **lentille gravitationnelle** : les objets massifs comme les amas de galaxies courbent les rayons lumineux des galaxies situées en arrière plan en raison de leur champ gravitationnel puissant, créant ainsi un mirage qu'on appelle lentille gravitationnelle. Or, si l'idée est bonne, encore faut-il se poser la question de savoir si les observations de fort effets de lentille gravitationnelle et les redshifts anormaux sont dûs à la matière noire située dans notre espace-temps ou si la cause n'est pas ailleurs. Car jusqu'ici aucun instrument de mesure n'a jamais détecté la présence de matière noire, de particules ou de champ gravitationnel ayant la capacité de contrebalancer l'insuffisance de matière dans l'univers.
Si l'effet de lentille gravitationnelle constaté démontre bien l'influence d'une force antigravitationnelle agissant sur la matière de notre univers, la confinant et assurant la pérennité étonnante des galaxies, il faut en conclure que les chercheurs ne cherchent pas au bon endroit et que ce qu'ils traquent comme étant de la matière noire dans notre espace temps puisse être situé dans un autre référentiel ! Nous verrons comment cela est possible.

Revenons aux galaxies et à la dark matter. Si les galaxies ne volent pas en éclat sous l'effet de la force centrifuge c'est grâce au champ gravitationnel généré par les objets célestes (la masse induit une force gravitationnelle).

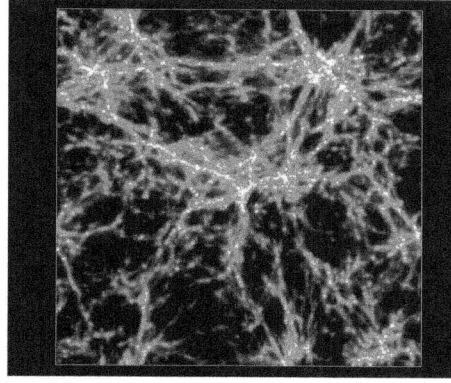

La *dark matter* agirait comme une **force antigravitationnelle** en confinant et en repoussant la matière de notre cosmos le long de grands filaments, comme nous le montre la répartition de la matière à grande échelle.

La vitesse de rotation des étoiles en périphérie des disques galactiques étant aussi rapide que celles plus proches du centre, il faut en déduire que quelque chose interagit avec elles.

Seul un champ gravitationnel de signe de masse opposé peut permettre aux galaxies de ne pas se disloquer tout en permettant aux étoiles périphériques de maintenir une vitesse de rotation aussi rapide... Il est certain qu'antimatière et matière ne peuvent cohabiter dans un même référentiel sans que leur rencontre fratricide ne passe inaperçue. **Il faut**

donc envisager deux référentiels pour ces masses de signe opposé : un référentiel pour la matière (notre espace-temps 5D), et l'antimatière dans un autre référentiel de même type, adjacent au notre, tels les deux versants d'une feuille de papier.

Le champ gravitationnel proportionnel à la masse de matière étant insuffisant pour maintenir une vitesse de rotation des étoiles en périphérie du disque galactique aussi véloce, **seul un champ anti-gravitationnel** agissant sur notre plan de matière **pourrait expliquer le phénomène.**

Ceci expliquerait la raison pour laquelle nos traqueurs de matière noire pataugent depuis si longtemps sans parvenir à trouver le moindre indice de sa présence dans notre espace galiléen car **la matière noire ne serait autre que de l'antimatière**, située dans un espace 'accolé' au notre, interagissant par la voie de la gravitation.

Posons-nous les bonnes questions : *pourquoi les scientifiques s'acharnent-ils à traquer cette force et matière manquante dans notre cosmos où la matière de signe positif prédomine ?*

Il faut savoir que de très petites quantités d'antimatière cohabitent dans notre univers, produites notamment par des réactions thermonucléaires, par exemple lors de l'explosion d'une étoile et lors des déflagrations nucléaires produites par des bombes. Ces processus dégagent systématiquement de l'antimatière...

Par ailleurs, est-il nécessaire que la dark matter réside ici, en halo autour des galaxies comme suggéré par certains, dans une trame invisible et indétectable ? *Se pourrait-il que cette trame invisible et indétectable ne soit pas présente dans notre espace-temps ?*

Le problème avec l'énergie noire est qu'« il n'est pas possible de déterminer sans équivoque, en se basant seulement sur les courbes de rotation, si la matière noire est distribuée dans un halo à peu près sphérique englobant la galaxie ou si elle suit la matière dans un disque épais. »[99]

Par ailleurs, d'autres problèmes sont à élucider comme la déformation des disques lorsque ces derniers sont soumis à une influence gravitationnelle, comme lorsqu'une autre galaxie s'en approche... En outre, il serait intéressant de savoir comment interagit la masse sombre avec la matière ordinaire...

Nous verrons plus tard quels modèles alternatifs sont possibles tout en conservant l'idée de champ gravitationnel opposé.

En attendant, revenons sur la topologie de l'espace-temps.

Topologie de l'espace-temps-matière :

Les modèles de Friedmann-Lemaître supposent que l'univers a partout les mêmes propriétés, qu'il est semblable à lui-même quels que soient le lieu et la direction dans laquelle on regarde : **l'espace est dit homogène et isotrope.**

A grande échelle, il est vrai que l'univers semble homogène, comme un tapis sur une plage, la surface plane mais bosselée... Mais si l'univers était totalement homogène, la distribution de matière le serait aussi. Tout serait réparti comme dans une soupe.... Or, l'observation à grande échelle de

---

99   Richard Taillet, « les secrets de la matière noire »

l'univers montre une structure lacunaire, non uniforme et légèrement anisotropique !

Passons brièvement à la topologie de l'espace-temps : on considère que les propriétés du cosmos sont au nombre de deux seulement, à savoir la **courbure et la topologie**. Cela donne la **géométrie de l'espace-temps**.

L'espace-temps est en effet courbé par la matière et l'énergie. Et la densité de matière-énergie est sensée conditionner le devenir de l'univers.
Dans les modèles de Friedmann, si la force de gravitation est supérieure à la densité critique dénommée « ρ_c », elle contrebalancera l'expansion et l'univers devrait retomber sur lui même au bout d'un certain temps, une fois atteint l'expansion maximale. L'univers se dit alors *fermé*. Fermé ne veut pas dire isolé ou totalement hermétique, nous l'avons vu précédemment. J'y reviendrai...

La densité de matière détermine t-elle l'évolution de l'univers ? L'univers mourra t-il dans une expansion infinie ou retombera t-il sur lui-même ?
A mon sens, on ne peut pas se baser exclusivement sur la densité de matière, et encore moins sur la constante cosmologique qui implique qu'il y ait une dark matter.

Voici **les trois possibles futurs de l'univers selon les scientifiques et leur topologie respective**, en fonction du paramètre de densité, en tenant compte du couple matière + antimatière et leurs forces gravitationnelles tel que je viens de l'énoncer..

Ωo est le paramètre de densité considéré pour définir l'évolution de l'univers. Il mesure le rapport entre densité de l'univers notée ρ et densité critique notée **ρc.**

Courbure positive et univers fermé :
$\Omega o > 1$: l'univers retourne à son état initial ; il se contracte après une phase d'expansion maximale. C'est le big crunch. La courbure est positive, comparable à une sphère

Courbure négative et univers ouvert :
$\Omega o < 1$: l'univers vit une expansion indéfinie ; l'univers est dit « ouvert » et sa courbure est négative, comparable à la forme d'une selle de cheval...
Les chercheurs ont mesuré la densité critique de l'univers. Elle équivaut environ à deux atomes d'hydrogène par mètre cube. C'est peu ! Mais c'est sans tenir compte d'une possible existence d'antimatière dans un autre plan dimensionnel interagissant avec notre espace-temps.

Courbure nulle et univers plat :
$\Omega o = 1$: l'univers est plat, c'est à dire que densité de masse = densité critique ; l'univers ressemble à un drap de plage étendu sur le sable...

Si on dessinait un triangle sur chacune des topologies suivantes, la somme des angles de ce triangle différerait en fonction de leur courbure respective.

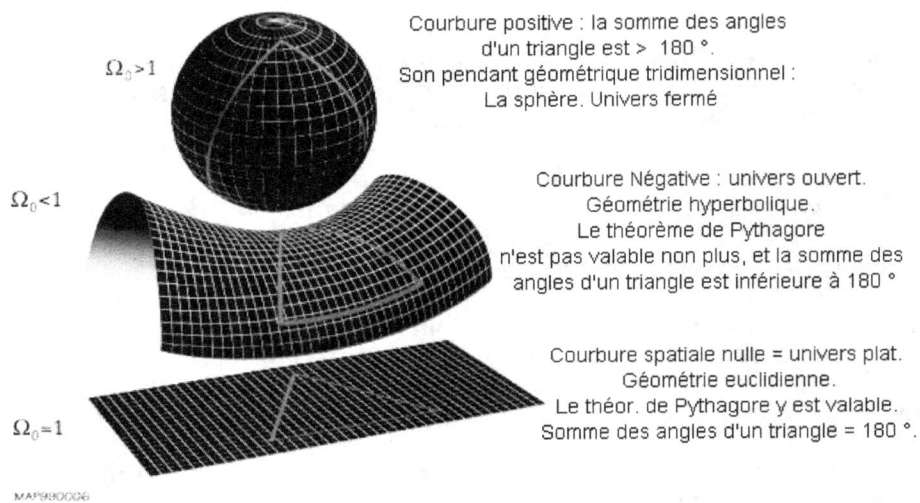

$\Omega_0 > 1$

Courbure positive : la somme des angles
d'un triangle est > 180 °.
Son pendant géométrique tridimensionnel :
La sphère. Univers fermé

$\Omega_0 < 1$

Courbure Négative : univers ouvert.
Géométrie hyperbolique.
Le théorème de Pythagore
n'est pas valable non plus, et la somme des
angles d'un triangle est inférieure à 180 °

Courbure spatiale nulle = univers plat.
Géométrie euclidienne.
Le théor. de Pythagore y est valable.
Somme des angles d'un triangle = 180 °.

$\Omega_0 = 1$

MAP990006

Source image : astronomes.com

***En se basant sur les données fournies par le satellite WMAP, beaucoup
pensent que notre univers a une courbure générale plane.***
Ces mesures expérimentales sont à prendre toutefois avec précaution car
elles ne tiennent compte que des 5% de matière visible de l'univers !
En effet, les chercheurs ont estimé la densité massique critique a une
densité de quelques atomes par mètre cube. C'est infime !
La densité massique (celle des atomes de l'univers) ou densité baryonique,
essentiellement de l'hydrogène et de l'hélium, approcherait en effet la
valeur de la densité critique... C'est ce qui fait dire aux chercheurs que
notre univers est de courbure nulle.
La densité critique, quant à elle, serait de moins d'un atome par mètre cube
si on considère que la densité baryonique ne correspond qu'à 5% environ
de la densité de l'univers.
De quoi sont composés les 95% restants ?

Résumé :
  – densité baryonique : quelques atomes/m3
  – densité critique : < 1 atome/m3

Un modèle alternatif est le modèle d'univers de Sitter où l'univers n'est
pas destiné à vivre un scénario plutôt qu'un autre : l'univers pourrait vivre
un big crunch ou continuer son expansion.
Selon ce modèle, l'univers peut avoir une densité d'énergie supérieure,
inférieure ou égale à la densité critique, sans que cela modifie le futur de
son expansion (laquelle sera éternelle et tendra vers un taux d'expansion
constant).
Or, un univers de Sitter, pour vous situer, est un univers homogène et
isotrope (comparable au notre selon les théoriciens), mais vide de matière

et rempli d'une constante cosmologique !

Homogène signifie que son contenu présente des composantes quasi-identiques comme la température et isotrope signifie que sa structure à grande échelle reste la même quelle que soit la direction d'observation.

Si c'était le cas de notre univers, que faisons-nous de la matière présente puisque notre univers est loin d'être vide ? Par ailleurs, la réintroduction de la constante cosmologique n'a pas résolu l'énigme de la structure lacunaire de notre univers, de la vitesse de rotation des étoiles en périphérie du disque galactique, de la pérennité de nos galaxies, de la masse dite manquante de l'univers, des redshifs anormaux (décalages vers le rouge du spectre de lumière des galaxies), etc. Il est impossible de réduire l'univers à une constante inventée pour l'occasion.

L'univers cyclique de type brannaire ou théorie des cordes :

Le site futura-sciences nous dit que c'est « la seule théorie à traiter la gravitation de manière quantique. En principe, elle unifie toutes les interactions fondamentales. »

Wikipedia le définit ainsi : « notre univers, et tout ce qu'il contient, serait emprisonné dans une structure appelée brane (Une « D3-brane » plus exactement), laquelle serait incluse dans un « super-univers » doté de dimensions supplémentaires et qui pourrait abriter d'autres branes (et donc d'autres univers). » Le gros problème de cette théorie, selon moi, est que les chercheurs traquent des particules toujours plus petites les unes que les autres, notamment le graviton (la particule de la gravitation), sans penser un instant que les particules ne sont que la partie émergée de l'ice-berg, non la causalité première.

Beaucoup pensent que l'univers observable est isotrope mais l'étude détaillée du fonds diffus cosmologique par le satellite WMAP nous montre quelques anisotropies...

Quant à son homogénéité, cela reste à prouver. S'il était totalement homogène, la formation de niches d'étoiles dûes à des fluctuations de température, d'énergie ou de fluctuations quantiques, ne pourrait advenir... Sans parler de niches d'étoiles naissant à proximité de trous noirs !

L'issue de l'univers ne fait donc pas l'unanimité pour la plupart des chercheurs, de même que sa topologie et ses propriétés....

Courbure générale et courbures-masse :

Différencions courbure-masse et courbure générale : Les masses fixent la géométrie de l'espace-temps tandis que la courbure générale de ce dernier détermine la cinématique des particules libres (photons). (wikipedia)

En somme, la topologie globale de l'univers peut être comparable à une sphère mais l'espace-temps peut être déformé par la présence de masses comme des soleils, planètes, etc.

Le satellite WMAP fournit une estimation un peu plus précise de la courbure générale de l'univers qui serait comprise entre 7 fois le rayon de l'univers observable et l'infini (Ce qui reste encore une donnée assez vague)...

On distingue donc la **courbure générale de l'univers** et la **courbure induite par les masses** peuplant l'univers. On parle de courbure-masses car les masses courbent et recourbent la trame de l'espace-temps. Par exemple, la lumière va suivre une trajectoire courbe à l'approche d'une étoile en raison de la force de gravitation exercée par l'objet céleste sur les photons (qui sont des particules de lumière).

Le fonds diffus cosmologique est quant à lui la trame du vide universel... Il est constitué du reliquat de photons issus de la phase dense et chaude de l'univers. Ces photons se sont refroidis au fil du temps et leur longueur d'onde s'est allongée, acquérant la température de 2,73° kelvins, soit -271° C. C'est la température du vide spatial, le zéro absolu étant fixé à -273,15 °C.
Les photons subissent l'expansion de l'univers, sa dilatation au fil du temps, allongeant leur longueur d'onde et abaissant ainsi leur température.
Comme vous le voyez, l'univers s'est drôlement refroidi depuis le big bang.

Structure de l'univers à grande échelle :

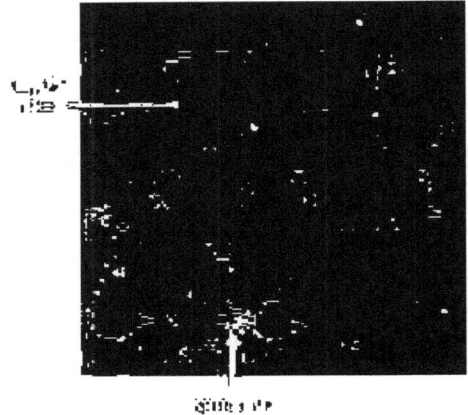

(image de Jean-Pierre Petit : jp-petit.org)

Vous pouvez observer la répartition de la matière autour de grands vides sidéraux.
Cela comporte une grande signification, comme vous pourrez le constater plus loin, car il y a une raison à cette distribution non hasardeuse de la matière.

Du big bang à aujourd'hui :

De façon générale, l'idée que l'univers a connu une phase d'expansion extrêmement violente dans son passé, appelée inflation, domine dans le modèle standard de la cosmologie. Cette inflation a une cause première, déterminée par les forces de pression du départ. Nous verrons plus tard ce que sont en réalité ces forces de pression à l'origine du big bang. Nous verrons aussi qu'il n'y a probablement pas eu de singularité initiale et quelle est la nature véritable des forces de pression ayant induit la naissance de l'univers.

Le modèle de Friedmann, conçu en 1922, est le plus simple des modèles cosmologiques satisfaisant aux équations d'Einstein. C'est un univers fini, une surface hyperbolique. Une hyperbole à courbure négative. (Modèle d'univers fini, de courbure générale fermée).

L'on a constaté des phénomènes particuliers témoignant de la puissance phénoménale du champ gravitationnel : les **effets de *lentille gravitationnelle*** fonctionnent sur le principe du mirage dans le désert où nous observons un effet d'amplification de la luminosité d'un objet céleste lointain par un astre massif situé entre cet objet et l'observateur.

Dans l'exemple ci-contre, nous observons un quasar en arrière plan de la ligne de visée et une galaxie relativement proche. Le quasar va se projeter en une ou plusieurs images en raison du champ gravitationnel de la galaxie qui aura fait dévier les rayons lumineux issus du quasar.
(image : wikipedia)

L'ère de Planck, le mur cosmologique :

Quelque soit le modèle invoqué, il semble impossible de remonter au delà du mur de Planck (nom hérité de son découvreur Max Planck prix nobel de physique en 1918) : 10^{-43} secondes voire 10^{-46} sec. après l'instant virtuel « zéro ». Le Zéro, vous l'aurez compris, n'existe pas en soi, c'est un concept qui marque le commencement de quelque chose.
En fait, le terme de « singularité initiale » est employé pour désigner *l'horizon des événements* ou limite en dessous de laquelle il n'y a ni espace, ni temps, ni aucune particule... On serait tenté de dire que ce qui précède l'espace-temps n'existe pas, et pourtant cet avant-réel est la source de tout ce que nous connaissons aujourd'hui. Le moment de la fécondation si je puis dire, là où tout est en attente de devenir.

Pourquoi ne pouvons-nous pas remonter plus loin que l'Ère de Planck ? Parce que les fameuses équations de champ issues de la théorie de la relativité générale n'ont plus aucune signification avant l'ère de Planck.
En fait, on peut dire que les mesures ont évolué avec la naissance du temps. Et les constantes de la physique aussi. Le temps s'est « détendu » avec les coordonnées d'espace...

Il y a quelques années, les frères **Bogdanov** ont publié un ouvrage qui s'intitule *« Avant le big bang »* - théorie en apparence novatrice qui nous parle d'« instanton primordial de taille zéro ». Selon la théorie développée dans *Avant le Big Bang*, il s'agirait de décrire une sorte d'état ultime de l'univers situé « en deçà du mur de Planck ». Cet objet mathématique appelé « instanton gravitationnel singulier de taille zéro » est de taille ponctuelle ; les concepts de matière, d'énergie et de temps sont remplacés par ce qu'ils appellent de l'« information » conceptualisée en formules mathématiques pures. Le souci – si on peut dire – c'est que ce modèle se base sur une singularité initiale. Mais, me direz-vous, tout le monde sait qu'il y a bien eu un big bang, non ?

En fait c'est un petit peu plus compliqué que cela. *De plus en plus de chercheurs remettent en question le principe de singularité initiale et le big bang lui même !*

Concernant l'instanton, cette sorte d'artéfact alliant gravitation et information, il me semble davantage être une matrice informationnelle pure qu'une entité dotée d'une masse. La gravitation implique en effet une expression matérielle d'une information. Le vivant comme l'inerte sont porteurs d'un champ informationnel se déclinant sous forme de modèles structurels de forme, ils en sont la manifestation, non la cause.

La gravitation est donc une conséquence non une cause première.

Existe t-il un « l'instant zéro » ?

10^{-43} secondes marque la fin du temps. L'ère de Planck en est la frontière ...

Prenons un exemple simple sur le principe de la relativité. Imaginez que vous vous trouviez dans un appartement à cette époque là. Dans le hall d'entrée, vous êtes en 2011. Ouvrez une porte, et vous vous retrouvez 10 000 ans dans le passé, tournez sur votre gauche et vous êtes 15 000 ans plus tard, dans un autre lieu.

A l'Ère de Planck, les potentialités sont là, le temps est fluctuant, ne pouvant se détendre dans un espace aussi réduit que sa longueur. Remonter à rebrousse-temps et vous êtes dans un temps imaginaire où tout s'étire à l'infini : passé, présent et futur forment une soupe indistincte peuplée de potentialités en mouvement... Pour quelqu'un se situant un peu après le temps de Planck, il vous percevrait selon l'effet dopler, votre fréquence se décalerait vers le rouge et il lui semblerait que vous êtes comme figé...

A ce stade où le temps atteint ses limites, l'énergie permute entre lumière-information-vibrations et ondes-particules au cœur d'une embryogenèse où la Cellule-Universelle s'apprête à entamer sa division cellulaire.

Paradoxes quantiques :

Ces histoires d'espace-temps ont tellement excité les neurones de grands scénaristes que nous pourrions presque nous perdre dans un paradoxe temporel ! Il est vrai que le sujet est vaste. C'est pourquoi je vais essayer d'en brosser les lignes principales.

Concernant le temps, la Palisse dirait : le temps est lié à l'espace.

Mais le temps est aussi lié à la vitesse de la lumière. D'un point de vue mécaniste, le temps naît lorsque le rayon de l'univers commence à croître...

Le temps en lui même ne serait rien sans les dimensions d'espace, conférant au volume un flux, telle une rivière s'écoulant dans un cycle perpétuel, de la source aux rives lointaines. Contrairement aux saumons qui remontent le cours des rivières, l'homme progresse invariablement dans un cours temporel allant du « moins » vers le « plus », soit du passé vers le futur – du moins d'un point de vue sensoriel et physique.

L'écoulement du temps est tributaire de la vitesse de la lumière. En outre, pour que l'objet Univers puisse utiliser son temps et sa vitesse de la lumière afin d'être en mouvement et s'informer, il ne peut être vide. Autrement dit, il lui faut quelque chose qui, en circulant, le renseigne sur les coordonnées d'espace et de temps, là où action se déroule.

Pour que se joue le jeu des interactions il faut inclure les scénarios, stratégies, interactions et donc introduire des acteurs. Les objets de l'univers incarnent ce rôle. Pour une particule, occupant plusieurs endroits à la fois, le rôle est majeur. Mais son temps est très relatif ! Comme on ne peut déterminer simultanément sa vitesse et sa position, sa répartition est probabiliste et les sauts quantiques émettent de la lumière.

C'est un domaine encore pratiquement vierge pour les scientifiques qui n'expliquent pas le phénomène de saut quantique des électrons orbitant autour du noyau. **Visiblement, lorsqu'il y a saut quantique il y a troc :** échange d'énergie en passant d'un niveau orbital à un autre mais aussi changement d'état. « Le passage d'un électron d'un état d'énergie donné passe à un état d'une autre énergie. Ce passage est un phénomène discontinu : le ***changement d'état se fait de manière instantanée***. Il rentre ainsi en contradiction avec une description classique dans laquelle l'énergie serait distribuée de façon continue. Les sauts quantiques sont la cause unique des émissions électromagnétiques, y compris la lumière, qui se font sous forme d'objets quantifiés appelés photons. »[100].

Les chercheurs n'expliquent pas non plus la raison pour laquelle ***l'observation modifie le comportement des quantas***, passant d'un comportement comportement ondulatoire à corpusculaire. ***Le temps est à ce niveau là une donnée totalement abstraite*** alors même que ces quantas constituent notre réalité perceptible.

Une autre donnée se greffe à cet univers peuplé de particules bougeant dans tous les sens. Les particules ont une hélicité[101] (ou spin). Elles possèdent un sens d'enroulement de leur charge électrique, laquelle oscille telle une hélice, en cercle autour d'elles mêmes. C'est pourquoi on parle de dimension fermée sur elle-même. Kaluza et Klein, ont ainsi émis l'idée que l'univers peuplé de particules possède une ***5e dimension, qu'ils nommeront dimension de Kaluza***. La théorie des cordes inclut cette 5e dimension dans la quantification du nombre de dimensions de l'univers (selon eux, inférieure ou égale à 10 ou 11).

Il paraît donc évident que le sens d'enroulement de la charge, la direction de son spin, sa vitesse de rotation (soumises au principe d'incertitude d'Heisenberg) confèrent à la particule une faculté à se mouvoir, échanger, interférer et transmettre de nombreuses informations par le biais des oscillations.

La forme spiralée évoquant à juste titre la forme hélicoïdale de l'ADN n'est pas un hasard dans cette configuration universelle. Le fait que l'ADN (au niveau biologique) et l'hélicité de la particule (au niveau quantique) soient refermées sur elles mêmes a une explication et application concrètes.

En vérité, leur dimension paraît fermée, mais à bien y regarder, ces objets interfèrent constamment avec les autres objets de l'univers, ce qui implique une diffusion d'information, de fréquences, d'énergie, de lumière, etc. D'ailleurs, en ce qui concerne l'ADN, sa forme hélicoïdale n'est pas fermée mais ouverte en permettant au noyau cellulaire d'émettre et de recevoir de l'énergie et des fréquences en provenance d'autres cellules. Il est intéressant de noter ici que cette forme a été adoptée à cause des forces

---

[100] http://fr.wikipedia.org/wiki/Saut_quantique

[101] Hélicité ou état de rotation quantique d'une particule sur elle même ; c'est une propriété intrinsèque de la particule ; Spin vient de l'anglais qui signifie « tour » ou « faire tourner »

électrostatiques en jeu. Pour la particule, c'est un peu le même principe. Selon Klein, physicien suédois, la charge électrique de la masse est comme un ensemble de points formant une boucle, l'ensemble formant une 5e dimension. *Klein estima par des calculs sur les charges électriques et la force gravitationnelle que l'ordre de grandeur de ces boucles sont de $10^{-35}m$, soit la longueur de Planck, la plus petite qui existe !* Est-ce un hasard ? Ceci explique qu'on ne puisse observer la 5e dimension puisque cette longueur est si petite que l'observer est une prouesse. Étayant son argumentation, Klein put valider la théorie de son confrère Kaluza (théorie Kaluza-Klein) en énonçant que la *5e dimension est une dimension fermée sur elle même sous la forme d'une boucle, sans que cela entre en contradiction avec l'oscillation de la propagation des ondes* : en se propageant les ondes ne déplacent pas les éléments du milieu, en revanche ces éléments se mettent à osciller ! L'univers et ses éléments vibrent.

Ainsi donc, toutes ces dimensions ont une fonction vibratoire harmonieuse dans le microcosme comme dans le macrocosme en permettant aux particules de **former de grands ensembles qui diminuent les incertitudes du monde quantique.**

Les structures les plus petites de l'univers sont étudiées pour vibrer en suivant un fil conducteur, en densifiant une partie de cette information dans l'espace-temps. Cet univers paraît conçu pour individualiser ce qui est globalisé initialement dans le champ unifié et par ce biais de l'individualisation, permettre l'évolution de son ensemble selon un mode d'incrémentation et d'actualisation progressifs par des entités microscopiques extrêmement dynamiques et pour lesquelles le temps n'est plus une contrainte. Mais l'individualisation a ses limites car elle a besoin d'au minimum deux éléments pour vibrer.

Le moment angulaire, le spin, répondraient précisément à cela en permettant à ce que deux éléments au minimum puissent entrer en résonance et se calibrer tel le mécanisme complexe d'une horloge. Une partie de cet enchaînement angulaire serait d'ordre physique (et serait mesurable), et l'autre de nature non physique.

Il faut envisager ici que notre univers vibre sur des niveaux différents, notre niveau de perception étant celui de la matière. Cela ne signifie pas que les autres niveaux n'existent pas car ce serait nier les nombreuses énigmes encore inexpliquées. Le fait qu'une onde bascule sur sa « polarité » corpusculaire signifie par exemple qu'au delà de l'observation se trouve l'intention consciente de faire manifester l'onde ou la particule.

En fait, il faudrait envisager notre réalité comme holistique et empirique, c'est à dire que l'univers est peuplé de toutes sortes de strates où l'information, la lumière-consciente, est plus ou moins densifiée et très dynamique.

Hypothèse : Une entité cosmique adimensionnelle :

Cet ensemble incluant le temps, les dimensions, la charge, la masse, les 4 interactions fondamentales, etc, seraient une seule et même entité co-existant dans plusieurs référentiels.

Notre référentiel espace-temps-matière-énergie n'est qu'une de ces strates de manifestation. Et il n'est pas nécessaire que le constituant ultime de notre univers soit matériel ! On découvre sans cesse de nouvelles particules toujours plus petites les unes que les autres. La quête du **Boson de Higgs** et

sa prétendue découverte récente ne constitue là encore qu'une partie de l'équation universelle. *L'apparition de la masse juste après le big bang (sans doute dans la première seconde de l'univers), n'implique pas que le boson de Higgs soit l'entité universelle et multidimensionnelle. Cette entité ne serait que la résultante d'une causalité antérieure.*
Imaginez une entité n'ayant ni masse ni propriété physique, non soumise au temps, mais ayant toutes les propriétés physiques en elle... pouvant s'incarner en onde gravitationnelle, particule de lumière ou encore onde électromagnétique de type micro-ondes...

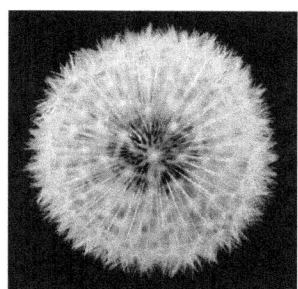

L'image qui s'en rapproche est celle de cette boule de pollen dont chaque pistil forme un axe angulaire avec les autres. Quand nous focalisons sur le temps, nous voyons le temps, quand nous focalisons sur la gravité, nous constatons une force gravitationnelle. Tout ceci fait partie d'une même entité ayant à la fois la propriété du temps, de la gravitation, de chacune des interactions fondamentales, etc. En focalisant sur l'une des propriétés, nous verrions un des aspects de cette entité universelle ! Dans sa globalité, elle est TOUT.

Comment cela pourrait-il se faire puisque nous parlons de ce qui n'a ni masse ni existence du point de vu physique, matériel ? Ce qui est matériel ne procède pas de ce qui est matériel et l'entité en question ne serait pas matérielle mais en posséderait les propriétés, l'information, le code-source pouvant se manifester matériellement ! (ex : la dualité-onde particule).

Pour autant, l'information universelle est-elle physique ? Bien qu'elle ne soit ni physique, ni temporelle, n'ayant ni masse, ni énergie cinétique ou thermodynamique tel que nos concepts mécanistes le stipulent, l'information régit notre univers par des influences vibratoires, tachyoniques...

Une seule entité de ce type ne pourrait créer aucune dynamique dans l'univers. Concevons alors au minimum deux entités de ce type, qui, lorsqu'elles présentent une nuance, saveur ou propriété si proche de l'autre (par exemple en ce qui concerne la gravitation), s'apparient et s'enchaînent en formant une onde gravitationnelle.

C'est comme si vous aviez face à vous des sphères lumineuses de couleur différentes ; les couleurs bleues dans un ciel nocturne vous apparaîtraient, en s'allumant les unes à la suite des autres, comme un fil d'Ariane et vous y verriez une forme familière comme une ligne droite ou une courbe ou toute autre forme...

Ces mécanismes seraient comparables (de façon un peu grossière) aux roues d'une horloge... La roue A s'emboîte dans la roue B, et ainsi de suite. Mais reprenons l'image de ces boules de pollen qu'on retrouve dans les prés, voltigeant dans l'air du printemps à la moindre brise...

Si deux « boules » possédaient un angle très proche l'une de l'autre, elles s'enchaîneraient : la boule A ayant à un certain « moment » présenté une configuration angulaire correspondant à une onde gravitationnelle va s'apparier avec une boule B ayant une configuration angulaire tout à fait similaire et dont l'indice néguentropique est tout juste supérieur à la première... Que la boule A et la boule B soient espacées de centaines de mètres ne fait aucune différence car les influences ne sont pas locales (propres à notre espace-temps).

C'est pour cette raison que nous ne pouvons imaginer une réalité aussi éloignée de nos conceptions de la droite et du plan. ***Il nous est difficile de concevoir que la réalité ne soit pas matérielle, à la base.*** Ce qui donne la masse à la matière serait ici seulement l'un des aspects angulaires de cette entité métaphysique intemporelle. Et cependant, cette entité métaphysique peut devenir également le temps, la masse, l'onde, la particule. ***Rappelez-vous que l'onde et la particule sont dans des états superposés et qu'en vérité, l'entité qui porte l'onde-corpuscule n'est ni l'une ni l'autre mais possède les propriétés de l'une et de l'autre !***

En fait, tout ce qui constitue notre univers pourrait être constitué de ces entités adimensionnelles, car non situées dans notre dimension. C'est notre regard qui opérerait la sélection, étiquetant ceci comme étant un rayon de soleil, cela comme étant une matière, ceci comme étant une onde, cela comme étant la couleur verte, rouge ou bleue...

Ainsi, notre espace-temps est comme un accès internet bridé ; l'accès à la quantité totale d'information échangée est limitée à ce qui est accessible à l'esprit et à nos mesures : n'oublions pas que l'espace-temps est un monde où la vitesse de la lumière n'est pas infinie et par conséquent où l'information ne l'est pas.

L'engramme dans notre plan est soumis à une vitesse de la lumière plancher et à un temps séquentiel où l'information est réactualisée. De ce fait, nous ne pouvons mesurer l'information qui n'est pas encore actualisée dans « notre temps ».

Pour que nous puissions avoir accès à l'ADSL haut débit il faudrait que nos instruments de mesure soient capables de mesurer ce qui est de l'ordre du potentiel, de la probabilité et des transferts en cours, en déduisant ce qui est déjà manifesté de ce qui est en attente de l'être. Pour que les choses s'enracinent dans la vie ou qu'elles prennent vie sous les traits d'un événement, il faudrait tenir compte de milliards de paramètres dont on ignore totalement l'existence.

Pourtant, tout s'ordonne naturellement, à chaque micro-seconde. Derrière cette loi immuable, se trouve l'expression de l'information universelle dont le temps et l'espace se font les modestes scribes, à notre échelle. La périodicité propre à cet univers rejoindrait en outre la loi des cycles infinis.

Les objets peuplant notre monde se meuvent dans le temps et dans l'espace en vivant diverses expériences de vie. Le temps est donc un incrément informatif. Notre réalité est constituée de tous ces événements qui sont traduits par nos organes sensoriels et notre intellect comme une perception temporelle.

Un enfant n'a aucune notion du temps, à l'instar de beaucoup d'animaux. Un chien qui retrouve son maître après l'avoir attendu quelques minutes devant un magasin lui fera la fête comme s'il ne l'avait pas vu depuis des années ! Quand nous sommes occupés à lire un livre, à travailler avec acharnement, ou à vivre sa passion (peindre, danser, sculpter, chanter, écrire, faire du bricolage...etc), l'écoulement du temps n'est pas perçu de façon identique. Quand nous dormons, saurions-nous dire sans horloge ni lumière, ni repère extérieur combien de temps nous avons dormi ? Combien de fois ne vous êtes vous pas exclamé : « oh que le temps est passé vite ! ». En revanche, quand vous attendez chez votre médecin ou chez votre banquier, que le temps vous semble long ! En réalité, le

décompte des minutes est le même, c'est votre *perception du temps* qui a changé.
Le temps n'est que la façon dont vous vivez les choses, et donc assimilez l'information.

Assimilation de l'information :

Si vous vous mettez à faire quelque chose avec plaisir, vous assimilerez d'autant mieux l'information qui vous parviendra. Plus la conscience ingère et assimile rapidement les nutriments de votre vie, plus le temps raccourcit. C'est à cause de votre faculté d'*assimilation de l'information* et donc des événements que vous altérez en quelque sorte le flux du temps.

De nos jours, que ce soit une réalité ou pas, de plus en plus de personnes disent que le temps passe bien plus vite qu'autrefois. Ceci pourrait être dû au fait que la conscience, en élevant sa fréquence vibratoire, est capable d'assimiler des choses de plus en plus complexes rapidement. Le pouvoir de concrétisation fait que ce que vous désirez advient plus vite. Les synchronicités surviennent souvent peu après l'émission d'un désir et prouvent que l'information se matérialise en synchronisme avec la pensée créatrice.

Le renvoi et la réception d'informations accélère la cadence à cause du pouvoir d'attraction et de concrétisation de la pensée créatrice. Plus vous ouvrez votre conscience à ces pouvoirs qui sont en vous depuis la naissance, en tant qu'attribut de votre conscience/âme, plus vous attirerez à vous les choses, et moins le temps vous semblera long. Quand les réponses à vos pensées arrivent « en accéléré » cela a un impact significatif sur votre perception de la vie et de votre rapport au monde.

Pourtant, me direz-vous, le passé existe, le présent aussi. Le passé est la mémoire des actes de votre vie. Le temps n'est pas vécu de la même manière pour votre corps... Un événement dramatique n'a pas été vécu dans un temps identique pour votre corps et votre esprit.

Définissions passé, présent et futur...

Le présent est ce qui est en train de vous arriver. C'est de l'information en train de prendre vie et forme dans votre réalité, votre corps, et votre sensorialité.

Comme le temps n'existe pas fondamentalement pour le champ unifié, bien que ce dernier puisse transiter dans notre espace-temps afin de prendre forme, ce qui est « passé » est archivé. Ce qui en résulte sont les échanges d'informations et la réactualisation dans ce que vous pensez être le présent.

Pour nous, êtres vivants, cette relation temporelle est parfois pesante. Nous progressons sur un mode où le futur est en attente d'incarnation.

Bien que le futur ne soit pas écrit, tout ce qui se réactualise par feedback constitue l'agencement des actes de la vie, laquelle se construit en même temps que nous produisons des pensées et des actes. Et comme le présent actualise dans un « maintenant » ce que vous avez demandé dans le passé, votre futur se construit ainsi de la même manière. Le futur, d'une certaine manière, est déjà programmé dans les grandes lignes, c'est l'agencement qui reste à fignoler. Bien sûr, à tout moment vous pouvez changer de voie et prendre un autre chemin. Mais lorsqu'un événement a une si forte probabilité de se produire qu'il est quasiment prévu qu'il arrive, cela pourrait expliquer les visions prémonitoires.

Rappelez-vous que la conscience est comme un œuf contenant la totalité de votre être, l'enceinte qui héberge votre MOI Supérieur. Elle est comme le noyau ADN de vos cellules, consciente de tout ce qui se passe en dehors du temps puisque dans l'ADN la coordonnée temps n'existe pas.

En effet, l'expérience des deux fentes[102] mais avec choix retardé (une déclinaison de l'expérience des fentes de young), montre indubitablement que c'est le choix de l'observateur qui va déterminer dans le passé par quelle fente le photon a voyagé, par une ou par les deux en même temps !

En raison du temps de traitement des données dans le réseau neuronal, nous recevons avec **effet retard** l'information déjà traitée et en attente d'incarnation dans ce futur dont nous ignorons tout.

« Au commencement, la lumière fut. » nous disent les premières lignes de la bible...

En effet, quand le temps cesse d'exister, la vitesse de la lumière devient infinie. Ceci est un fondement de la science.

Avec l'augmentation du rayon de l'Univers et de la distance par rapport à la source, le temps s'est mis à exister. Associé à la lumière, le temps peut à sa guise transférer l'information comme le ferait un livreur de pizzas...

Au final, l'information globale qui a transité par tous les relais de l'information (dont les êtres vivants), ne se perd pas mais reste engrammée dans une zone de non-temps où la vitesse de la lumière est infinie.

Dans sa théorie sur le dédoublement des temps, Jean-Pierre Garnier Malet déclare[103] : « Sans observateur, l'espace n'existe pas, et sans mouvement de l'espace par rapport à l'observateur, le temps n'existe pas. Dans le but de ne pas faire d'anthropomorphisme, la science moderne a pour principe de différencier l'observateur de l'espace observé, en utilisant des référentiels d'espace et de temps les plus objectifs possibles. Or une particule peut toujours être considérée comme l'observateur de son temps et de son horizon. ». Autrement dit, l'univers que nous connaissons est son propre observateur générant son propre temps, devenant l'observateur de lui-même. Le temps limite cependant le mouvement, naguère infini.. En effet, que dire de l'avant big bang ? Un lieu où le temps est remplacé par une vitesse de la lumière infinie dans un volume. Par conséquent, qui dit vitesse dit mouvement et qui dit mouvement de l'espace dit échanges et donc information. L'univers où nous vivons et interagissons est un plan où la lumière infinie s'est densifiée au point de devenir l'expression la plus « lourde » d'elle même et en même temps, un lieu où elle brille peu. D'où la nécessité de dédoubler le temps afin que l'information ne soit pas limitée à une vitesse pesante de 300 000 km/secondes, ce qui rendrait le transit de l'information si lent qu'elle serait vaine, inopérante...

L'information qui nous parvient des lointaines étoiles n'est pas celle qui transcende l'espace-temps... Au cœur des êtres vivants et de la matière, notamment en physique des particules, nous avons constaté dans le premier chapitre que l'information dans notre corps dépasse de loin la vitesse de la lumière... La simple présence d'un observateur, tel que l'homme, suffit à modifier le comportement des quantas...

---

[102] http://www.inlibroveritas.net/lire/oeuvre16772-chapitre86372.html

[103] Ses livres : « Le double ... comment ça marche ? » Et « Changez votre futur par les ouvertures temporelles »

Le support de la lumière :
un champ de tachyons ou d'ondes stationnaires ?

- Tachyons et vitesse super-luminique :
« Le terme tachyon a été pour la première fois utilisé en 1964 par le physicien Gerald Feinbergl. Il vient du grec ancien *tachus* signifiant en français *rapide*. »[104]. Cette classe de particules reste hypothétique car on ne l'a jamais observée.

On suppose que la vitesse du tachyon est toujours supérieure à la vitesse de la lumière dans le vide. En raison du fait qu'elle ne peut se déplacer à une vitesse inférieure à la vitesse de la lumière dans notre plan de référence c'est à dire le cosmos, la mesure de la masse au repos du tachyon (c'est à dire la mesure de sa masse dans un référentiel où elle est immobile) devient imaginaire car ces particules super véloces ne sont pas immobiles dans notre plan dimensionnel.

Leur masse au repos étant supérieure à « c », les tachyons ne sont jamais immobiles dans notre espace temps et donc leur masse est imaginaire (décrite par un nombre imaginaire pur, alors que son énergie totale est mesurée par un nombre réel, comme tout corps physique)[105].

Par conséquent, si ces particules existent vraiment, elles doivent exister dans un autre référentiel où la vitesse de la lumière est supérieure à « c » (c'est à dire dans un autre plan de référence, un autre « cosmos »). Toutefois, ce cosmos tachyonique peut très bien côtoyer le notre tel le verso d'une feuille de papier voire interagir avec le notre par des échanges (influences informationnelles, vibratoires et lumineuses) non physiques.

Ceci pourrait faire dire que les tachyons sont des candidats honorables à ce poste de « particules » portant la lumière dans ce métamonde côtoyant le notre.

- <u>Nature possible du monde superlumineux</u> :
Rappelons-nous que « l'avant big bang » est un espace superlumineux... S'il devait être peuplé de particules, ces dernières ne posséderaient donc pas de masse, mais une masse imaginaire et un temps imaginaire.

Si la masse de ces « particules » est imaginaire, alors on ne peut plus parler de particules. Il s'agirait plutôt d'une entité n'étant pas une particule classique ni même une particule virtuelle. Quoi alors ?

Si je devais représenter cette lumière, je dirais qu'elle ne ferait pas mal aux yeux car elle n'appartiendrait pas au champ électromagnétique et ne porterait donc pas de masse mais une masse imaginaire avec un signe de masse imaginaire.

Dans la mesure où les **particules de ce monde superlumineux ne possèdent pas de masse, nous aurions affaire à une lumière qui n'éblouit pas** mais qui se comporterait comme le font les ondes, c'est à dire en étant **vectrice d'une « force » vibratoire** et donc d'une **fréquence fondamentale.**

Effectivement, la fréquence est le résultat d'harmoniques, des « fonctions périodiques » se répétant en formant une oscillation. Par exemple, en musique, une séquence répétitive de notes combinées ensemble forment

---

[104] Définition de wikipedia.
[105] http://fr.wikipedia.org/wiki/Tachyon

une mélodie.

Comment envisager une entité ayant un comportement ondulatoire et particulaire tout en portant une fréquence mais ne possédant pas de masse ?

Dans un référentiel tachyonique, un tel comportement pourrait suggérer une onde stationnaire.

Pourquoi une onde stationnaire ? Le champ H3 d'Emile Pinel nous fournit l'indication : l'information du vivant est figée dans un champ de forme au moment de la mort. Il s'agit là d'une translation du vivant en information, cristallisé et vibrant sur lui-même. Cette entité porte en elle la fin du mouvement : il ne se passe plus rien, tout est là. Les nœuds de convergence sont la synthèse de la rencontre des actes passés.

C'est comme si vous aviez le film de votre vie sur un support DVD, bien que l'analogie soit très basique.

Onde Stationnaire

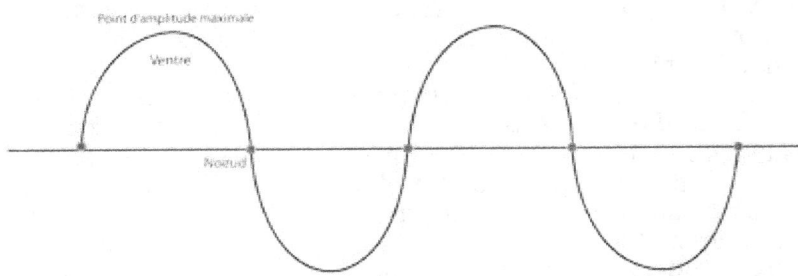

La rencontre d'ondes de sens de propagation différent entraîne une vibration stationnaire d'intensité différente en chaque point observé

L'onde stationnaire est effectivement considérée comme la somme de deux ondes se propageant dans des directions opposées. Les tachyons sont un peu comme les vagues de l'océan. Les vagues ne sont pas l'océan et l'océan ne se résume pas à des vagues, ni même à des molécules. C'est une énergie en mouvement qui porte en elle des flux. **La lumière tachyonique** dont on parle ne supporterait donc pas de charge électrique ni de masse, elle serait donc le vecteur informationnel de très hautes fréquences. Lorsque l'information du vivant devient figée comme dans un cristal de quartz (utilisé en informatique d'ailleurs), on pourrait dire que la somme des ondes de sens de propagation différents qui ont été véhiculés durant la vie se rencontrent alors et forment une onde stationnaire. J'ignore si des chercheurs se sont penchés sur la question mais cela mériterait de l'être...

L'Énergie de toute une vie retournerait alors au point d'origine.

Les travaux de Roger Coudert montrent après mesure effectuées que le photon présenterait une masse de 10^{-47} kg à 2 %. Le photon possède en quelque sorte deux énergies : l'énergie cinétique de rotation qui lui donne son apparence ondulatoire et qui correspond à sa fréquence ; et l'énergie cinétique linéaire associée à sa vitesse.

Chose intéressante, une onde peut aussi transporter l'énergie sans transporter la matière. Elle transporte aussi une quantité de mouvement et éventuellement un moment cinétique. En physique, on dit qu'une onde est un « champ », c'est à dire une zone de l'espace dont les propriétés sont modifiées. Dans cet espace, l'énergie et la quantité de mouvement ne sont pas assujettis à la matière, par conséquent nous aurions un monde immatériel mais fortement dynamique !

Des mondes dans les mondes

Par deux observations différentes d'une supernova, deux scientifiques (Saul Permutter aux Etats Unis et Brian Schmidt en Australie), ont montré en janvier 1998 que l'expansion de l'univers était accélérée par une énergie inconnue de répulsion ou anti-gravitation, opposée à l'énergie de gravitation. Cette énergie serait, selon eux de 66,7% de l'énergie de l'univers.

Avec le théorème des trois horizons de dédoublement, nous pouvons dire », affirme J-P Garnier Malet, « que cette énergie n'est pas 66,7/100 mais 666/1000 de l'énergie initiale Ei de notre univers ».

Cette énergie d'expansion de « 666 millièmes » est observable à la fin du dédoublement des cycles. Hé non, ce n'est pas le nombre de la bête, quoi que cette bête qu'est le cosmos, nous donne pas mal de fil à retordre !

Nous abordons d'ailleurs, ici même sur Terre, la fin d'un cycle de 26000 ans.

Pour en revenir Jean-Pierre Garnier Malet, sa théorie du dédoublement « a permis de comprendre et d'expliquer le fonctionnement du système solaire et son cycle de 25 920 ans. Grâce à une vérification dans notre système solaire et une justification rigoureuse des mouvements planétaires, conforme au mouvement fondamental de dédoublement défini dans la théorie, **la vitesse de la lumière a pu être justifiée et surtout calculée pour la 1ère fois**, tout comme <u>deux vitesses super lumineuses</u>, nécessaires au dédoublement du temps. (NDLR : ceci est extremement important !)

De ce calcul des trois vitesses de dédoublement, a suivi le théorème des **trois énergies de dédoublement**, démontrant **l'existence** d'une *énergie antigravitationnelle de 66,6% liée à l'énergie gravitationnelle de notre cosmos de 33,3%, en complément d'une énergie d'échange de 0,01%.*

Ceci est absolument pertinent et cohérent quand on sait que les valeurs de :

- 333 millièmes pour l'énergie de gravitation dans l'univers
- 666 millièmes pour l'énergie anti-gravitationnelle
- 1 millième pour l'énergie d'équilibre

ont toutes les trois une signification « musicale » si l'on utilise la gamme de Zarlino comme matrice de décodage des phénomènes physiques.

Jacques Atlan, nous informe que ces valeurs peuvent faire l'objet d'une translation importante en musique :

- 333 Hz : fréquence audible de la Note Mi # dans la gamme de Zarlino (ou Note Mi # 3 avec le Do à 256 Hz) ;
- 666 Hz : fréquence du Mi # à l'octave supérieur ;
- 1 Hz : fréquence de la Note fondamentale entre les fondamentales, Do, dans cette même gamme de Zarlino, tout comme dans la gamme de

Pythagore, avec la valeur de 256 Hz pour Do 3[106].

Cette correspondance entre fréquences, nombres et musique est tout à fait pertinente quand on sait que notre monde physique est également la translation de ce qui existe à un niveau supérieur. Il est également possible de faire correspondre les sons, les couleurs et les sentiments aux fréquences...

Le vert en couleur principale (le rose en couleur secondaire) est par excellence le symbole de l'amour, lequel est associé au 6 en numérologie par exemple.

L'accélération de l'expansion infirmée par une équipe de chercheurs :

Le site cosmobranche.free.fr nous rapporte l'information suivante : « D'après une équipe de chercheurs internationaux, la matière noire pourrait ne pas exister. Utilisant les données récoltées par le satellite XMM de l'ESA (Agence Spatiale Européenne) sur la base d'une étude comparative entre les groupes de galaxies actuels et ceux observés à 7 milliards d'années-lumière, ils en arrivent à une conclusion infirmant l'hypothèse de l'existence de la matière noire. »

Il s'agirait donc d'un énorme mirage cosmique...

Ceci nous amène à reconsidérer l'existence de cette matière noire mais nous pouvons supposer l'existence d'une force antigravitationnelle effective se situant dans un autre référentiel que notre espace-temps-matière. Nous allons explorer cette question juste après.

Car enfin, si les neutrinos ont dépassé la vitesse de la lumière, je ne vois pas pourquoi des « particules » de type antimatière n'existeraient pas dans un autre plan dimensionnel que le notre.

Petit zoom sur les neutrinos :

L'existence du neutrino a été confirmée expérimentalement en 1956, c'est une particule élémentaire (fermion de spin ½) dont la réalité fut énoncée pour la première fois par Wolfgang Pauli en 1930.

La charge du neutrino est nulle et sa masse n'a pas encore été mesurée directement. On suppose qu'elle en possède néanmoins une en raison du phénomène d'oscillation qui intervient généralement dans le cas d'une interaction faible. Mais le phénomène d'oscillation ne prouve pas forcément que le neutrino possède une masse... Le phénomène d'oscillation met en évidence un phénomène de transformation : le neutrino peut passer continuellement d'une forme de saveur en une autre (électronique, muonique ou tauique).

Mais là où le bât blesse si je puis dire, est la vitesse et la masse du neutrino.

La dernière expérience menée au CERN montre que les neutrinos ont violé la constante de la vitesse de la lumière supposée infranchissable.

Or, si les neutrinos vont plus vite que la vitesse de la lumière, alors on doit considérer que leur masse est hypothétique, à l'instar des tachyons. D'ailleurs *Gerald Feinberg, l'inventeur du tachyon en 1967, pense que le neutrino est un tachyon. Son modèle tachyonique ne contredit d'ailleurs pas la théorie de la relativité restreinte...* Voici ce qu'elle stipule :

« selon la théorie de la relativité et le modèle standard qui en découle, tous deux basés sur l'invariance de Lorentz, une particule de masse non nulle ne

[106] *Source : http://jacques.atlan.pagesperso-orange.fr/Atlan3/Ouvertures_temporelles.htm*

peut avoir une vitesse supérieure ou égale à celle de la lumière dans le vide. ». Et pourtant, le constat fait au CERN dans le plus grand accélérateur de particules du monde, prouve que les neutrinos peuvent dépasser la vitesse de la lumière dans le vide.

Dans ce cas, bien que pouvant interagir avec la matière de notre cosmos, je pense qu'ils évoluent en général dans leur propre référentiel, lequel doit être superlumineux. Par ailleurs, les neutrinos sont apparus au big bang, ce qui signifie que nous pourrions avoir vécu un phénomène de découplage entre particules au moment où la température a suffisamment baissé dans l'univers, lequel a pu se fragmenter en plusieurs dimensions « parallèles », c'est à dire adjacentes... C'est ce que nous allons explorer ci-dessous.

- Un plan pour l'antimatière et un plan pour la matière :

La théorie des univers jumeaux de Jean-Pierre PETIT :

La théorie des univers gémellaires a été initiée par Andreï Sakharov dans les années 1960. Par la suite, le chercheur astrophysicien Jean-Pierre PETIT s'y est également intéressé.
Cette théorie propose qu'il existe deux feuillets en miroir constituant notre cosmos, un peu comme une feuille de papier avec son recto et son verso : un plan pour la matière (notre feuillet du cosmos) et un plan pour l'antimatière (feuillet jumeau énantiomorphe au notre), plus un plan de liaison comme l'épaisseur de la feuille (une sorte d'espace-frontière)...
Contrairement à ce que suggèrent les chercheurs actuels, *la théorie résout les principales énigmes du cosmos, telle que la matière noire et énergie noire indétectables au sein de notre univers...*

Les deux plans seraient liés par la force de la Gravitation : une force de gravitation répulsive exercée par l'antimatière expliquerait la répartition de la matière autour de grands vides dans notre cosmos. Ces grands « trous » seraient comblés de l'autre coté du miroir par l'antimatière, invisible à l'œil

nu pour nous puisqu'elle ne se situe pas sur le même plan mais dans un plan adjacent ayant une CPT symétrie, c'est à dire impliquant la charge, la parité et le temps : le signe de la masse est inverse pour chaque plan, la parité gauche/droite et la flèche du temps le sont aussi.
L'univers jumeau est en miroir par rapport au notre dans ce type de modèle : la gauche devient la droite, pour prendre une analogie simple, comme deux mains jointes, superposées l'une sur l'autre.
La main droite peut se superposer à la main gauche mais elles sont en miroir. On parle alors de parité. En revanche la particule et l'antiparticule n'ont rien à voir avec des parités inversées mais le doivent à leur hélicité. De même, les feuillets jumeaux de l'univers seraient en miroir (énantiomorphes) c'est à dire que leurs flèches du temps seraient respectivement inversées. Idem pour les signes de la masse, la gravitation...

Voici à quoi ressembleraient ces deux plans :

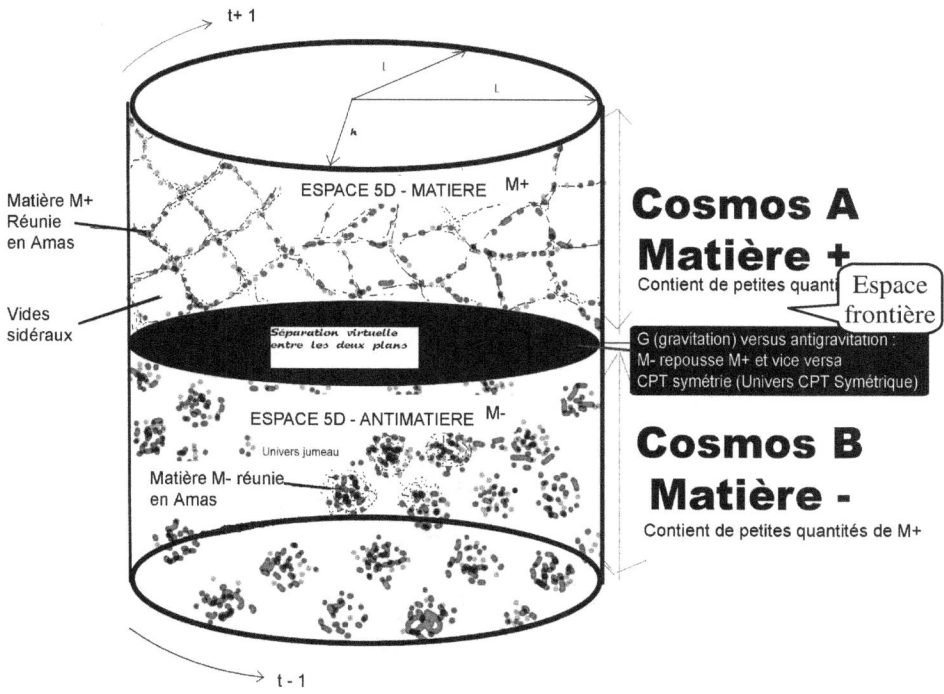

L'influence de l'univers jumeau agirait selon Jean-Pierre PETIT directement sur la distribution de matière dans notre versant du cosmos et provoquerait des plissements de la trame par effet gravitationnel. Pensez à un drap agité par le vent...

Pour comprendre comment matière et antimatière occupent des plans distincts tout en interagissant l'un sur l'autre, imaginez ce même drap, mais cette fois-ci tendu. Là dessus, vous déposez des billes. Sur le recto, la bille creuse le drap à cause de sa masse et sa densité. Sur le verso, vous voyez que la bille fait une bosse.
Les billes sont des objets célestes bien sûr. Lorsque des billes se rejoignent, elles forment une grosse concentration de matière à cause du phénomène d'attraction universelle et de gravitation. Imaginez maintenant qu'il y ait des billes de chaque coté du drap. Les unes repoussent les autres par l'action de la gravitation. La gravitation étant de signe inverse dans l'anti-univers, l'antimatière repousse la matière dans notre espace-temps, ce qui explique que la distribution de matière dans notre univers est de type lacunaire (le long de filaments). Les grands vides seraient occupés par l'antimatière située dans l'univers jumeau. Il est possible de reproduire cette expérience avec des aimants placés sur une plaque transparente.
Lorsque la matière jumelle (antimatière) s'agglomère par la gravitation,

notre matière vit l'inverse... La matière se distribue ainsi, entre matière et antimatière. Les deux ne peuvent bien entendu pas cohabiter entre masses de signes opposés dans un même référentiel galiléen sans provoquer des déflagrations au point de tout réduire à l'état de néant. La cohabitation n'est pas possible. C'est pourquoi la matière de signe négatif, l'antimatière, n'est pas présente dans notre cosmos, comme nous l'explique l'auteur de cette théorie.

Selon Jean-Pierre Petit il faudrait examiner des galaxies éloignées avec une méthode différente de celle de la constante de Hubble (et des redshifts) mais se baser sur la lumière de étoiles Céphéides qui servent d'ailleurs d'étalons des échelles de distance dans l'Univers et dont la luminosité est variable. Or, « Ces déterminations de distances sont essentielles au calcul de la valeur de la constante de Hubble, qui mesure le rythme d'expansion de l'Univers ». D'après Jean-Pierre Petit, on remarquerait que le calcul classique sur la constante de Hubble induirait des redshifs anormaux.

La fameuse nouvelle expansion de l'univers pourrait-elle résulter d'une contraction locale dans l'univers jumeau ?...

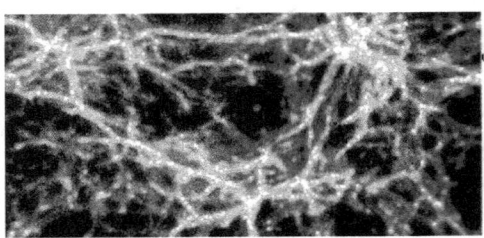

Le constat est que que notre univers subit l'influence d'une force répulsive « antigravitationnelle » ayant pour effet de confiner la matière le long d'alvéoles (voir les schémas ci-contre : à gauche une simulation de la structure à grande échelle de l'univers, 2 milliards d'années après le big bang ; à droite une reconstitution sur ordinateur par J.P Petit et en bas une simulation des amas de galaxies rassemblés en filaments).[107]

Comme vous pouvez le voir, la structure est filamenteuse sur les trois images.

S'il en est ainsi pour la matière, il faut en conclure que l'antimatière forme, inversement, de gros agglomérats de matière négative là où nous voyons de grands vides spatiaux.

Matière et antimatière n'étaient pas à l'origine en quantités inégales,

---

[107] Crédit : Springel *et al.*, Virgo Consortium, simulation du millénaire conforme à l'observation)

comme suggéré par certains... Il n'est probablement pas resté moins de matière que d'antimatière. Le triomphe de la matière dans l'univers n'est pas dû à une disproportion des matières de signe opposé : c'est le découplage des deux dans deux plans distincts qui donne l'impression d'une disparition de l'antimatière et d'une inégalité de départ entre les deux masses.

Ce *découplage a pu avoir lieu lorsque l'univers est devenu moins dense,* quand les photons ont pu circuler librement sans interférer avec la matière. La matière de signe « + » et la matière de signe « – » se seraient alors mis à habiter deux plans différents, sans quoi les couples matière-antimatière auraient continué leur autodestruction et il ne serait rien resté...

Car s'il est resté de la matière, dont les photons issus des collisions, l'antimatière a également dû subsister, puisqu'au départ ce n'était qu'un bouillon cosmique de particules de signes opposés...

L'interaction entre ces masses de signes opposés produit des photons, lesquels, en interagissant à leur tour avec la matière, produisent des particules et antiparticules... etc.

Comme la matière de signe négatif ne peut vivre dans un univers à temps positif, *le découplage a pu permettre à ces masses de signe opposé de vivre leur vie simultanément dans leur plan respectif.* Il en est résulté deux espaces énantiomorphes (en miroir l'un par rapport à l'autre). Il ne s'agit donc plus de matière sombre mais d'antimatière confinée dans son propre plan, ce qui explique que matière et énergie sombres ne sont pas détectables si ce n'est par des interférences gravitationnelles. *Et c'est bien le constat d'aujourd'hui : il existe bien une force antigravitationnelle à l'œuvre.*

Si nous considérons que matière et énergie sombres sont à l'origine du confinement de la matière dans notre univers, de la cohésion des galaxies, alors on peut penser que nous avons affaire à une force répulsive importante. *En effet, lorsque « deux particules qui interagissent ont des masses positives, mais des flèches du temps inverses, elles se repoussent, gravitationnellement »*[108].

Les proportions de : 333 millièmes d'énergie de gravitation dans l'univers, 666 millièmes pour l'énergie anti-gravitationnelle et 1 millième pour l'énergie d'équilibre selon J.P Garnier Malet résolvent-elles l'équation ?

Si la force antigravitationnelle était de 333 millième, je suppose que les deux forces s'annuleraient et l'univers serait comme statique, sans

---

[108] http://www.jp-petit.org/science/f200/f209.htm

J.P .Petit and P. Midy : Geometrization of antimatter through coadjoint action of a group on its momentum space. 3 : Twin group. Matter anti-matter duality in the ghost space. Reinterpretation of the CPT theorem. [*Sur le site: Geometrical Physics B, 3 , 1998.*]

mouvement, sans plis rendant possible l'apparition de niches d'étoiles... J.P Garnier Malet parle aussi d'une énergie d'équilibre, je songe au plan séparant les deux volets de matière de notre univers. Ceci permettrait à l'ensemble d'être en équilibre et de dialoguer.

La phase de contraction du versant gémellaire aurait pour effet de distendre notre feuillet de matière à cause de son influence antigravitationnelle. D'où l'impression que l'univers entame une accélération de l'expansion. Ce plissement de la trame universelle serait probablement un des effets de cette mutuelle interaction. C'est la conclusion que j'en tire... Si certains ont d'autres suggestions, n'hésitez pas à m'en faire part...

Quelques précisions : N'imaginez pas ce bi-univers comme deux univers parallèles : si vous basculiez dans l'univers jumeau vous n'iriez pas vivre un temps rétrochrone, rajeunissant vers le passé, ni trouver une terre jumelle. C'est seulement la coordonnée temps qui est inversée, comme la parité gauche-droite de nos mains... Les coordonnées sont toujours là, le temps continue de s'écouler en fonction de la vitesse de la lumière, mais la vitesse de la lumière ne sera pas forcément la même... Si le cosmos jumeau présente une proportion double de la notre 666 millième au lieu de 333, alors sa vitesse serait logiquement supérieure à la notre ! Nous aurons donc un seul cosmos vivant son évolution selon deux coordonnées différentes...

Car *inverser le temps équivaut à inverser l'énergie et la masse* [109]... (CPT symétrie).

La contraction de l'univers jumeau induisant l'accélération de l'expansion de l'univers peut s'expliquer par les *équations de champ couplées de Jean-Pierre PETIT* dérivées des équations de champ d'Einstein... A découvrir sur son site internet et ses livres.

---

[109] http://www.jp-petit.org/science/f200/f209.htm

Voici une modélisation du bi-cosmos en intégrant les données de J.P Garnier Malet :

Matière et Dark matter :
deux plans superposés en miroir

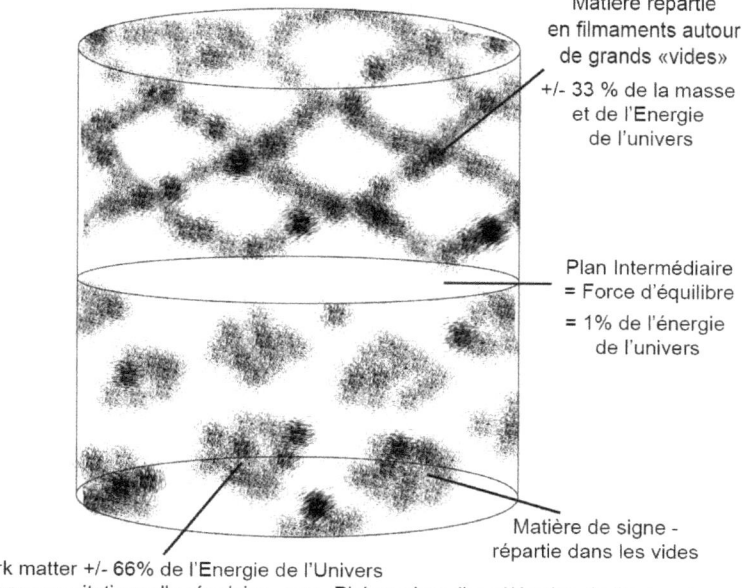

Matière répartie
en filmaments autour
de grands «vides»

+/- 33 % de la masse
et de l'Energie
de l'univers

Plan Intermédiaire
= Force d'équilibre

= 1% de l'énergie
de l'univers

Matière de signe -
répartie dans les vides

dark matter +/- 66% de l'Energie de l'Univers
= force gravitationnelle répulsive ➡ Phénomène d'accélération de l'expansion

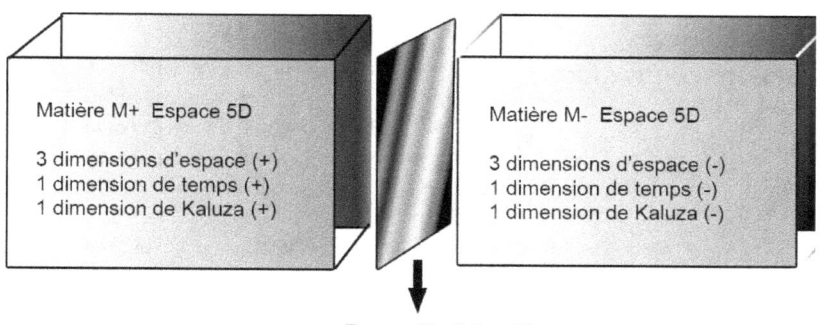

Matière M+ Espace 5D

3 dimensions d'espace (+)
1 dimension de temps (+)
1 dimension de Kaluza (+)

Matière M- Espace 5D

3 dimensions d'espace (-)
1 dimension de temps (-)
1 dimension de Kaluza (-)

Espace Euclidien 4D
3 dimensions d'espace
1 dimension de Kaluza (signe -)

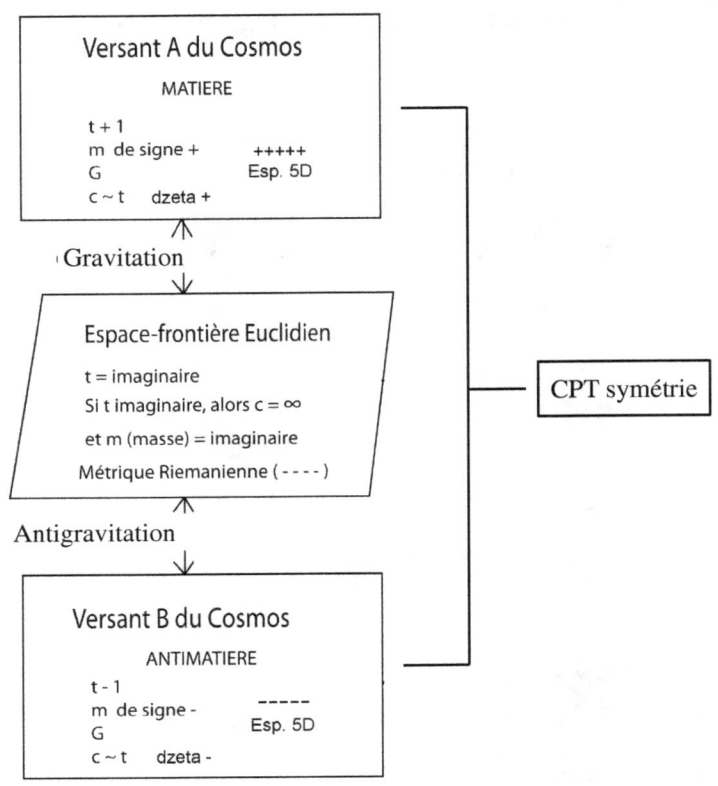

Big bang et avant big bang : quand arrive t-on à t=0 ?

Les 3 grandes ères du cosmos :
c = vitesse de la lumière

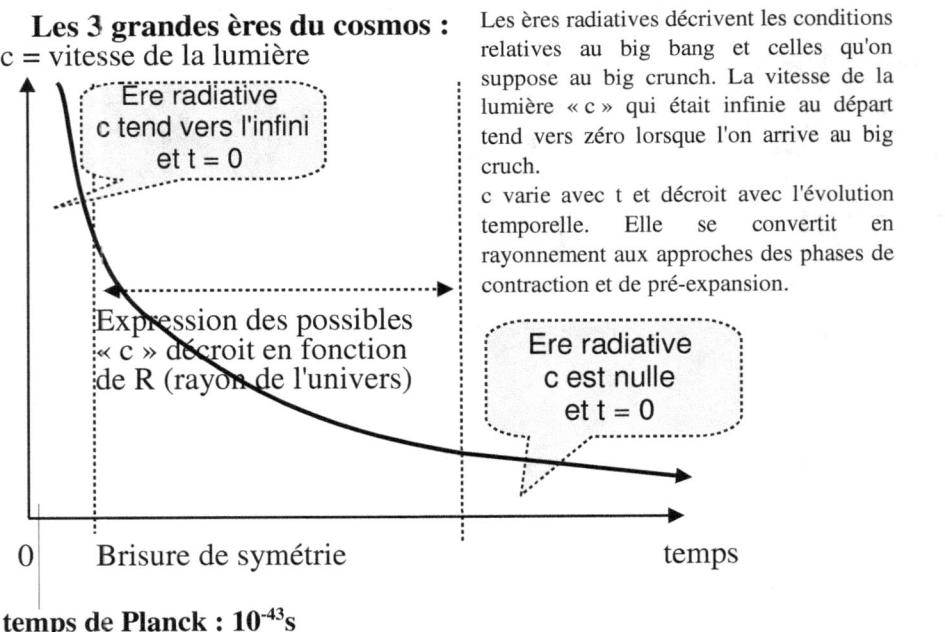

Les ères radiatives décrivent les conditions relatives au big bang et celles qu'on suppose au big crunch. La vitesse de la lumière « c » qui était infinie au départ tend vers zéro lorsque l'on arrive au big cruch.

c varie avec t et décroit avec l'évolution temporelle. Elle se convertit en rayonnement aux approches des phases de contraction et de pré-expansion.

temps de Planck : 10^{-43}s

Représentation d'univers de type cyclique :

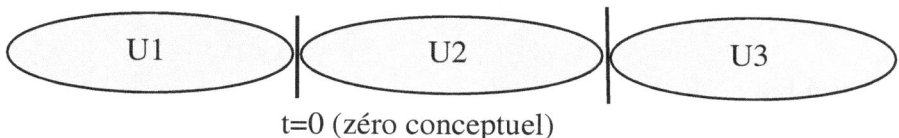

t=0 (zéro conceptuel)

Pincez les deux pôles d'un ballon. Ou est le début et où est la fin ? Il n'y en a pas, les deux coexistent simultanément en un point où ils sont comme superposés virtuellement.

L'univers est donc fini, fermé. Début et fin se retrouvent en coïncidence, en une zone où le temps n'existe plus et où toutes les constantes de la physique sont inopérantes.

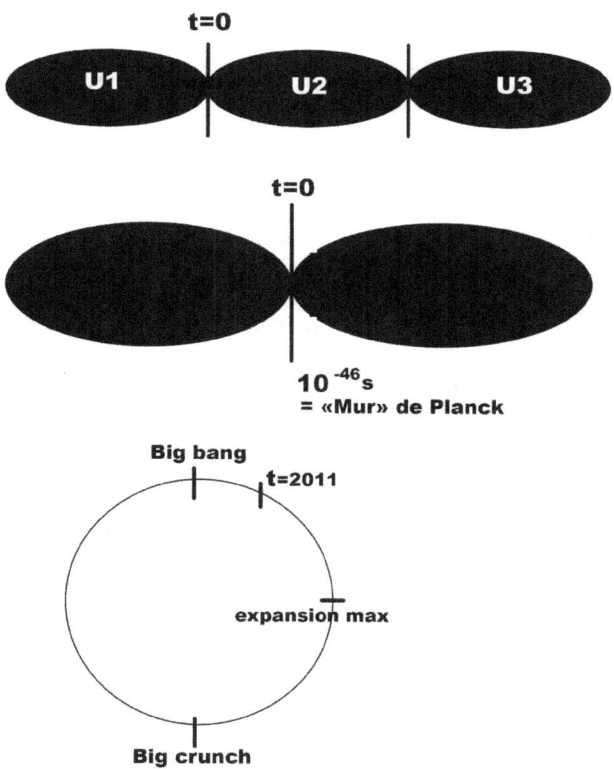

Dans les années 1930, les physiciens comme Albert Einstein et Richard Tolman ont envisagé que l'univers pouvait boucler cycliquement – une alternative au modèle d'univers en expansion. C'est le grand John Wheeler qui introduisit ce type de modèle : après une phase d'expansion maximale, l'univers retomberait sur lui même (big crunch), engendrant un univers plus vaste et toujours plus vieux. *Selon ce physicien, notre univers serait ainsi la descendance de dizaines d'univers avant lui, qui se succéderaient de façon cyclique, plus vieux les uns que les autres.*

Les énigmes du Big bang résolues ?

10_{-35} sec est l'ère de la grande unification des forces. « La gravité est la première des quatre forces (gravité, force nucléaire faible, force nucléaire forte et force électromagnétique) à se séparer de la superforce originelle. De cette époque primordiale proviendrait un grondement sourd[110] » nous précise le site du CNRS (cnrs.fr). Selon la culture bouddhiste et védique le son primordial AUM en est l'expression. Je veux bien le croire car en le prononçant dans l'expir au cours d'une méditation, l'être se sent véritablement recentré, relié à son domicile universel.

Le prétendu big bang précède cette époque là. « Le terme de « Big Bang chaud » (« *Hot Big Bang* ») était parfois utilisé au début pour indiquer que, selon ce modèle, l'Univers était plus chaud quand il était plus dense. »

Définition du big bang : « Le moment du Big Bang est généralement considéré comme un temps zéro de notre univers, avec ou sans singularité initiale, et sans que cela préjuge de l'existence ou non d'un temps qui l'aurait précédé. » nous dit wikipédia. C'est une définition assez conforme à l'idée du corpus scientifique.

Le big bang correspond à une dilatation rapide de l'univers. C'est également l'avis de toutes les sources officielles et sérieuses sur le sujet. Mais la question reste encore malheureusement très nébuleuse...
Par exemple, quel est le facteur déclencheur du big bang ? Intervient-il dans le temps ou hors du temps ? Le big bang a t-il vraiment existé ?

Si le big bang intervient dans un non-temps, une densité critique de matière n'en est pas la cause puisque la matière n'existe pas hors du temps. C'est dans la coordonnée temps qu'elle apparaît, avec les dimensions d'espace bien sûr. Les premières particules naissent d'un bouillon d'énergie dense. La matière implique que l'énergie devienne chaleur. Nous verrons plus loin de quelle nature pourrait être l'énergie à l'origine du big bang.
En effet, le big bang résulte d'un rapport de force dont l'origine et la nature sont inconnues.
On ne sait pas pourquoi il y a eu un big bang, pourquoi la matière est née du « néant » ni la nature des mécanismes à l'origine de la naissance de l'univers.
Mais l'explication est plus simple qu'on ne le croit. Vous comprendrez

---

[110] Grondement issu de la phase dense et chaude de l'univers à ses débuts, associé au fond diffus cosmologique qui est le fond de rayonnement cosmique (rayonnement électromagnétique) dont la température est de -270°C (le zéro absolu est de -273°C). Ce fonds est constitué des photons originels qui se sont refroidis et ce faisant ont allongé leur longueur d'onde (domaine des micro-ondes, entre l'infrarouge et les ondes radio)

pourquoi dans la suite de ce chapitre.

Revenons un instant point par point sur « le temps zéro de l'univers, sans que cela préjuge de l'existence ou non d'un temps qui l'aurait précédé ».
Si le « big bang » s'est produit dans un espace de temps, il faut faire intervenir de la matière et cela repose encore la question de l'origine de la matière. La matière est bien née de quelque chose. Elle apparaît d'ailleurs du vide quantique pour un « moment » avant d'y retourner ou de se transformer en une autre forme de matière ou en énergie.
La matière est associée au temps.
Et si le big bang est apparu dans le temps, la matière n'est qu'une conséquence non une cause première de son apparition. Nous avons précédemment étudié tout cela.

Quelle est donc la cause de la phase dense et chaude de l'univers ?
10^{-43} sec marque le début du monde particulaire, ou sa fin.

Voici la chronologie supposée de l'origine de l'univers et les énigmes qu'elle suscite :

- Rapport de force induisant une dilatation rapide : nature du rapport de force ? 1ère énigme.
- Ce rapport de force intervient-il dans un espace de temps ou de non temps ? 2e énigme. Quel est le temps supposé zéro ?
- Le big bang comporte t-il une singularité initiale ? Le big bang a t-il existé ? 4e énigme
- Phase de Dilatation (inflation) ?
- Création de matière : premières particules – phase dense et chaude. Où est passé l'antimatière ? 5e énigme résolue par la théorie de J.P. Petit

Big bang et temps zéro : le temps zéro est un concept pouvant susciter un flou dans l'esprit dans la mesure où le big bang est supposé être le « commencement » de l'univers. Or, temps zéro est un autre terme pour signifier la fin de la coordonnée temps. Ce n'est pas un chiffre mathématique arbitraire. Pour ceux qui sont un peu familiarisés avec le thème du big bang, il y a la possibilité de confusion supplémentaire : le temps de Planck est établi comme le début du temps.
Plus simplement, on dira que l'avant temps de Planck est le temps zéro.
Cela signifie qu'en deçà du temps de Planck, nous abordons un espace de non temps. *Le big bang en tant que phase dense et chaude, donc d'apparition de matière, se situerait logiquement au temps de planck* puisqu'il correspond au moment où la matière est apparue.

Dans tous les cas, le temps zéro se situe en deçà du temps de Planck. Arbitrairement, on pourrait établir qu'il se situerait à 10^{-46} secondes. Cela reste à prouver bien entendu...
Rappelons-nous que si les dimensions d'espace sont largement inférieures à la plus infime des particules, on considère que le temps est imaginaire ou alors cela reviendrait à imaginer l'embryon avant la fécondation. La matière, comme le temps et l'espace, sont une conséquence, non une cause. Les origines de l'univers de matière proviennent d'une causalité ne se

situant pas dans l'espace-temps.

Ainsi donc, les racines de l'univers commenceraient dans un non temps. Le big bang en serait la conséquence.

Dans la théorie des univers cycliques, il y a une naissance, une croissance, une vie adulte et une mort.

Dans cette topologie, l'univers présente une courbure générale fermée ; c'est un univers fini. Selon ce scénario, la densité réelle de l'univers doit être supérieure à densité critique ! (voir chapitre sur la topologie)

Selon ce modèle, big bang et big crunch se rejoignent dans un espace à temps imaginaire et en fin de compte on peut dire que l'avant big bang et l'après big crunch finissent par devenir un seul et meme « lieu », la rencontre entre le début et la fin – si tant est qu'on puisse concevoir début et fin.

C'est pour cette raison que nous parlons d'un univers fini, en ce que le début et la fin fusionnent, se rejoignent. Un temps nul les unifie. Enroulez un bout de papier et collez-en les deux bouts. Début et fin se retrouvent en coïncidence. C'est en réalité un seul méta-monde à temps imaginaire et vitesse de la lumière infinie. Les opposés se retrouvent en convergence.

Le big bang ne peut intervenir dans un temps supposé zéro puisque cela signifie la fin de toute matière. Or, le big bang est le « moment » où l'énergie-matière fut déployée.

Quel est le rapport de force qui aurait permis à l'univers de naître ? Je répondrai totalement à cette question en fin d'ouvrage mais il est déjà possible d'entrevoir comment notre cosmos de matière, celui d'antimatière et le(s) méta-mondes d'énergie-lumière-information peuvent se rencontrer.

L'avant mur de Planck est la rencontre entre deux mondes... L'un engendrant l'autre par des forces de pression qui n'ont rien à voir avec la supergravitation dont certains parlent pour expliquer le monde unifié de l'ère de Planck. Car pour qu'il y ait gravitation, il faut qu'il y ait masse. Pour qu'il y ait masse, il faut qu'il y ait particules, naissance d'une coordonnée du temps. Ceci est valable pour l'ère de Planck et après mais pas pour les conditions de l'univers précédant ce temps là. En deçà, on a un temps imaginaire et une vitesse de la lumière infinie. Donc un méta-monde fait d'énergie puisque l'énergie doit se conserver, mais l'énergie ne correspond pas à celle d'une masse. La masse et l'énergie étant liées par une équivalence, l'une peut se substituer à l'autre accessoirement même si la masse cesse d'exister. Rien ne se perd, tout se transforme !

Par exemple, les ondes électromagnétiques dans le vide (lumière, ondes radio...) transportent de l'énergie mais n'ont pas de masse. La fin de l'ouvrage déterminera la nature possible de ces forces de pression induisant une énergie et la conversion de cette énergie en matière.

Le big bang a t-il réellement existé et qu'entendons-nous par là ?

Le flou qui plane autour du big bang suscite la question de savoir s'il a réellement existé. Si on remet en cause l'existence du big bang, on met aussi en cause le phénomène d'expansion de l'univers, ce qui n'implique pas de réfuter la phase dense et chaude de celui-ci à son tout début.

Effectivement, le fonds diffus cosmologique ou rayonnement fossile montre que l'univers a réellement connu une phase très dense et chaude par le passé. Ci-dessous, vous pouvez observer la zone foncée horizontale au niveau de l'équateur de l'univers.

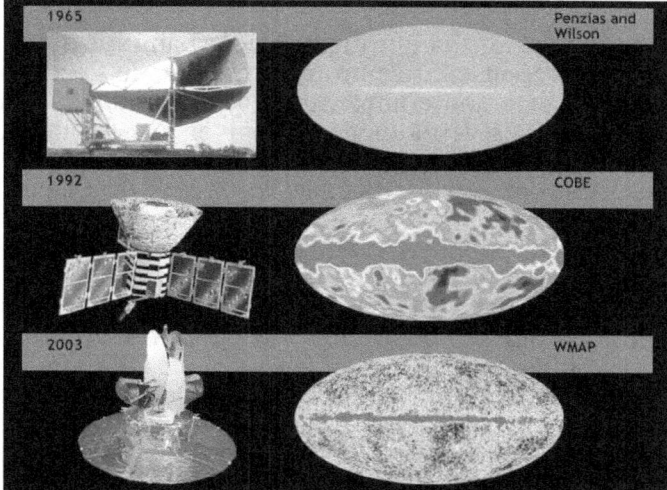

Image : wikipedia

Cela signifie qu'il a existé de la matière surgissant du néant. Un peu comme le phénomène de percolation dans une machine à café de bar. L'air chauffé sous pression se transforme en gouttelettes d'eau grâce au filtre. Le filtre est comme un espace de transition et la pression exercée permute l'air en eau. C'est un changement d'état. Cela signifie que l'univers a traduit une énergie non matérielle sous forme de matière en faisant émerger des particules à cause d'une pression inouïe. Le filtre est l'espace à temps imaginaire... L'avant big bang héberge l'énergie totale de l'univers mais sous une autre forme que particulaire. Le big bang est la traduction physique de ce qui n'est pas physique. Les forces de pression ont densifié l'énergie en créant de la matière. Cela induit que l'énergie s'est convertie en températures et en collisions..

L'entropie et le problème de la singularité initiale

Un autre point permet de résoudre la question : le big bang a t-il existé ? L'entropie nous fournit une réponse. Si l'entropie croit avec le temps, alors à l'ère de Planck l'ordre était à son comble, et l'entropie était quasiment nulle. Pourtant l'ère de Planck est le moment où l'univers est le plus dense et chaud car les collisions sont permanentes. Dans cette optique, il est logique de penser que l'entropie était maximale au temps de Planck. En effet, la matière étant née, l'univers à cet état là est très collisionnel et l'univers présente donc une entropie maximale. L'entropie ne croît donc pas avec le temps, mais naît avec le temps pour ensuite décroître. Quand l'énergie non matérielle se déploie d'un coup à partir du néant, on assiste à l'apparition de l'entropie qui est associée au désordre (collisions, transformations, auto-annihilation, échanges d'énergie, etc). L'entropie est apparue en même temps que la coordonnée temps. Or, en se dilatant, l'univers devient moins collisionnel. Au final, l'entropie devient constante.

Une autre idée reçue est que l'univers se dilate plus vite que la vitesse de la lumière et qu'il fut donc non collisionnel à sa naissance. S'il fut non collisionnel, cela expliquerait que l'entropie soit nulle au départ. Mais c'est sans tenir compte d'un élément pourtant simple : la constante de la vitesse de la lumière.
On sait que la vitesse lumière varie avec le temps. Ainsi, aux approches d'une étoile en plein effondrement gravitationnel, le temps se fige car les rayons lumineux sont courbés par la densité de matière d'une étoile massive, par exemple. Dans le cadre du big bang, si l'univers se dilate plus vite que c (vitesse de la lumière), le temps se mettrait à déraper, courant plus vite que les dimensions d'espace...
Si l'univers se dilate plus vite que la vitesse de la lumière, ce serait comme lire un DVD avant même de l'avoir chargé ou comme un coureur de marathon qui voit son ombre le dépasser, ce qui signifierait que t et les dimensions d'espace évoluent anarchiquement. La constante c ne pourrait pas varier conjointement et harmonieusement avec t à mesure que l'univers se dilate...

Par ailleurs, Serge Boisse[111], mathématicien, nous dit, concernant le big bang : « les deux seules preuves que nous avons de l'existence de ce big bang sont :

- Le décalage vers le rouge des galaxies lointaines : plus elles sont loin, plus elles s'éloignent vite de nous, comme si nous étions à la surface d'un ballon qui se dilaterait.

  (NDLR : je fais remarquer à nouveau que ces mesures se fondent sur la loi de Hubble et ne tient pas compte de certaines anomalies dans les redshifs ni des forts effets de lentille gravitationnelle qui laissent supposer l'existence d'un champ gravitationnel très intense

---

[111] *Son blog : sboisse.free.fr/*

et que ne peut expliquer la seule présence de matière visible dans notre univers)

- Le rayonnement thermique cosmologique découvert en 1957 par Penzas et Wilson, ce "bruit de fond" d'ondes radio qui proviennent de toutes les directions de l'univers avec la même intensité (à un dix-millième près) possède le spectre du rayonnement d'un corps noir à la température de 3 degrés absolus : on l'interprète comme le rayonnement émis au moment du big bang, dont la longueur d'onde à grandi en même temps que l'expansion de l'univers. »

Bien. A présent, on dit que **l'entropie varie avec le temps. Si le temps est nul en deçà de l'ère de Planck alors l'entropie disparaît !**

Car en deçà du mur de Planck :
t = 0 et donc S = 0 et c = infinie.
S est le symbole l'entropie.

Reprenons la définition acceptée du big bang : « Le moment du Big Bang est généralement considéré comme un temps zéro de notre univers, avec ou sans singularité initiale, et sans que cela préjuge de l'existence ou non d'un temps qui l'aurait précédé. »

1ère contradiction : le big bang est le début d'un univers dense et chaud, donc collisionnel. Conséquence = entropie maximum.
Si le big bang est né dans un non-temps alors cela se déroule en deçà du temps de Planck dans un méta-monde à temps zéro et vitesse de la lumière infinie.
2e contradiction : Me fondant sur le postulat que l'Entropie S croit avec t, lorsque t disparaît, S disparaît !
Par conséquent, si l'entropie est nulle, il n'y a plus de singularité initiale et l'énoncé sur le big bang est faux ! Le moment du big bang n'est pas non plus à considérer comme un temps zéro.

Deuxièmement : Un temps nul peut-il engendrer une super dilatation ? Si on considère que ce non-temps héberge un rapport de force oui.
Puisque le rapport de force EST ce qui a donné naissance à l'espace-temps-matière, ce rapport de force ne peut être dans une zone temporelle.
Il n'est pas possible que ce soit l'œuvre d'une supergravitation par exemple qui présuppose une masse. La masse prend forme dans l'espace-temps, donc avec la naissance de la dimension de l'univers, avec le rayon, donc une longueur, un volume, une entropie.

Concept de Masse infinie :
Le concept de masse infinie se heurte malheureusement au principe inaliénable de « densité critique ». Effectivement, une masse ne peut acquérir une densité infinie sans passer par un seuil de criticité au delà duquel elle passe d'un état à un autre. Ce serait une violation absolue de tous les constats faits jusqu'à ce jour.
Par exemple, si vous prenez du papier toilette et que vous tirez dessus, à un moment donné une feuille va se déchirer en suivant les pointillés. S'il n'y a

pas de pointillés, elle se déchirera si on tire davantage encore. Le seuil doit donc être défini et une fois fait, il établit la criticité.

Donc, si une masse atteint une densité critique, que fait-elle ? Pour une étoile, c'est simple, elle s'effondre sur elle même.

Il est impossible qu'un objet céleste agrège indéfiniment de la matière comme le ferait le trou noir ! Meme un ogre, malgré son immense appétit, finit par être rassasié !

Il doit forcément exister un *seuil de densité critique* au delà duquel ce qu'on appelle un trou noir cesse de tout absorber.

Selon Jean-Pierre Petit, lorsqu'une étoile atteint une telle densité critique, le signe de sa masse s'inverserait et la matière deviendrait antimatière, laquelle passerait dans l'univers jumeau.

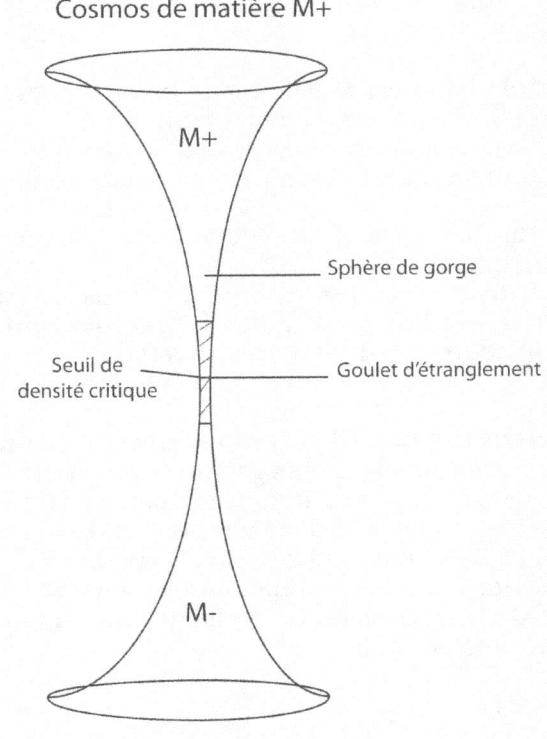

Modèle de Trou noir
avec inversion du signe de la masse
et passage dans l'univers jumeau

Cosmos de matière M+

M+

Sphère de gorge

Seuil de
densité critique

Goulet d'étranglement

M-

Univers jumeau
Cosmos de matière M- (antimatière)

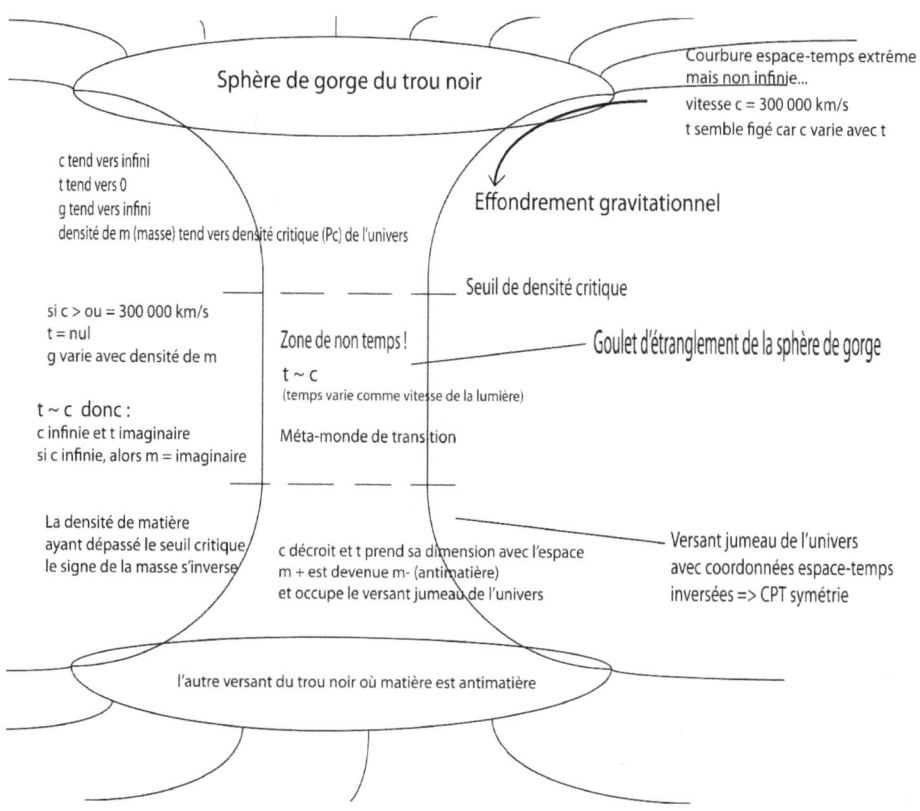

Sphère de gorge du trou noir

Courbure espace-temps extrême mais non infinie...
vitesse c = 300 000 km/s
t semble figé car c varie avec t

Effondrement gravitationnel

c tend vers infini
t tend vers 0
g tend vers infini
densité de m (masse) tend vers densité critique (Pc) de l'univers

Seuil de densité critique

Goulet d'étranglement de la sphère de gorge

si c > ou = 300 000 km/s
t = nul
g varie avec densité de m

Zone de non temps !

t ~ c
(temps varie comme vitesse de la lumière)

t ~ c donc :
c infinie et t imaginaire
si c infinie, alors m = imaginaire

Méta-monde de transition

La densité de matière ayant dépassé le seuil critique, le signe de la masse s'inverse

c décroît et t prend sa dimension avec l'espace
m + est devenue m- (antimatière)
et occupe le versant jumeau de l'univers

Versant jumeau de l'univers avec coordonnées espace-temps inversées => CPT symétrie

l'autre versant du trou noir où matière est antimatière

Une fois atteint la masse critique, la matière d'une étoile à neutrons par exemple devrait s'effondrer sur elle même en moins d'une seconde, et ce faisant, cette matière filerait dans l'univers jumeau (passant de matière à antimatière), et laissant derrière elle un grand vide... un grand trou noir.

La zone interstellaire de vide observé serait dûe à cette fuite dans l'univers gémellaire. Devenue antimatière, sa force antigravitationnelle agirait sur notre plan de matière comme un répulsif. La force antigravitationnelle confinerait notre matière (étoiles, poussières et gaz stellaires...) hors de son champ d'action.

En effet, par l'action antigravitationnelle de l'antimatière, le phénomène peut comprimer les gaz et poussières stellaires dans un périmètre large et permettre ainsi à des étoiles de naître en périphérie. Ce type de d'observation a été confirmé lorsque des étoiles massives explosent : l'explosion a repoussé les gaz stellaires et poussières en un halo ovoïde gigantesque, laissant un grand vide central. Puis l'œuf a éclos : comprimés par le souffle de l'explosion, les gaz et poussières ont formé toute une pépinière de belles et brillantes étoiles.

Une autre observation très récente remet en question à son tour la réalité même du trou noir. Voici un extrait de l'article qui en parle :

« À priori, la gravité extrêmement forte des trous noirs devrait réduire en lambeaux les nuages de gaz et de poussières dans lesquels naissent de nouvelles étoiles qui se trouvent dans leur voisinage. Or, de nouvelles

étoiles se forment bel et bien à proximité de ces géants sombres. »[112]
Or, ce sont des observations du gigantesque trou noir présent au cœur de la Voie Lactée qui ont conduit à cette conclusion.

Quand un ami scientifique travaillant sur sa propre théorie a découvert cet article, il a eu la même conclusion que la mienne. *Il n'est pas possible qu'un trou noir absorbe tout indéfiniment*... Le concept de *densité infinie et de courbure infinie perd donc tout sens*.

Singularité ou pas ?

Pour prendre une analogie simple, la singularité initiale associée au big bang pourrait correspondre à une frontière entre deux états de l'univers : l'un au stade non manifesté et l'autre au stade manifesté.
Mais telle que le définit la physique, « une singularité gravitationnelle est un point spécial de l'espace-temps au voisinage duquel certaines quantités décrivant le champ gravitationnel deviennent infinies. » (wikipedia).

Le problème que pose la singularité est qu'elle fait intervenir la gravitation, par conséquent de la matière. Or, le big bang dans cette logique, serait marqué par une densité de matière quasi-infinie, ce qui, nous l'avons vu, est impossible puisque toute masse implique une densité critique qui n'est jamais infinie.
Par ailleurs, la matière procède d'une pression exercée sur quelque chose (à définir) dans la mesure où la matière naît de « rien ». La cause se situe donc dans le « rien », c'est à dire dans un non-temps, l'avant Mur de Planck. **Si cette cause est antérieure à la matière, elle est donc immatérielle.** La singularité perd alors elle aussi toute consistance... Ou alors ce serait comme placer la charrue avant les bœufs ou comme si vous attendiez qu'une casserole d'eau se mette à bouillir sans la mettre sur le feu. Vous aurez compris que tant que la chaleur critique n'est pas atteinte, l'eau ne peut se mettre à bouillir... Il en est de même pour l'univers : la naissance de la matière n'a pu se faire que parce que des forces de pression ont été à l'oeuvre. Ces forces ne peuvent etre physiques car la matière est la conséquence, la manifestation de ce qui était non-physique. Actuellement, les particules apparaissent en fonction de la stimulation du vide quantique. Ceci a pu se faire parce qu'une densité critique a été atteinte et la fameuse singularité initiale gravitationnelle étant liée à une masse, il a bien fallu une cause antérieure non matérielle pour que cette permutation d'une énergie non matérielle en énergie matérielle puisse se faire.
Autrement dit, ce qui sépare le non-manifesté du manifesté est la conversion d'un « potentiel d'énergie » : ce potentiel est une énergie conservée avant, pendant et après la transition en énergie matérielle. L'énergie devant être conservée, elle peut néanmoins subir des fluctuations et pics d'intensité. Lorsque la stimulation du champ de potentialités (ou potentiel d'énergie) atteint la densité critique, la potentialité se convertit en énergie physique : naissance d'ondes-particules.

---

[112] http://www.larecherche.fr/content/actualite-astres/article?id=24857

Le chapitre suivant vous expliquera le mécanisme responsable de cette permutation.

Quantifier cette énergie est difficile mais une chose semble acquise d'après les observations et mesures faites par les astronomes et astrophysiciens : la matière visible ne correspond qu'à tout au plus 5 à 6 % de l'univers, ne tenant pas compte du pourcentage encore difficile à évaluer de l'antimatière, si on intègre le modèle des univers jumeaux au modèle cosmologique actuel. Le reste est une énergie non manifestée.

Mais revenons un instant à l'entropie afin de résoudre totalement l'énigme de la singularité initiale et du big bang.

Big bang ou pas big bang ?

Le temps cessant d'exister en deçà du temps de Planck, l'entropie cesse également d'exister puisque S varie avec t. Nous l'avons vu.

L'entropie étant une mesure du désordre, elle ne peut s'y appliquer dans un espace à temps imaginaire. Si l'entropie cesse dans cet espace dimensionnel à temps imaginaire, alors le big bang n'est plus qu'un mirage aux alouettes, son horizon cesse d'exister puisque tout horizon des événements (ou singularité gravitationnelle initiale) présuppose une interaction quantique, donc un événement matériel.

Par conséquent, **si S (entropie) n'existe plus avant le temps de Planck, le big bang disparaît avec la disparition de l'entropie !**
Ainsi, la vitesse de la lumière, infinie lors du big bang, décroît avec l'augmentation du rayon de l'univers. La masse croît également par augmentation de ce rayon mais l'énergie mc2 reste constante.
On ne parle plus de déclencheur, de singularité ou d'horizon des événements mais de distance par rapport à la source...
Reprenant Serge Boisse, mathématicien, dans son article« le paradoxe de la cosmologie », « la constante de temps varie comme t : donc lorsqu'un photon d'énergie hv émis à un instant proche du big bang arrive sur terre, en gardant la même énergie, on mesure une fréquence v plus faible car h a augmenté : ainsi *« le décalage vers le rouge n'est pas dû au big bang car il n'y a pas eu de big bang ! Le glissement de fréquence dv est proportionnel à la distance de la source : on retrouve la loi de Hubble ! »*[113]

Comme le rayon de l'univers a augmenté depuis un point de densité immense mais pas infini, toutes les distances, le temps et la vitesse de la lumière ont subi ce glissement de fréquence dv proportionnel à la source, puisque la source est très lointaine.

Le redshift (décalage vers le rouge) qui est selon la théorie officielle, la preuve de l'expansion, bascule sur la loi de Hubble.

L'expansion n'existe donc pas car qui dit expansion, dit big bang... Or,

---

[113] *sboisse.free.fr/science/cosmologie/paradoxes.php*

quand on veut remonter à rebrousse temps vers t = 0 (ère de Planck), tout s'étire à l'infini comme si vous remontiez un chemin vers son début et qu'à mesure de votre progression les mètres se rallongent, et avec eux la distance s'accroît... Etant donné que la coordonnée temps était proportionnelle à la vitesse de la lumière, le temps n'était pas au moment du big bang et les millions d'années après, identique à ce qu'il est de nos jours... Rendez-vous compte que les règles ont changé et l'étalonnage des règles également !

Remonter vers le temps supposé zéro, c'est basculer dans l'infini.

Lorsque la masse devient si dense que la température atteint 10^{32} kelvins, au temps de Planck, on atteint les limites de l'espace-temps. C'est notre densité critique. En deçà, le temps imaginaire prend le relais et il peut continuer d'exister quelque chose, mais la densité de l'univers total ne peut plus perdurer sous sa forme matérielle si ce n'est dans un état d'énergie immatérielle.

D'après Stephen Hawking et James Hartle, la singularité initiale (big bang) n'est pas nécessaire. Selon eux, « lorsque l'on remonte vers l'époque initiale, le temps perd peu à peu le caractère que nous lui connaissons et se transforme en une dimension d'espace. Ainsi, lorsque nous nous rapprochons du temps zéro, la notion de temps elle-même disparaît, ce qui élimine la nécessité d'une singularité initiale »[114]...

La supergravitation primordiale n'était pas infinie. Pas plus que le big bang est associé à une singularité initiale.

Explications : il y a bien eu une dilatation, mais **ce sont les règles qui servent à mesurer cette dilatation** et l'évolution de l'univers de son état prénatal à son état foetal **qui ont changé**.

Le temps de l'ère de Planck n'est pas le même que celui de notre époque. **Les règles qui servent à mesurer notre temps ont évolué avec l'augmentation du rayon de l'univers.**

Encore une fois, l'astrophysicien J.P Petit fournit une réponse semble t-il satisfaisante : *« Les lois de jauge »*.

Imaginez un ballon rempli de gaz. Avant d'être gonflé, il est si minuscule que vous pouvez à peine le voir. Il contient tout ce qui va naître. En se dilatant, le gaz va emplir tout l'espace. Imaginons que vous vouliez mesurer la distance entre deux points à l'intérieur du ballon, dans le gaz... Les deux points existaient au tout début, mais les distances se sont allongées au fur et à mesure que l'on a gonflé le ballon et que le gaz s'est dilaté !

L'entropie qui était maximale au début (lors de la conversion d'une énergie non particulaire en énergie particulaire, donc thermique) a décru avec l'évolution des coordonnées d'espace-temps. Regardez les photons originels, ils ont augmenté leur longueur d'onde et se sont refroidis !

Qu'est-ce qui a changé ?

Réponse : ce qui servait à mesurer les distances un instant auparavant est devenu obsolète car les mesures sont assujetties à la dilatation du

---

[114] Source : www.astronomes.com/index.html

volume/gaz par éloignement de la source.

Les constantes de la physique sont donc appelées à évoluer elles aussi.

On mesure la distance par rapport à la source selon l'effet Dopler et on perçoit le son déformé du train qui s'éloigne de soi.

Un pluri-cosmos ?

Nous avons vu que le cosmos pouvait être en réalité constitué de deux plans reliés par un espace à temps imaginaire faisant le lien entre ces deux feuillets.

Nous avons vu également que l'avant big bang était en fait un méta-monde à temps imaginaire et vitesse de la lumière infinie. Le big crunch n'est autre que l'autre extrémité du big bang, début et fin étant liés depuis l'origine... Les schémas suivants vont expliciter davantage cette réalité.

Vous aurez compris que la singularité initiale et le big bang sont des illusions de l'esprit. Néanmoins, afin de conserver une terminologie intelligible pour la plupart des lecteurs, je conserverai le terme de big bang et de big crunch.

De ce que vous avez pu lire jusqu'ici, l'univers est pluriel.

En traçant sur papier mon pluri-univers, le mot qui me vint spontanément à l'esprit fut : *fleur de vie cosmique.*
La voici :

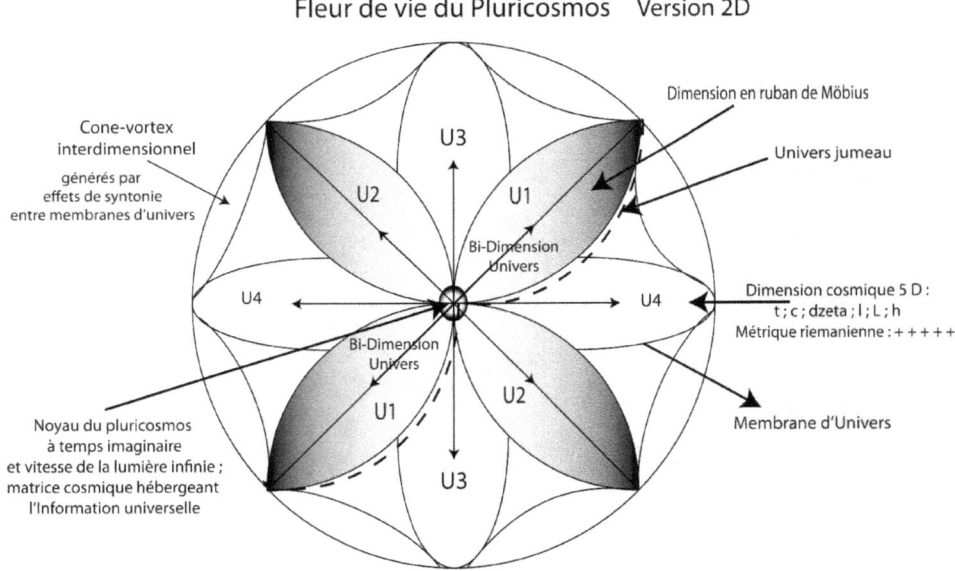

Modèle d'un pluricosmos à « n » dimensions formant une hypersphère

Si vous ménagiez un trou au pôle nord et au pôle sud de la Terre, voici à quoi cela ressemblerait.

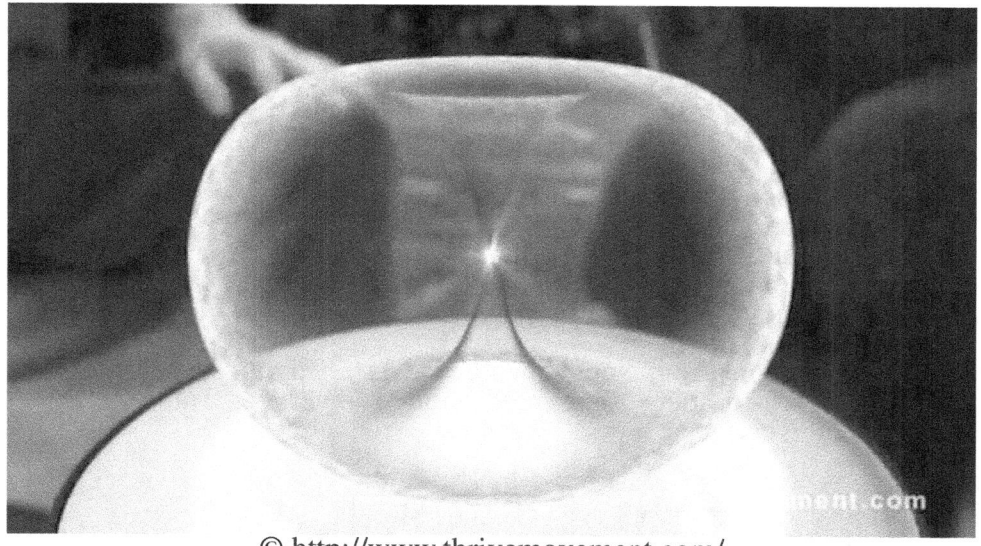

© http://www.thrivemovement.com/

En concevant l'univers comme une sphère telle que la Terre, vous pouvez voir comment pôle nord et pôle sud se rejoignent.

Le « vortex » qui les unit fait penser à un trou noir à la différence qu'il s'agit seulement d'une jonction unifiée par une absence de coordonnée temps. ***Il n'y a ni début ni fin réelle, les deux sont confondues dans un état primordial unique.***

Pourquoi ménager un trou ? Parce qu'en deçà du Mur de Planck, le monde matériel s'effondre.

On sait que la lumière se courbe à l'approche d'un objet massif dont le champ gravitationnel attire les rayons de la lumière et toute masse inférieure à ce champ gravitationnel. Les abords de l'ère de Planck courbent l'espace-temps au point de le déformer et d'altérer les constantes physiques, voire de les annuler totalement. L'avant mur de Planck me semble donc être le début et la fin de notre monde particulier et intelligible... L'espace-temps-matière cessent d'y exister. D'où l'idée de « vortex » ou de « trou »...

En ménageant un passage au niveau des pôles (big bang et big crunch), on obtient un beignet !

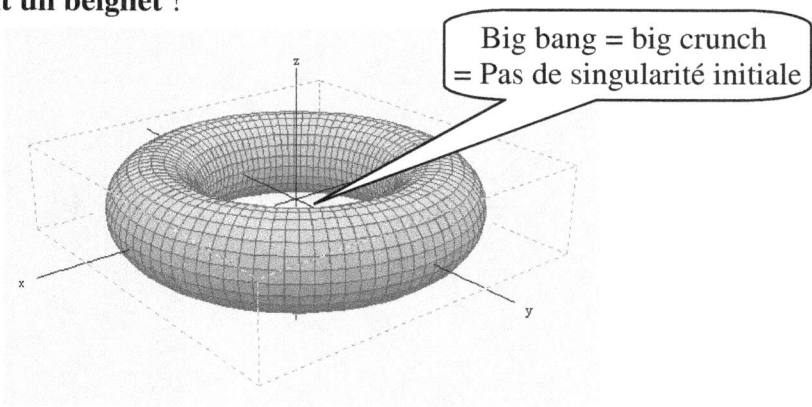

Big bang = big crunch
= Pas de singularité initiale

Le tore obtenu correspond à ce qui se passe en deçà du Mur de Planck, à partir du moment où le temps cesse d'exister.
Vous constatez que la jonction des pôles crée un passage où big bang et big crunch fusionnent. A la place de la fameuse singularité initiale, nous avons un méta-monde, une « zone métaphysique » de l'Univers. La fameuse singularité initiale perd son sens puisque le big bang et le big crunch, soit début et fin cosmique sont une seule et même chose.

Il n'y a ni commencement ni fin mais deux mondes coexistant simultanément : le monde du non-temps à vitesse de la lumière infinie et le monde de l'espace-temps-matière...

Si on y inclut deux dimensions supplémentaires, où résiderait la masse imaginaire de l'espace-frontière situé entre notre univers et l'univers jumeau, on obtiendrait ceci :

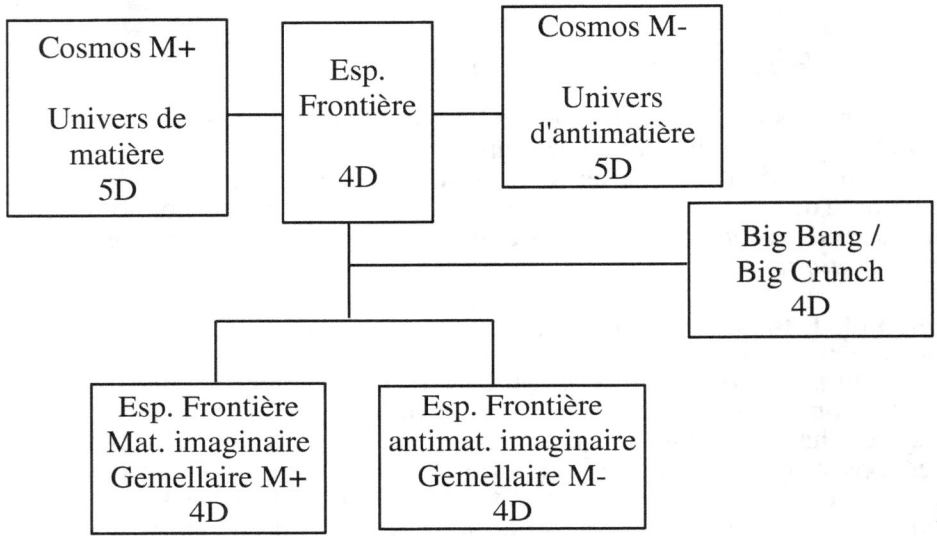

Voici comment concevoir l'univers avec son début et sa fin :

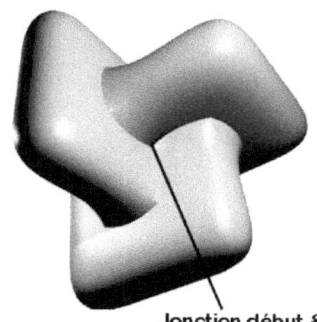

Surface de Boy

La surface de boy est une sphère dont on a recollé deux à deux les points antipodaux.

On peut transformer un ruban de Möbius à trois demi-tours en surface de Boy, en faisant converger son bord circulaire vers un point...

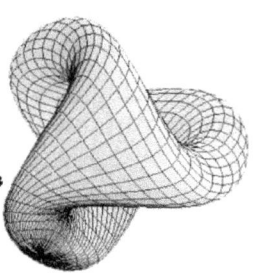

Jonction début & fin cosmique

Ruban de Möbius

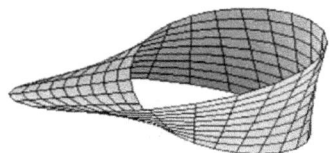

Formation d'une surface de boy à partir d'un ruban de mobius

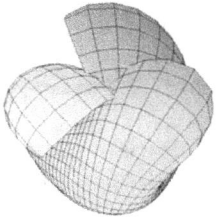
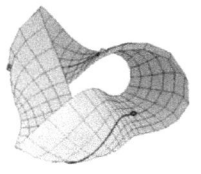

Triquetra :

Lors de notre très récent voyage en bretagne, au cœur des sites mégalithiques, j'ai fait l'acquisition d'une bague présentant des symboles celtiques et druidiques. J'ai été frappée par le symbole entourant la spirale.

En me renseignant un peu j'ai découvert que ce symbole singulier (à gauche) s'appelait une « **triqueta** ».

Entourée d'un cercle, on l'appelle triquetra.

Ce qui a retenu mon attention ici est que la triqueta/triquetra est constituée de trois vesicae piscis, symbolisant chez les cultures celtiques la spiritualité féminine, (dans les cultures nordiques il a été assimilé à Odin), la triple divinité, et fut aussi pour les sorciers celtes semble t-il un symbole de la vie, de la mort et de la renaissance...

Tiré du latin, **Ti-KET-ra** signifie « les 3 coins ».

images : wikipedia

La triquetra est souvent entourée d'un cercle et représentée sur des manustrits enluminés ou sur des runes comme ci-dessus...

Là encore, le principe de l'unité ternaire (un-deux-trois) et du principe de renaissance était présent pour ces cultures celtiques...

Par ailleurs, l'analogie avec la surface de Boy ne put m'être indifférente ! Regardez cette variante de la triquetra (image : wikipedia)

Les dimensions se croisent et s'interpénètrent depuis ce point d'origine... L'ensemble forme une circonvolution dont les cycles se succèdent indéfiniment.

Selon ce modèle, (entre autres), il est possible d'avoir un pluri-univers à 6 grandes dimensions (référentiels) :

- Dimension de matière (la notre) et ses 5 sous-dimensions :
  l, L, h, t, ζ
- Dimension de l'antimatière (notre versant jumeau) et ses 5 sous-dimensions
- Dimension « univers-frontière » séparant nos deux feuillets (matière et antimatière) à temps imaginaire et masse imaginaire : 4 dimensions (4D)
- Dimension gémellaire de masse imaginaire M+   4D
- Dimension gémellaire de masse imaginaire M-   4D
- Meta-monde superlumineux à temps imaginaire (l'avant ère de Planck) et ses sous-dimensions :
  1 sous-dimension pour l'information matricielle dynamique
  1 sous-dimension pour l'information matricielle statique
  (*La nature et modélisation de ces dimensions sont détaillées dans le chapitre suivant.*)

V. L'éternel recommencement

L'éternel recommencement

Le cerveau humain crée, utilise et traite des milliards de données par seconde. Et en dialoguant, nos communications sont à la fois verbales, écrites, radios, télévisuelles...

Dans la théorie de l'information de Shannon on essaie de quantifier le contenu moyen en information d'un ensemble de messages, dont le codage informatique satisfait une distribution statistique précise.

Avec l'avènement des technologies et de la science, on cherche à établir des probabilités, des statistiques pour mieux appréhender notre monde, le corps humain, la matière... Ainsi, pour Shannon, « l'information présente un caractère essentiellement aléatoire » ; son but a donc été de mesurer cette incertitude, et pour lui l'information n'est que la mesure de cette « incertitude calculée à partir de la probabilité de l'événement. »[115]

Dans la théorie de l'information, l'entropie est une fonction mathématique qui correspond à la quantité d'information contenue ou délivrée par une source d'information.

Au niveau biologique, l'information représente un facteur d'organisation d'un système, notamment au niveau cellulaire dans la mesure où les cellules sont des entités structurelles vivantes qui, tout en étant soumises aux principes de la thermodynamique, sont capables de se réparer et d'aller à contre courant de l'entropie en maintenant un ordre au sein de la cellule. Cette auto-organisation qui est une mise en ordre croissant, a donné le terme de « néguentropie » par opposition à l'entropie. Ainsi, pour prendre un autre exemple, les structures sociales sont capables, passé un seuil critique de complexité, de changer d'état en passant d'une phase désorganisée à une phase organisée : l'émergence subite (non prédictive) d'un coup d'état peut entraîner une restructuration totale du gouvernement et une plus grande stabilité sociale, économique et politique... En cosmologie, cela concerne la formation des étoiles... La transition de phase concerne de nombreux domaines, dont la physique, la biologie, l'informatique, la robotique...

Voici ce que dit wikipédia pour définir l'entropie : « L'entropie est énoncée dans le second principe de la thermodynamique comme spontanément croissante en système fermé. D'origine thermodynamique, la néguentropie est utilisée en systémique comme synonyme de la force de cohésion. Norbert Wiener la décrit comme une traduction physique de l'information. »
Non seulement elle est une traduction physique mais elle est aussi une loi de l'ordre et de la causalité dans un contexte de transformation perpétuelle. Les cycles, en tant qu'expression du renouvellement perpétuel, expriment cet ordre dans la transformation de toute « chose ».

---

[115] http://fr.wikipedia.org/wiki/Th%C3%A9orie_de_l%27information

Paul Steinhardt et Neil Turok[116], deux chercheurs proches de la théorie des cordes, pensent que l'univers vit des phases cycliques d'expansion et de contraction.

Ils pensent principalement que :
- le big bang n'est pas le début du temps mais plutôt une transition vers une phase antérieure d'évolution,
- l'évolution de l'univers est cyclique
- les principaux événements qui ont façonné la structure à grande échelle de l'univers s'est produite pendant une phase de contraction lente avant la détonation, plutôt que d'une période d'expansion rapide (l'inflation) après le bang.

Bien qu'intéressante et pertinente sur ces points, la théorie se base sur l'existence d'une matière noire indétectable. Ce modèle, dérivé du modèle Ekpyrotic, propose que le Big Bang est une partie d'un cycle répétitif : un univers infini et éternel qui subit des cycles répétés d'expansion et de contraction.

Le Big Bang ne serait selon eux qu'un écho de la collision de deux "membranes" ou "branes"[117] (modification phonétique de membrane) résultant du dépérissement d'un univers antérieur disparu.

Selon eux, notre univers reste de dimension infinie même au moment de la transition Big Crunch-Big Bang.

Ils déclarent : « Dans notre modèle, l'énergie sombre dilue la densité d'entropie à des valeurs négligeables à la fin de chaque cycle, préparant un nouveau cycle de durée identique. » (astro-ph/0204479 : « The cyclic universe : an informal introduction », Paul J. Steinhardt, Neil Turok (paragraphe 3.The cyclic model (page 4).

Dans cette idée d'univers à rebond, chaque cycle se succède d'une durée identique, de formation identique et de déroulement identique. Malheureusement, l'entropie ne peut passer à des valeurs négligeables à la fin de chaque cycle, puisque c disparaît lorsque t=0 ; et cette condition est remplie en deçà du temps de Planck.

En vertu de la loi universelle qui implique une transformation et accumulation d'information, les cycles se succèdent, oui, mais ne se ressemblent pas.

L'information issue d'un univers ne peut être identique de cycle en cycle sans quoi l'information de cet univers serait statique et ne pourrait ni circuler ni s'échanger, ni s'accumuler sous forme matérielle et immatérielle (pensée, énergie..) et encore moins s'actualiser par rétroaction. Nous serions en face d'un même modèle, d'un même moteur qui à chaque tour de manivelle reproduit les mêmes schémas.

Par ailleurs, les auteurs de la théorie conservent le principe de l'entropie qui n'est qu'un aspect matériel du problème. Que faire de la production néguentropique dans le sens d'accumulation d'information et d'auto-organisation incluant l'univers et ses acteurs ?

Et si on sortait un peu l'entropie de son contexte thermodynamique ?

---

[116] Paul J. Steinhardt & Neil Turok, *"Endless Universe: Beyond the Big Bang"*, 2007 (Doubleday Books)

[117] Un objet étendu, dynamique, possédant une énergie sous forme de tension sur son volume d'univers...

269

Le principe de « mitose dimensionnelle » détaillée dans le chapitre suivant vous permettra de comprendre comment cela fonctionne.

Fin des temps : que devient l'information universelle ?

Même si l'entropie est constante amenant le cosmos à mourir, qu'en est-il de l'information ?...
L'information reste engrammée. Si elle ne l'était pas, l'évolution des espèces, des cultures et l'harmonie du cosmos deviendraient chaotiques et l'équilibre des systèmes que l'homme étudie serait bouleversé. Si l'univers devait finir par une contraction ou par une expansion indéfinie qui convertira la matière en rayonnement, l'information de notre univers restera préservée car l'information se traduit en énergie. Or, énergie et matière sont équivalentes. Et n'oublions pas qu'informer signifie instruire la forme.
Si tout se transforme, alors l'univers mourant s'étant converti en rayonnement, il aura aussi converti son énergie en information.

Que serait l'énergie sans l'information ? Une coquille vide. L'énergie traduit l'information en un effet et forme tangibles. Quand on mesure la chaleur produite par une réaction chimique ou par un feu, on sait quelle est la température, les effets que cela produit...

On dit parfois qu'une personne a du potentiel. Cela signifie qu'elle possède en elle l'information brute non mesurée qui attend d'être potentialisée, exploitée, mise à profit. Les déclinaisons sont presque infinies car l'information est bio-disponible, comme l'air qu'on respire.

Aujourd'hui, les physiciens reconnaissent que le vide est plein d'énergie, mais cette énergie non mesurable et encore mystérieuse a pourtant été exploitée par le génie de Nicolas Tesla au début du siècle. Hélas, les lobbyistes et la manne « providentielle » du pétrole n'ont pas permis la mise en production de son véhicule 100% BIO utilisant l'énergie présente partout.[118] La berline fonctionnait avec un moteur électrique par l'exploitation de la pulsation du champ magnétique de la « cavité de Schumann » (distance terre-ionosphère) qui résonne à environ 8 hertz.
Extrait :
« Au cours de l'été de 1931, le Dr. Nikola Tesla fit des essais sur route d'une berline Pierce Arrow haut de gamme propulsée par un moteur électrique à courant alternatif, tournant à 1.800 t/m, alimenté par un récepteur de l'énergie puisée dans l'éther partout présent. »[119]
A cause de cette invention qui menaçait l'exploitation du pétrole, Tesla qui était adulé pour ses multiples découvertes fut jeté en disgrâce, frappé

---

[118] Magazine NEXUS N°37 mars-avril 2005 - Par Igor Spajic 2004.

Vers 1890, Nikola Tesla révolutionna le monde par ses inventions en électricité appliquée, nous donnant le moteur électrique à induction, le courant alternatif (AC), la radiotélégraphie, la télécommande par radio, les lampes à fluorescence et d'autres merveilles scientifiques. Ce fut le courant polyphasé (AC) de Tesla, et non le courant continu (DC) de Thomas Edison, qui initia l'ère de la technologie moderne.

[119] http://neo-free.forumpicardie.com/t78-la-voiture-a-energie-libre-de-nikola-tesla

d'ostracisme et banni du monde scientifique.

Ceci pour dire que notre conception de l'énergie, de l'univers et de ses lois et mécanismes est très lointaine de la réalité de la préservation du système et de ses fondements... Les supports de l'information universelle, pour ne citer qu'elle, sont partout.

Mais qu'en est-il du modèle originel ? Quelle est la matrice première et comment opère t-elle ? De quelle manière l'univers a t-il pu devenir pluri-dimensionnel ?

Processus de rebond d'un pluri-univers

- Un méga réseau d'échanges :

Il ne peut exister que ce qui fut.

Précédemment, nous avons vu que l'avant ère de Planck est un méta-monde de potentialités portée par une lumière non particulaire. En soi, le big bang n'est pas une super dilatation. Le big bang n'est pas non plus une super explosion. Mais il y eut manifestation d'un univers déjà fini, en ce sens que big bang et big crunch, début et fin, étaient déjà là, dès la conception.

Vous naissez vous même, grandissez, et savez qu'un jour vous mourrez. Dans l'intervalle, vous êtes monsieur ou madame untel, avec tel patrimoine génétique, telle famille, telle éducation, tel parcours, avec telle expérience de vie.

Pour l'univers, tout est déjà accompli. La fin a déjà eu lieu tandis que vous évoluez dans ce qui semble être un jeu interactif grandeur nature où le début de l'univers semble si lointain... L'avant ère de planck est ce lieu de convergence unique où seul se joue l'évolution des acteurs de l'univers tandis qu'il subit ses propres cycles, sa croissance, sa maturité, ses expériences de vie... La période dense et chaude eut lieu, mais n'est pas le fruit d'un big bang, mais de la conversion d'un potentiel d'énergie non matérielle ayant atteint une densité critique. Les forces de pression ont conduit à cette manifestation. Et c'est la nature de ces forces que nous allons étudier dans ce chapitre.

Nous avons donc : le pré-univers condensé dans un monde d'énergie-lumière à temps imaginaire qui est le lieu de la fécondation, et la naissance à l'ère de Planck.

Mais l'énergie dont on parle est l'énergie de l'information en mouvement, dont la forme sont des entités sans masse. Rappelez-vous l'image du cylindre pour représenter la dualité onde-particules. Nous percevons dans notre monde l'image projetée du cylindre sous forme de cercle et de rectangle. Le cylindre est la nature véritable de la réalité : sous forme matérielle l'information (le cylindre) se densifie et s'incarne ; sous forme immatérielle, l'information reste au stade énergétique, sans densité.

Une chose semble émerger de façon claire : l'information a besoin d'un réceptacle pour se véhiculer. La lumière (au sens large du terme) semble pouvoir remplir ce rôle, mais ne vous y méprenez pas : cette lumière n'a rien à voir avec le champ électromagnétique (photons) dans la mesure où elle n'a pas de masse et sûrement pas non plus de charge électrique. Par ailleurs, le programme du vivant est une expression de cette lumière et nous pouvons alors parler de conscience, c'est à dire de ce qui est avec la science !

Base de toute structure universelle, la lumière-information est une matrice de tout ce qui est (manifesté et non manifesté). Cette somme d'information colossale regroupe en son sein tout ce qui a été, est et sera, soit un potentiel agité de fluctuations. Le monde super-lumineux n'aurait aucun sens s'il ne pouvait exprimer sont programme ; par co-habitation avec l'univers physique, des tensions s'exercent par échanges multiples, créant des franges d'interférence et des fluctuations (dont les fluctuations quantiques).

Les vagues cosmiques provoquées par les fluctuations de l'information entre ces plans dimensionnels pourraient se répercuter ainsi par rétroaction permanente.

Pulsative et régulière tel le sang dans les veines, le souffle vital est la respiration de l'univers à travers ses cycles.

D'où provient l'information ? Quelle est-elle précisément ?

L'énoncé qui suit est primordial car l'information universelle n'est pas qu'un seul programme, une matrice unique.

Dans le monde physique que nous connaissons, et notamment dans le monde du Vivant, le programme génétique se duplique et crée une copie de lui-même afin de générer des centaines de milliards de cellules spécialisées... La cellule mère se duplique et engendre une ou plusieurs cellules filles. Le programme fonctionne donc sur des copies.

D'une seule matrice, un seul programme, une seule cellule, un seul patrimoine génétique, on obtient un système complexe qui échangent des informations et créent une dynamique en mouvement.

Il faut donc distinguer ici la « matrice informationnelle dynamique » sur laquelle l'univers fonctionne de la « matrice informationnelle statique » qui sert de patron de formes et qui n'est pas réactualisée.

En effet, une information statique est comme le patron d'un modèle d'avion figé sur le papier ou sur informatique.

Si les modifications (améliorations) se faisaient sur le patron initial qui est un original du modèle, il serait impossible d'établir des ajustements fiables ou modifications mêmes infimes de sa structure car il serait impossible de comparer l'avant et l'après de façon précise et juste.

Imaginez que vous vouliez modifier l'empennage de cet avion. Si vous modifiez le modèle original, comment pourriez-vous par la suite savoir si votre modification a été adéquate ou s'il ne va pas falloir revoir le tracé et les calculs ?

Si tout se modifie au fur et à mesure et qu'il n'existe pas de sauvegarde de l'original, vous serez bien ennuyé pour savoir si les modifications ont été adéquates...

Il est donc nécessaire de conserver le modèle structurel initial et ce, par simple logique et souci d'efficacité et de préservation. Rappelez-vous que le Vivant fait de même en dupliquant une cellule mère en cellules filles.

Un système régulé, ordonné est donc forcément intelligent. S'il l'est, pourquoi agirait-il différemment ?

Or, tout est en perpétuel changement. Rien n'est statique ici bas. Si tout est en mouvement, c'est que l'information qui circule est dynamique.

Par conséquent, si l'information universelle est dynamique, c'est que l'univers que nous connaissons travaille sur une copie de l'original !

Pour reprendre l'idée de l'avion, l'univers **vit, vibre et procrée sur une copie de l'information matricielle originelle afin de pouvoir réactualiser son information, son programme en permettant de perfectionner ce qui est existant tout en préservant son équilibre.**

Nous sommes donc face à deux matrices informationnelles, l'une statique et l'autre dynamique. Deux plans. Deux modèles identiques, bien que le second appelle à subir des mofifications. Vous allez voir où cela nous conduit !
La matrice statique est le modèle initial intégral, préservé.
La matrice dynamique est destinée à être utilisée, copie de la première.
La matrice dynamique est secrétée par la matrice statique.
C'est une simple duplication informatique, une copie de sauvegarde !

Par conséquent, si l'univers héberge une information matricielle statique et une matrice dynamique, c'est que le **modèle** servant à établir la structure de l'univers **préexistait** déjà, **« avant » la naissance de l'univers.** Et c'est là que tout s'est produit.

D'où provient la matrice informationnelle statique ?
Dans la mesure où notre univers préserve son information, cela implique que le programme initial provient d'un programme antérieur.
Nous avons affaire à une boucle sans fin.
Qui a créé l'oeuf ? La poule ? Ni l'un ni l'autre. L'œuf procède d'une autre forme de vie antérieure, jusqu'à ce qu'on remonte aux premières formes de vie terrestres... Et avant les premières formes de vie ? Des atomes formant des combinaisons d'acides aminés, de protéines... Et de quoi sont composés les atomes ? D'un noyau (comme pour la cellule) et d'électrons. Le noyau atomique est lui même constitué de protons et neutrons. Et d'où proviennent-ils ? De la non matière, le vide lui même secrété par le sans-forme. C'est ce qui fait qu'une structure moléculaire ne porte pas la même information ni la même fréquence vibratoire qu'une autre.

Quand on modifie un matériel pour un usage quelconque ou simplement pour l'étudier, on crée de l'information supplémentaire : de la néguentropie. Et cette nouvelle somme d'informations est véhiculée de différentes manières. Nous communiquons même par la gestuelle (langage du corps), et transmettons à chaque seconde des millions d'informations issues du conscient et de l'inconscient qui stimulent notre environnement, nos semblables, notre évolution génétique, sociale, etc.
Quant aux phénomènes encore marginalisés par la science et qu'on nomme la **parapsychologie**, nous avons simplement oublié quel est notre patrimoine, notre héritage, ce qui a toujours fait partie de soi mais qui a été mis en sommeil pour ne pas trop perturber notre progression au fil des ages, alors que nous traversions des moments difficiles où l'instinct de survie prédominait. Aujourd'hui, les recherches menées, et vulgarisées dans

ces domaines, ainsi que l'acceptation de plus en plus grande de ce potentiel humain nous place peut-être à l'orée d'une émergence de l'esprit et de la conscience, à l'instar du « centième singe ». Ce qui a été mis en sommeil et oublié se réveille. Il ne reste qu'à atteindre la densité critique : un nombre suffisant de consciences tournées vers l'amour et la libération des entraves de l'égo, des illusions et des schémas autodestructeurs. Serons-nous individuellement assez spirituels pour ce faire ?

Si certains atteignent cet état d'éveil - la libération de ses chaînes - il s'agit là véritablement d'une forme naturelle d'alchimie.

Comment cela est-il possible ? Parce que la conscience potentialise une énergie bio-disponible par la voie du LOGOS, c'est à dire du verbe créateur en action. L'énergie métabolisée dans le corps est la réponse à l'ordre que vous avez formulé. Tout ceci fonctionne sur un principe fondamental : l'échange permanent d'information.

Pour que l'univers puisse voir le jour il a bien fallu un déclencheur. Les fameuses forces de pression.

Or, ce déclencheur est un comparatif entre deux informations matricielles : l'information matricielle statique et l'information matricielle dynamique.

Voyons cela de plus près.

Origines des forces de pression et modalités des phases de rebond de l'univers

Superposition d'Informations matricielles universelles :

Nommons *:*

IS = Information matricielle statique
ID = Information matricielle dynamique

E.P1 = Ère de Planck (commencement de l'univers)
E.P2 = Ère de Planck (fin de l'univers)
(EP1 & EP2 = Big bang et big crunch si on veut reprendre cette terminologie).

Les deux extrémités de l'univers se retrouvent « superposées » ou jointes comme les deux extrémités d'une lamelle de papier (voir ruban de Möbius).

- IS correspond à l'information matricielle statique résultant de l'activité néguentropique du précédent univers ; elle s'est figée quand l'univers précédent est retombé sur lui même. Cette matrice reste figée, fixée en l'état à l'instar d'un programme un support informatique : disque dur, DVD, clé USB...)
- ID correspond à l'activité néguentropique de l'univers.

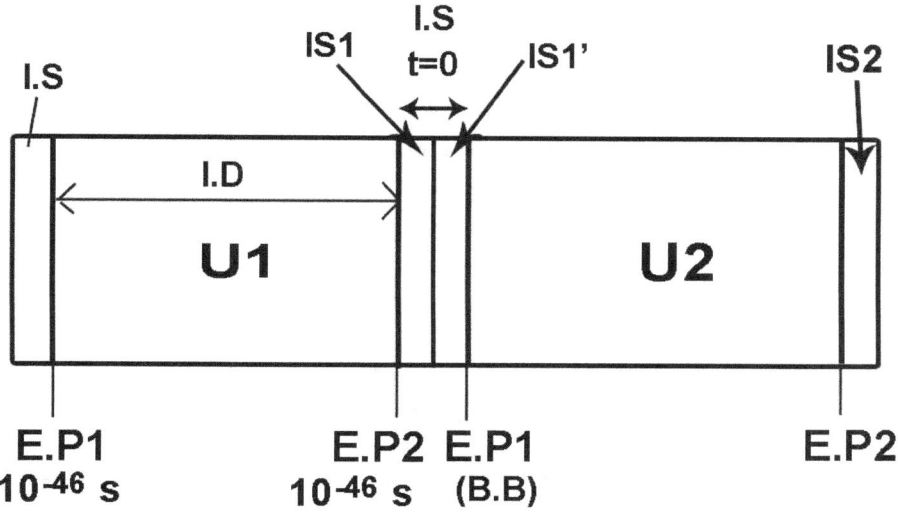

Lorsque t = 0 (E.P2), alors ID (Information matricielle Dynamique) devient IS (Information matricielle Statique). La nouvelle information statique se retrouve alors en « superposition » par rapport à la précédente matrice statique.

Explications :

« A la fin de l'univers » se produit la superposition entre deux matrices : la matrice initiale préservée et sa copie conforme enrichie de l'activité néguentropique de l'univers.
En deçà du temps de Planck ces deux matrices se retrouvent en coïncidence, c'est à dire en superposition.

Le comparatif entre les deux modèles crée un rapport de force.

Si la densité d'information résultant de l'activité néguentropique de l'univers est supérieure à la densité initiale, le rapport de force entre ces densités induira une phase de rebond de l'univers avec une information universelle plus dense.

La naissance d'un nouvel univers résultera de ce comparatif entre densités : celle de la matrice première préservée, et sa copie destinée à être réactualisée (notre univers physique).
Le processus de transformation – grâce aux êtres vivants néguentropiques - créé de la valeur ajoutée à la matrice originelle.
Par conséquent, la densité en information de l'univers physique devient supérieure à la densité de son programme initial.
Voilà où est le moteur d'impulsion des phases de rebond. Ce sont à chaque fois de nouveaux univers, nés des cendres encore bien palpitantes de l'ancien. La théorie de John Wheeler peut ainsi se confirmer en ce sens que nous aurions effectivement des univers plus denses et de plus en plus gros et vieux.

IS1 => Champ informationnel Statique résultant de l'activité néguentropique de Univers 1 : il cumule IS + la valeur ajoutée de ID de U1

On obtient alors le rapport suivant à t = 0 et c infinie (avant ère de Planck) :
IS1 > IS

Conséquence :
IS1 devient la matrice informationnelle statique de l'univers suivant U2.

Dans le schéma, IS1' est la copie de « IS1 ».
IS1' deviendra « ID » afin de pouvoir circuler et créer l'espace-temps-matière et interagir.
IS1 sera préservée dans son plan dimensionnel propre (sorte de noyau ADN cosmique ou conscience cosmique).

Processus de rebond :
IS1 étant supérieur à IS, s'en suit une phase de rebond par comparatif entre

les deux matrices, 2 densités.

IS1' est la duplication de la matrice IS1 afin de devenir dynamique à l'ère de Planck durant la phase de vie de l'Univers 2 (U2)...

La pression exercée par la nouvelle matrice figée dans le méta-monde à temps imaginaire induit une nouvelle phase de rebond : la nouvelle information statique (IS1) correspond au cumul de la matrice précédente (IS) et de la valeur ajoutée de l'information dynamique (ID) découlant de l'univers.

Soit :
$IS1 = IS + VA.ID$
et
$IS1 = IS1'$

A la fin de ce nouvel univers nommé U2, IS1 se retrouvera à son tour en superposition avec IS2 la matrice dynamique figée.

$IS1' + VA.ID2 = IS2$
et $IS2 > IS1$

Vous l'aurez compris, **les forces de pression résultent de la tension exercée par le comparatif entre ces deux densités ou modèles matriciels** ayant pour conséquence un nouvel univers avec deux nouvelles matrices : une matrice d'information statique et une matrice d'information dynamique, copie de la matrice statique.
Cette dynamique intervient spontanément **lorsque les plans sont totalement finalisés**, lorsque l'univers a cristallisé son information à $t = 0$ et $c = \infty$.

277

Duplication de l'information
et principe de mitose dimensionnelle :

Une conscience universelle :

Nous pourrions envisager que cette matrice se duplique et se dédie à certaines fonctions. La fonction de préservation associée à IS pourrait-elle être la conscience universelle ?

Dans ce principe de duplication de l'information primordiale comparable à la mitose cellulaire, une <u>unité ternaire</u> se dégagerait.

Elle se décomposerait de la manière suivante :

1 : information matricielle statique résidant dans son propre plan dimensionnel superlumineux : Son âme ou conscience
2 : information matricielle dynamique, copie de l'information initiale: ce pourrait être l'ADN de l'univers, son programme du vivant, ses lois et mécanismes...
3 : l'information associée aux consciences collectives planétaires exerçant une interaction avec le Vivant – cette 3e matrice serait alors une subdivision de la matrice dynamique extorquée en enceintes dédiées à tous les mondes où la vie est possible, à l'instar des neurones pour le cerveau, des cellules dédiées du foie, des cellules des os, etc.

Chaque nouvelle impulsion de départ n'est pas le big bang, ni une expansion, mais une nouvelle graine qui devient arbre. C'est une transmutation dans un mouvement perpétuel.
Dans le terreau universel, l'être vivant est amené à expérimenter la vie physique ; c'est un mouvement de va-et-vient, car l'univers dans sa totalité, respire. Lorsque l'âme expérimente la vie, elle est comme un organe sensoriel qui touche, respire, ressent, et apprend par l'expérimentation.
Ce voyage initiatique procrée, aide la source à s'exprimer et à engendrer toujours plus, à s'étendre avant de retourner à elle même pour en savourer le plaisir...
Les sens ne sont pas dévolus à l'être vivant, sur Terre, comme nous l'avons vu précédemment. La perfection n'est pas moindre en tant qu'être vivant. Les différentes « strates » de manifestation, depuis la source elle même, sont comparables à une boule de lumière qui étend son halo loin dans l'espace et qui, en se contractant, ramène à elle ce qui gravite alentour. C'est l'expérimentation de la Vie, au travers des expériences de chacun, qui conduit l'être à retourner toujours plus près de la source en se découvrant non pas amoindri ou imparfait, mais au contraire enrichi de son expérience de vie. Se connaître c'est connaître la source d'une certaine manière.

Il ne faudrait pas considérer les dimensions comme séparées et hermétiques les unes des autres. Ce serait comme considérer que les organes du corps humain n'entretiennent aucune relation entre eux. Nous parlons de fréquences, dans le cas de ce monde spirituel... Chaque fois que l'être doué de conscience monte en fréquence, en expérimentant les multiples facettes de l'amour universel, il se rapproche de la source, pour enfin peut être fusionner avec elle.

Dans le mouvement perpétuel universel, l'oscillation permet aux choses de s'informer. La source, par conséquent, s'informe en permanence, dans la joie et l'amour de qui elle est. Elle est informée grâce à la copie de sauvegarde engendrée dès l'origine. Cette copie ne s'est pas faite avant, ou après, mais en même temps si je puis dire, bien que le temps n'ait pas de sens ici.

La source initiale qui l'a conçue doit être préservée, le « temps » de l'univers.

Pour vous aider à vous représenter cela, je vais vous citer un extrait d'une conversation tirée d'un livre. Il s'agit d'une femme en état de régression sous hypnose vers ses vies antérieures qui tient les propos suivants :

« C'est comme si les âmes faisaient toutes partie d'une explosion électrique massive qui produit... l'effet d'un halo. Au centre de ce halo circulaire se trouve une lumière d'un violet foncé qui va en s'élargissant... qui pâlit jusqu'à devenir blanchâtre sur les côtés. Notre conscience naît sur les bords de la lumière brillante et à mesure que nous grandissons... nous nous engouffrons dans la lumière plus intense. (…) Si je suis incapable de l'expliquer, c'est que je ne suis pas suffisamment près de la conjonction. La lumière intense est en elle-même... une couverture qui laisse filtrer une chaleur puissante... remplie d'une sage présence qui est pour nous omniprésente et... vivifiante ! (…) Rien ne s'effondre... La source est inépuisable. Notre âme ne mourra jamais – nous le savons sans trop savoir comment. A mesure que nous fusionnons, notre sagesse croissante renforce la source. (…) De cette façon, grâce à l'auto-transformation qui s'amorce en nous et qui nous amène à de plus hauts niveaux de réalisation, nous contribuons à l'édification de la vie. »

(extrait pages 216 et 217, livre de Michaël Newton « Un autre corps pour mon âme ».

Pour qu'il y ait une dynamique en mouvement tout en étant certain que le modèle de base ne sera pas détruit, la source se duplique. Cette copie intacte et parfaite de la première va pouvoir être altérée par les multiples ré-actualisations au cours de notre interaction avec l'univers et de ses propres interférences...

Si l'univers était resté statique, il n'y aurait pas pu y avoir d'organismes capables de mieux s'adapter à leur environnement, de personnes pour penser et pour modifier leur comportement, de tissus social mutant vers plus de complexité... etc. Or, tout ce qui vit, se meut et existe en terme de matière répond à un besoin de sophistication, de complexification.

Ceci prouve non pas que la création est imparfaite, mais qu'elle souhaite créer toujours davantage et aller vers des sommets toujours plus hauts.

Dans cette manifestation d'elle-même, la matrice initiale peut s'exprimer en créant des enceintes dimensionnelles dédiées à certaines tâches et fonctions. Notre univers jumeau serait l'exemple type de ce mode interactif nécessaire pour le bon fonctionnement de l'univers. Un seul plan dimensionnel n'explique pas toutes les énigmes du cosmos, par conséquent il faut repositionner son compas et se défaire de ses croyances.

Concept de « mitose dimensionnelle » :

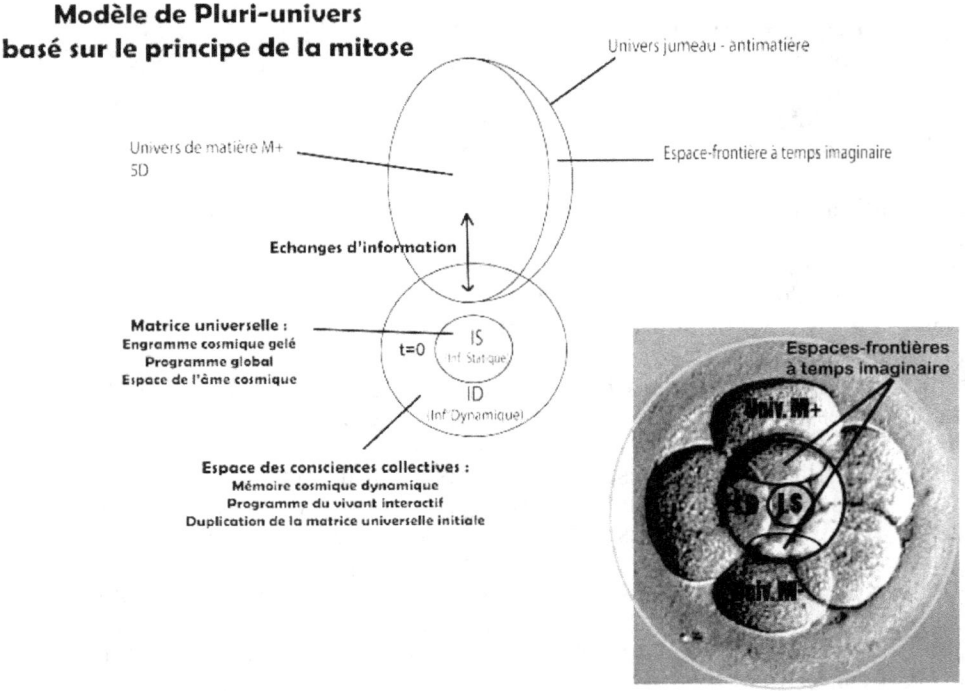

Modèle de Pluri-univers basé sur le principe de la mitose

Univers jumeau - antimatière

Univers de matière M+ 5D

Espace-frontière à temps imaginaire

Echanges d'information

Matrice universelle :
Engramme cosmique gelé
Programme global
Espace de l'âme cosmique

t=0   IS
Inf. Statique

ID
(Inf. Dynamique)

Espace des consciences collectives :
Mémoire cosmique dynamique
Programme du vivant interactif
Duplication de la matrice universelle initiale

Espaces-frontières à temps imaginaire

Univ. M+

IS

Univ. M-

Ce schéma est comparable à la mitose cellulaire : le patrimoine transmis aux cellules filles est tout à fait identique avec **transfert** du code génétique, de son énergie, de ses paramètres divers.

Dans cet ordre d'idée, l'univers physique procède en créant un corps dans lequel l'information va pouvoir s'exprimer par des attributions différentes et ainsi bouger, interagir, être stimulée, et créer de l'information additionnelle...

Un corps comme celui de l'homme est composé de milliards de cellules fonctionnant sur le principe de la mitose (et de la méiose)... C'est un processus vital qui témoigne de l'unicité et de la symétrie dans l'infiniment grand comme dans l'infiniment petit.

Articulation des cellules dimensionnelles

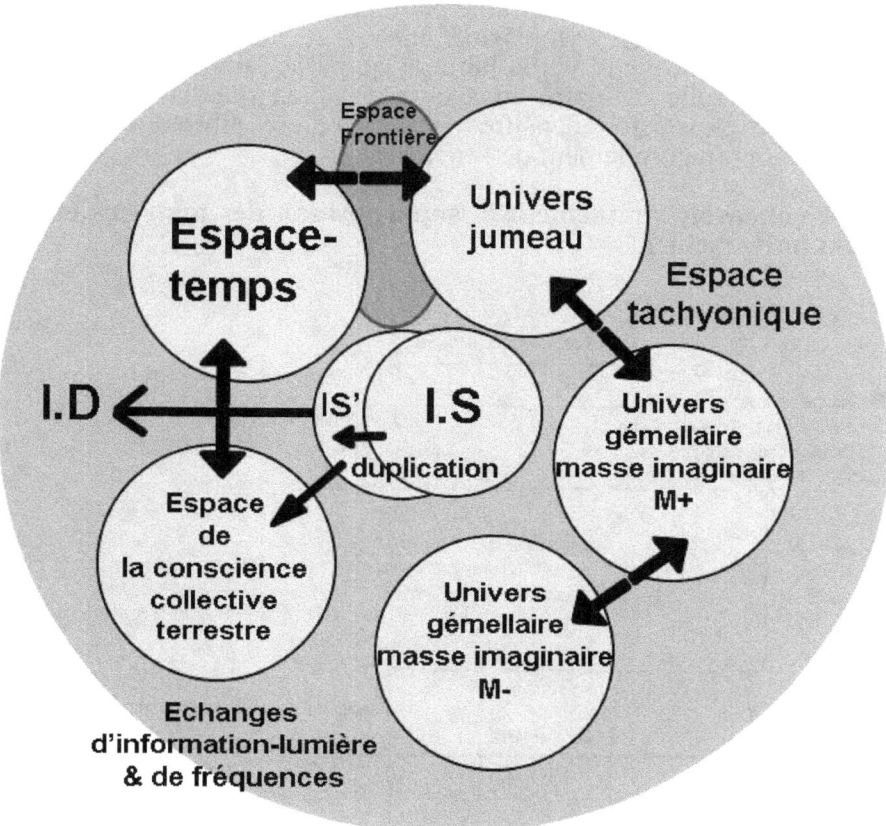

Prenons un exemple : la graine d'un arbre.
L'information du code génétique de la graine est un programme qui attend de prendre forme. La graine est le support du programme de sa structure, définissant sa naissance, sa croissance et sa mort... Il n'y a ni départ ni fin. L'information qui est le programme complet de chaque univers s'enrichit à chaque (re)naissance ou réincarnation. Sa conscience ne périt pas, ni les consciences qui ont fait partie de son extension...

Il existe, comme pour la cellule biologique, des membranes perméables qui laissent passer la lumière et l'information. Puisant dans l'énergie de leur milieu symbiotique elles assurent le développement de leur structure néguentropique. En contre partie, elles produisent une énergie proportionnelle à celle qui a été dépensée. **Comme les membranes d'univers vibrent, l'effet de résonance se prolonge dans les univers.**
Le guitariste nous joue sa partition en grattant les cordes dans un tempo mélodieux. Le chant du multivers (pluri-univers) plisse sa trame en faisant caisse de résonance.
Comme le vent agitant un drap au soleil, il crée des grandes vagues

d'énergie... La thèse de J. P. Petit montre que le voyage intergalactique pourrait se faire en passant par l'univers jumeau où la vitesse de la lumière est facilement supérieure à celle de la trame photonique de notre espace.

Les mondes baignent dans un cytoplasme nutritif et sont stimulés par l'échange d'information entre eux via la lumière (je parle d'une lumière de nature différente que celle de notre espace-temps, bien que la lumière photonique soit une expression densifiée de la lumière vibratoire non physique). Cela produit naturellement de l'énergie..

Voici comment concevoir simplement la superposition des matrices et leur expression universelle :

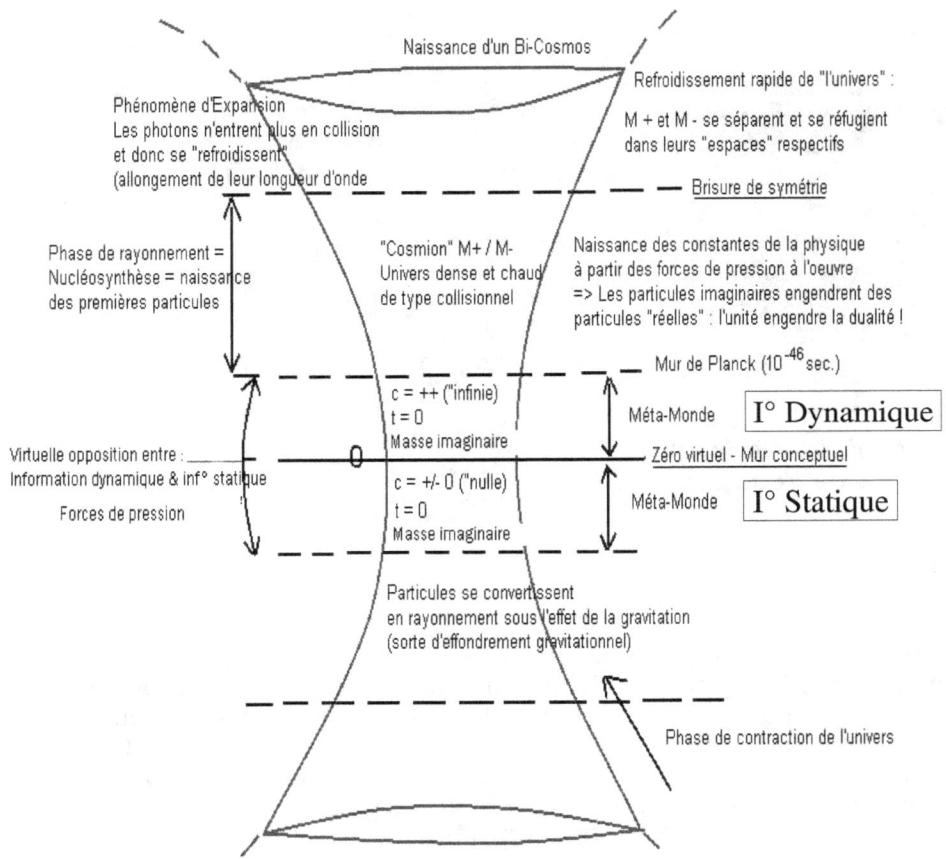

Allégorie de l'arbre :

Les sommités fleuries de l'arbre et ses racines sont comme deux versants d'une même colline : *racines et branches se superposent dans une symétrie parfaite*. Les racines puisent dans la terre et les branches dans l'air irrigué de la lumière du soleil. Ce sont deux mondes symétriques, interdépendants reliés par le tronc qui fait monter la sève et alimente son corps.

Les racines et les branches n'existent pas les unes sans les autres, elles sont

deux manifestations d'une même source : la graine et son code de vie. La supersymétrie préside ainsi à toute manifestation. L'arbre est à la fois la réunion du ciel et de la terre dans le cantique de la vie et de la lumière, du verbe en action (energia = force en action).
Le tronc fait la liaison en tant que pilier ou vecteur.

Nous sommes tous des arbres. Le proverbe dit « s'enraciner » pour développer la confiance en soi et le rattachement à la Terre, source de stabilité. Les racines s'étendent pour nourrir de sève le tronc et les branches, les feuilles, les fruits.

Terre et ciel, ciel et Terre, deux mondes reliés

L'intention se manifeste depuis la source en projetant son image dans sa propre lumière. Elle créée alors la lumière de la lumière, le halo de la lumière. Ce halo, miroir de la source première, irradie aussi loin qu'elle le peut, et à mesure qu'elle s'éloigne de sa propre source, la lumière se densifie, devenant mondes de matière, mondes dans les mondes, et l'univers connu...

Le pilier de tout cet édifice est l'information-lumière-amour, une matrice intelligente qui fonctionne comme une équation géante et complexe. Une information comme un modèle structurel de base, intelligent, conscient et aimant à la différence d'un système informatique usuel.

Un grand Corps Cosmique

L'univers est comparable à un Grand Corps Cosmique possédant un cerveau, des organes sensoriels, un esprit et une conscience.

Nous distinguons donc :

- Le **tissus neuronal :** l'ensemble des consciences individuelles peuplant l'univers opérant dans ce gigantesque cortex cosmique de multiples échanges énergétiques, vibratoires ; et ses **neurotransmetteurs** qui transfèrent l'information entre consciences, de conscience à matière, etc.

- Le **corps** : la matière inerte, les dimensions, le temps, et êtres biologiques fonctionnant de façon autonome comme des ordinateurs et des logiciels individuels connectés en réseau. Rappelons-nous que nous sommes entièrement constitués de cellules ayant développé des spécialités (formant les unes des tissus conjonctifs, tissues du foie, des reins, de la peau, etc).

- **L'ADN** du grand corps cosmique : la matrice informationnelle dynamique du pluri-univers qui circule en tout dont le vide quantique source de toutes les émissions d'ondes-particules, le programme génétique du Vivant...

- **L'esprit** : animé par les productions mentales, émotionnelles, affectives, intellectuelles, intentions et pensées des êtres vivants...

- **La conscience supérieure** : l'âme de ce grand corps, le superviseur en tant qu'information matricielle statique qui coordonne, supervise l'information matricielle dynamique de l'univers... Elle serait l'agent producteur des consciences individuelles et collectives mais sa quintessence est pure lumière vibratoire, intelligente et consciente ; c'est LA matrice originelle qui, à la mort du corps cosmique, fera le bilan de sa vie et s'enrichira de sa dynamique universelle. L'âme suprême aura créé et expérimenté la vie au travers de ses différentes consciences individuelles, et dans sa logique de manifestation et d'expression « d'elle-m'aime » réitérera le mouvement perpétuel de sa Vie. Elle s'en ira vers toujours plus de conscience, de connaissance de soi, de créativité et d'amour...

On pourrait dire que la conscience universelle est à la fois incarnée et désincarnée, son halo se projetant sur le miroir de sa création pour mieux se contempler...

Y a t-il transfert de l'information intégrale dans la matrice dynamique ?
Je dirais qu'il y a mise en application de l'information initiale sous l'expression de formes diverses. C'est l'échange entre ces objets qui crée des perturbations.
Par conséquent, on ne perçoit que des reflets diffractés de la lumière totale, via le prisme de notre réalité spatio-temporelle.

Le miroir des ombres et lumières : c'est ainsi que je définirais notre monde. Des ombres se mouvant et se projetant ça et là. Nous sommes tous des miroirs reflétant une image, une lumière et une ombre. L'ombre serait-elle visible sans la lumière ? Et la lumière serait-elle visible sans l'ombre ? La lumière peut-elle craindre l'ombre ? L'ombre ne peut grignoter la lumière car l'ombre est une absence de lumière. Mais la lumière n'est jamais totalement absente... Il suffit de l'évoquer en pensée et elle jaillit plus vive que jamais.

De même, l'ombre de nous même n'est pas nous tout comme le reflet dans le miroir n'est pas nous. C'est seulement une image de soi. Une projection. Notre monde de perception est très comparable à cette idée. Les perspectives sont faussées.

Réalité virtuelle :

Les *ondes de formes* qui parcourent la terre, via nos pensées, nos stimulus, nos sens, percutent tous les relais de l'information (êtres vivants). Nous sommes tels des objets reflétant la lumière présente partout.

Ce halo vibratoire et lumineux forme un *immense champ de conscience* – le champ de conscience planétaire humain par exemple.

Cette configuration semblable à une toile d'araignée, à un réseau neuronal avec ses multiples nœuds de convergence et de ramifications nous unit à un seul et même champ d'ondes de formes. Ce champ est *entretenu par des échanges permanents d'énergie-information-lumière issus de nos pensées, intentions et de notre conscience*.

La nature ondulatoire est universelle mais ce ne sont pas ces ondes de formes que nous percevons, ce sont leur traduction sous les traits d'une image-référence. Si ce n'était pas le cas, nous errerions dans notre réalité sans nous reconnaître les uns les autres. Nous ne pourrions pas comprendre les trains d'ondes diffus perçus avec nos sens.

L'image-référence collective est en quelque sorte l'avatar familier que le cerveau cosmique a appliqué pour que nous ne nous sentions pas perdu, désorienté dans un monde fait d'énergie.

Les référentiels sont comme une réalité virtuelle créée par un studio de cinéma. Sans ces référentiels, nous ne pourrions traduire en *langage universel* ce que nous percevons. Chacun aurait une vision personnelle du monde.

Par souci d'harmonisation, l'ordre dans la manifestation de l'énergie universelle se devait d'être compris par tous comme une même réalité sensorielle, intellectuelle, émotionnelle, mentale, etc. L'image-référence ou « patron de forme » est commune à toute conscience, ce qui peut vouloir dire que nous bénéficions tous de la même traduction dans ce langage des formes. Par conséquent, le langage employé est universel et émane de la même source, grâce à un échange d'information permanent et instantané.

Nous bénéficierions d'une restitution holographique pour que notre réalité soit intelligible et partagée par un ensemble d'êtres vivants dans la même biosphère.

C'est la densification de l'énergie métaphysique depuis les patrons de formes universels qui constitue un hologramme de perception collectif : notre réalité ontologique. Nos forets, nos perceptions de couleurs, les formes des objets répondent tous à un modèle de forme transmis à tous les hommes, reconnu par tous et pouvant être étiqueté sous tel ou tel nom, concept, idée...

Si le cerveau et l'univers sont des hologrammes, *qui créée l'hologramme ?* Tout simplement l'univers en personne, **dans ses aspects différenciés** et complémentaires...

Interdépendance :

Il n'y a pas de séparation entre le réel, le tangible et l'immatériel. La matière provient de la non matière. La forme du sans forme. L'espace-temps est né ainsi. *Le créé provient de l'incréé.*

L'incréé est source de création car il héberge le germe de Tout. Les éléments qui composent la « création » au sens de manifestation, sont des extensions de l'incréé, parce que le champ des possibles le permet.

Les séparations entre les phases créé et incréé sont des inter-phases d'échange, comme la cloison perméable d'une membrane cellulaire qui laisse filtrer les nutriments, à savoir une information ordonnancée.

L'espace-temps sous tend une structure organisée non manifestée. Il y a une *relation d'interdépendance par auto-stimulation, auto-activation et auto-actualisation.*

L'espace-temps et l'avant espace-temps sont très probablement les deux versants d'une même colline, d'une seule manifestation, d'une même origine.

David Bohm dans sa théorie de l'univers holographique[120] appelle l'ordre sous-jacent « **l'implié** »...

Tel un bain moussant, les bulles de conscience s'apparient et forment la conscience universelle. Les consciences planétaires supportent notamment toute l'information issue de nos êtres, de nos pensées, de nos actes et de nos émotions bien sûr. Cette production psychique a un effet démultiplicateur de l'information, comme un générateur entraînant un moteur par une courroie.

Dans le cas de l'hologramme, l'ensemble des informations sont enregistrées sur chaque fragment du support. Par exemple, si l'on brise une plaque holographique en mille morceaux, *chaque fragment pourra être utilisé pour reconstituer l'image entière* tout comme un ver ou une étoile de mer coupés en morceaux reconstitue sa structure complète à partir de chaque morceau de lui même. Ce qui fait dire que tout est UN et qu'Un est Multiple.

L'Unité est dans les parties, en intégralité. La totalité de l'information universelle se reflète dans ses facettes de notre esprit. Il suffirait alors de ne

---

[120] Selon David Bohm, astrophysicien, l'Univers serait lui-même un immense hologramme : chaque galaxie, chaque atome, enferme la totalité de l'Univers. Le Cosmos pourrait être une structure infinie d'ondes où tout est lié à tout : esprit et matière, être et non être ne seraient que des manifestations différentes d'une même réalité profonde animée d'un flux permanent de transformations, qu'est la Vie. Bohm en arriva à se demander si l'idée même de désordre n'était pas une illusion. Ce qui nous semble désordonné pourrait bien ressortir à un « degré d'ordre infiniment supérieur », au point de revêtir pour nous l'aspect du hasard.

plus voir le spectre de cette réalité comme des éléments séparés les uns des autres, mais fusionner l'ensemble des couleurs du spectre pour voir la lumière dans sa totalité. Ne sommes-nous pas un univers à nous seuls ?

Il est intéressant de noter ici que l'univers et le cerveau fonctionneraient en inter-reliant les éléments entre eux. Ce qui explique qu'il n'existe pas d'engramme dans le cerveau. La mémoire humaine peut reconstituer la totalité d'un souvenir à partir d'un seul élément d'information. De la même manière, un seul centimètre cube de film holographique peut contenir jusqu'à dix milliards de bits d'informations !

Co-Existence Méta-monde
super-lumineux et Espace-temps

On a l'habitude de raisonner sous forme linéaire. Pour nous, le temps est une ligne inviolable.

La théorie de Jean-Pierre Garnier Malet sur les ouvertures temporelles va dans le sens d'un temps stroboscopique, comme un trait en pointillés. Les espaces vides correspondent à des ouvertures temporelles où l'information transite largement plus rapidement que la vitesse de la lumière dans notre référentiel.

« La discontinuité de la perception du temps a pour but de nous procurer des informations permanentes dans les instants imperceptibles que j'ai appelés « ouvertures temporelles », dit-il. Ces informations nous arrivent sous la forme d'intuitions, de suggestions et de prémonitions » ajoute t-il. « Un dédoublement nous fait vivre dans deux temps différents, donnant ainsi la possibilité d'anticiper notre meilleur futur et de choisir les moments favorables pour chacune de nos actions. »[121]

La visée est néguentropique.

Une autre de ses déclarations est intéressante pour comprendre ce concept : « Elle (la théorie du dédoublement) permet de comprendre l'origine et la nécessité d'un mouvement fondamental de dédoublement périodique pour toute particule évoluant dans un horizon. Le dédoublement d'une particule dans des espaces et des temps virtuels a pour but de permettre l'accélération de l'anticipation des mouvements de la particule dans son espace et son temps réels. »

Qu'en est-il de nous, en tant qu'être pensants et conscients composés de milliards de particules ? Nous anticipons.

Parce que le temps permet l'engramme de l'information et sa réactualisation, cela suggère clairement que l'information peut transiter dans un espace temporel accéléré mais que l'information intégrale réside dans un non-temps.

Nous pouvons à tout moment annuler et remplacer des affirmations négatives par des affirmations positives de manière à réactualiser les événements futurs.

L'avant-temps ou avant-big bang est tout autour de nous puisque nous puisons dans ce champ intemporel pour nourrir notre vie. Remonter le temps n'est finalement pas si compliqué dans la mesure où nous vivons des ré-actualisations permanentes. Nous pouvons intégrer en soi la paix et la joie permanente en cultivant l'amour, des intentions positives, l'acte de lâcher-prise et la gratitude envers l'univers tout entier.

En quelque sorte, c'est comme si nous vivions plusieurs vies où nous remodelons notre destinée humaine. L'espace-temps est relié au monde

---

[121] Livre « Le double, comment ça marche ? », de Jean-Pierre Garnier Malet;
Publication par referrees : J.P. Garnier-Malet, 2006, *The Doubling Theory Corrects the Titius-Bode Law and Defines the Fine Structure Constant in the Solar System.* Computing Anticipatory Systems, AIP (American Institute of Physics) New-York, Vol 839, pp. 236-249.

super-lumineux par ce flux stroboscopique.

Les champs d'Emile Pinel nous démontrent par ailleurs que le temps est inexistant au cœur de l'adn, dans le noyau cellulaire. Ses équations démontrent en outre que la mort n'existe pas et n'est que la transition d'un mode physique à un mode informationnel, un champ de mémoire.

Masaru Emoto nous prouve quant à lui que la pensée est réellement créatrice.
Les expériences de Chaldni et du Dr Hans Jenny nous offrent une vision tout à fait claire de l'impact des fréquences sur la matière et de facto sur le corps-esprit : la conscience à l'instar de la matière réagit aux vibrations de sorte que toute élévation de fréquence induit une mutation radicale de la structure, laquelle adopte des formes géométriques de plus en plus élaborées.
Sur quel mode vibrez-vous ?

Chaque etre vivant possède sa propre signature énergétique. Cette dernière rentre en résonance avec d'autres signatures énergétiques et attirent à elles les énergies qui leur correspondent. C'est sans doute la raison pour laquelle certains vivent un enfer et d'autres voient l'amour en toute chose. Ensemble, nous formons une fréquence, associée à celle de la Terre (résonance Terre-ionosphère appelée Résonance de Schumann).
Le réseau énergétique terrestre qu'évoquait la cosmonaute Marina Popovitch est assombri par les nombreux conflits et émotions négatives.
La géométrie sacrée nous montre que la Terre est parcourue de centres énergétiques de haute fréquence tels les sites de Stonehenge, de Guizeh, les sites Mayas, ou les sites présentant des édifices particuliers comme les pyramides, menhirs et dolmens, pétroglyphes, etc. Ces sites ont été répertoriés par des personnes capables de voir ces énergies circuler et converger vers des points précis géographiques. Ce n'est pas du fantasme, c'est une réalité que beaucoup devront accepter pour apporter à la Terre et aux hommes l'unité qui lui fait encore défaut. Le documentaire exceptionnel, « La révélation des pyramides » achèvera de vous convaincre.
Ce que vous pensez, faites et projetez entre en résonance avec l'information universelle, ce qui a pour conséquence d'induire des événements futurs en réponse à vos desiderata.
Toutes les expériences décrites dans cet ouvrage convergent vers ce constat.

Il est temps pour notre humanité et pour la Terre de voir avec d'autres yeux et d'entendre avec d'autres oreilles... Il est temps de laisser le canal de la conscience inonder de lumière et d'amour le cœur des hommes et de mettre de coté les affres de l'angoisse provoqués par la peur de l'abandon. Vous êtes des Dieux en ce sens que vous êtes d'essence divine. Il vous appartient, maintenant, de franchir le pas vers la pacification de votre être et l'acceptation de « vous m'aimes ».

Le flux et le reflux :
Le processus d'envoi et de renvoi de l'information-lumière est comme le sang dans les veines ou le souffle vital... Le mouvement de flux et de reflux

est présent en tout, depuis les marées de l'océan aux effets de marée du champ gravitationnel des astres... Le mouvement des ondes reflète ce processus ondulatoire..

Cela permet aux éléments d'être irrigués et de s'ajuster, qu'il s'agisse du corps humain, des corps stellaires, ou de l'information universelle. Le sachant, vous pouvez voir des applications utiles dans votre vie.

La source de l'information universelle, qui n'est que le reflet d'une conscience supérieure aimante, pulse ce flux tel un battement de cœur, renvoyant sa lumière-pensante à tous ce qu'elle a engendré comme extension d'elle même. Son corps n'a pas de dimensions précises. Il est l'espace dimensionnel physique pour toucher et les organes sensoriels, mais il est pure conscience dans l'espace spirituel. Il est un TOUT. Nous sommes en lui comme lui est en nous. Il est l'alpha et l'oméga, le début et la fin, ainsi que « l'encours » dans notre espace de relativité générale.

Comme nous l'avons vu, le besoin d'expression des univers est donc fondé sur le comparatif entre deux modèles. Si le modèle B présente des améliorations par rapport au A c'est qu'il est plus riche en information...

Dans le cas du pluri-univers dont nous parlons, il s'agit d'Énergie qui est remodelée, reconfigurée, mais jamais perdue. L'énergie ne se perd jamais. Le modèle le plus performant l'emporte sur le précédent. L'ancien ne disparaît pas pour autant. C'est pourquoi nous évoluons en permanence, y compris dans cette vie-ci !

Pour vous donner une image simple, prenez le cycle de l'eau : les nuages déversent de la pluie qui va gonfler les rivières, les mers et océans qui à leur tour vont en évaporer une partie sous forme de nuages. A la fin, ces derniers vont à nouveau déverser de la pluie. Un cycle perpétuel...

Un grand corps Cosmique en évolution :

L'univers avec ses multiples dimensions naît, vit et meurt comme tout corps biologique.

Il hérite d'un programme de base, d'un bio-rythme (cycles biologiques et cosmiques), d'une conscience, d'un ADN au cœur de cellules et d'organes sensoriels.

Il ne s'agit pas là d'une vision totalement anthropocentrique, mais l'analogie demeure en dépit des apparences.

L'unité que certains d'entre nous ont pu ressentir totalement lors d'un état de méditation profonde, de NDE ou suite à tout autre phénomène particulier, nous enseigne qu'il n'y a pas de différence entre soi et ses semblables.

L'illusion de la séparation et de l'individualité stricte provient du mental qui dissèque, étiquette et sépare ce qui n'a jamais été séparé du point de vue de l'énergie et de l'essence spirituelle. Nous partageons une même énergie bio-disponible, que Nicolas Tesla a par exemple réussi à canaliser pour fabriquer son moteur à énergie libre.

Le monde spirituel n'est autre que celui de la non-matière, de l'énergie et de la conscience eidétique.

C'est pourquoi nous courons après de nombreuses illusions dans notre vie, en pensant trouver un bonheur dans les biens matériels notamment, ce qui n'a jamais été plus éloigné du véritable accomplissement car le bonheur réside à l'intérieur de soi et non à l'extérieur de soi. C'est comme un coffre au trésor caché en soi. Cela ne veut pas dire qu'il faut exclure l'argent et le bien être matériel, mais ne pas en faire un outil de dévotion ou d'accomplissement de soi.

Quand notre égo se tait, la pleine conscience de l'être peut enfin se déployer dans ce qui n'a jamais été séparé. Cette prise de conscience amène ceux qui y sont parvenus à voir avec les yeux de l'amour, y compris lorsque la violence et le chaos règnent.

Voici un extrait d'une interview de Saï Baba, un homme sage des temps modernes décédé depuis peu :

« J'ai déjà dit ceci dans les messages précédents, chacun choisit dans quelle direction il concentre sa vision, et ceux qui voient seulement l'obscurité sont concentrés sur les choses dramatiques, la douleur et l'injustice. Si vous ne voyez pas le progrès spirituel de l'humanité c'est parce que vous n'êtes pas concentré sur lui. Mais si vous effectuez du bon travail et libérez votre esprit du négatif cela vous ouvrira un espace où vous pourrez manifester votre essence Divine et vous verrez vraiment ce qui se produit avec l'humanité et la planète. L'humanité élève sa conscience plus que jamais auparavant.

(…) C'est pourquoi maintenant je sens l'Amour pour tout. L'obscurité n'est pas une force contraire à la lumière, c'est l'absence de lumière. Vous ne pouvez pas contaminer la lumière avec l'obscurité, ce n'est pas ainsi que la lumière fonctionne. La crainte, le drame, l'injustice, la haine et la tristesse existent seulement dans les états d'obscurité, parce que vous ne voyez pas le contexte global dans lequel votre vie se développe et la seule manière de voir la lumière c'est d'avoir la foi. Une fois que vous avez augmenté votre vibration et la fréquence (état de conscience) vous pouvez voir en direction de l'obscurité et comprendre ce que vous avez vécu.

Q : Mais, comment pouvez vous dire ceci quand on voit tout le mal dans le monde actuel ?

Baba : Il n'y a pas plus de mal. Il y a en fait plus de lumière et c'est ce dont je parle dans ce message. Imaginez que vous avez une salle ou un entrepôt où pendant des années vous avez stocké des choses et que la pièce est éclairée avec une ampoule de 40 W. Changez l'ampoule par une 100 W et vous verrez ce qui se produit. Vous verrez le désordre et la poussière que vous ne soupçonniez même pas. La saleté sera plus visible. C'est ce qui se produit et rend possible que beaucoup de personnes en prennent conscience. »

La durée de l'expérience a moins de valeur que l'expérience elle même car une fraction de seconde vécue nous apprend mieux que mille mots. Il est plus important donc de vivre intensément chaque seconde car au final, c'est le plus grand des cadeaux que l'on puisse se faire : sa densité d'information alliée à la force de l'émotionnel, des sentiments et leçons de vie en fait l'outil le plus magique, le plus performant, pour avancer en conscience.

De la même façon, cela signifie que l'âme cosmique est appelée elle aussi à atteindre un degré de réalisation toujours supérieur. L'etre éveillé n'a pas d'image de lui même, il est conscient en toute chose et sa joie n'a d'égal que sa paix. Créer devient alors l'expression de la poésie de la vie et la glorification de ce qui est.

Tout est là, en soi. Le secret n'est pas bien compliqué, bien que le chemin nous semble tortueux.

Contrairement à ce qu'on pourrait penser, je ne pense pas que l'âme soit imparfaite – c'est ici une conception d'hommes dominés par la peur et qui ont séparé Dieu (la conscience universelle) de la conscience humaine.
Le bonheur est l'expression divine la plus authentique. Quand vous êtes heureux, vous êtes en accord avec vous-même, et de ce fait, vous aimez la vie, vous vous aimez, et vous produisez de belles choses. En dépit des nombreuses souffrances que l'homme doit expérimenter sur Terre, il n'en demeure pas moins que son âme demeure parfaite et qu'il apprend de lui même et de la vie.
Certaines épreuves difficiles ont sans doute pour visée de combler quelque chose que l'âme n'avait pas encore acquis. Une fois la qualité acquise, l'âme sait, et connaît. Tel le bébé devant faire son apprentissage, ainsi les écueils, les drames, les échecs ne sont que des essais de l'âme humaine en train de mettre en pratique ce qu'elle savait en tant qu'âme mais qu'elle doit maîtriser.
La différence entre la théorie et la pratique, est que la théorie ne fait pas d'un homme un bon chanteur ou un bon mécanicien. Sa conscience *s'expand* au fur et à mesure de ses expériences de vie, en la conduisant sur le sentier de l'amour inconditionnel. Nombreux sont ceux qui trébuchent car cela fait partie du jeu interactif de la vie. Nul ne peut exiger d'un enfant qu'il agisse tel un adulte accompli.

Dans ce cheminement de pensée, l'expansion de l'univers pourrait être le reflet de l'expansion d'une conscience universelle au travers de ses propres expériences de vie...
Grâce à l'ensemble de nos contributions, nous participerions à enrichir le tissus neuronal universel.
N'est-ce pas là une perspective réjouissante ?

Je voudrais ici vous retranscrire un autre extrait d'un dialogue entre le docteur Michael Newton, hypnothérapeute spécialisé dans les vies antérieures, et une patiente. Il y est question de **Dieu**.

S : « La source ne créée que pour son contentement.

Dr N. : (…) Comment ce qui est absolu peut-il devenir encore plus absolu à moins d'un manque ? »

S : Ce que nous cherchons à être.. notre source... est tout ce que nous pouvons connaître, et nous croyons que ce que le créateur désire est de s'exprimer lui-même à travers nous en... naissant.

Dr N. : Et croyez-vous que la source est rendue plus forte par l'existence des âmes ?

S : Je vois la perfection du Créateur.. maintenue et enrichie... par le partage des perfections possibles avec nous et cela constitue l'ultime extension de lui-même.

Dr N : Ainsi, la Source commence par créer délibérément des âmes imparfaites et des formes de vie imparfaites pour ces mêmes âmes et observe ce qui se produit afin de pouvoir se prolonger elle-même ?

S : Oui, et nous devons avoir foi en cette décision et nous fier au processus qui consiste à retourner à l'origine de la vie. Il faut avoir faim pour apprécier la nourriture, avoir froid pour comprendre combien la chaleur est une bénédiction, et être un enfant pour comprendre la valeur d'un parent. La transformation nous donne une raison d'être.

Dr N. : Si nous, âmes, n'expérimentaient pas la vie physique, connaîtrions-nous les choses dont vous me parlez ?

S : Ce serait comme si l'on demandait à votre énergie spirituelle de jouer des gammes au piano avec une seule note. Nous saurions qu'elles existent, mais nous n'en connaîtrions rien.

Dr N. : Croyez-vous que si la Source ne créait pas d'âmes pour se nourrir et croître, son énergie sublime se rétrécirait parce qu'elle ne pourrait s'exprimer ?

S : (soupirs) Peut-être que c'est là sa raison d'être.

La vie est un théâtre avec beaucoup de décors pour les acteurs de la pièce de la Vie. Si vous étiez un spectateur, vous vous amuseriez de cette histoire ; en tant qu'acteur vous chercheriez à incarner au mieux le personnage ; et en tant que scénariste, vous verriez l'accomplissement de votre pièce avec fierté et œil critique.
Rien n'est faux, rien n'est vrai.

Prenons un faisceau de lumière concentré en un point ; ce faisceau ne serait projeté nulle part. Il existerait, simplement. En se projetant sur un prisme, il pourrait contempler son reflet (non sa nature) et engendrer une réalité à facettes afin de se mirer sous tous les angles. Chaque angle serait l'un de ses reflets et chaque reflet contiendrait la totalité de sa lumière et de ses propriétés. Mais l'intérêt est que chaque facette lui donne l'exact détail d'une de ses couleurs sachant que cette couleur contiendrait à son tour de nombreuses autre nuances.
Prenez le spectre de la lumière : il contient la lumière visible, les infra-rouge, les ultra-violets qui synthétisent la vitamine D dans le corps humain, les micro-ondes (nocives pour le corps, mais utiles pour les transmissions par satellite, le WIFI...), les ondes radio qui naviguent dans l'espace, etc.
Si cette lumière demeurait concentrée en un point, elle n'aurait pas accès à la connaissance/information la concernant, et bien que cette source soit une fabuleuse source d'énergie, elle ne servirait à rien. Or, si elle ne sert à rien, son existence serait réduite à un paradoxe : elle existerait sans exister pour qui que ce soit. Si une telle lumière existait, elle serait vacuité.

Allégorie de l'immeuble sans ascenseur ni escaliers :

Imaginez que vous avez grandi et vécu toute votre vie au cinquième étage d'un immense building dépourvu d'ascenseur et d'escaliers... Il vous semblerait que seul votre pallier existe.

Les autres étages ne vous seraient pas accessibles car il n'y aurait pas voie de communication entre les paliers dont vous ignoreriez d'ailleurs l'existence.

Et pourtant, pour un observateur situé à l'extérieur, par exemple dans une rue, il serait évident que des personnes vivent dans les étages inférieurs et supérieurs. Mais vous, locataire de l'appartement 11 au 5e étage, pensez ne cohabiter qu'avec vos seuls voisins de pallier. Aucun ne sait qu'il y a des gens vivant au dessus et en dessous de cet étage-ci... Pourtant, certains entendent parfois des bruits venant comme d'en haut sans en comprendre la signification.

Pour la personne qui a eu l'idée de se pencher à la fenêtre aura une vision très différente de ce qu'elle pensait. Quant à celle qui aura bâti un balcon depuis son appartement, sa stupéfaction sera grande : elle réalisera qu'il existe de multiples niveaux sans parvenir à voir ni les fondements ni le sommet de l'édifice. Cette personne dira aux autres ce qu'elle a vu depuis son balcon mais les autres ne la croiront pas, sauf s'ils construisent à leur tour, leur propre balcon ou qu'ils se penchent à leur fenêtre.

Alors il verront des choses insoupçonnées jusque là. Et chacun aura un angle de perception du bâtiment différent et chacun émettra son idée, quitte à ce que cela en devienne une croyance.

L'esprit fonctionne ainsi... Il focalise sa conscience sur ce qu'il voit et comprend.

Mais vous, penserez-vous à vous pencher au dedans de vous même ?

La loi de l'UN :

« Et de même que tout vint de l'un, par la médiation d'un seul, de même tout ce qui est né vint de cette réalité unique, par adaptation. »

L'immanence, la présence dans l'homme de toute possibilité est un autre principe fondamental de l'hermétisme : « *Tu es Tout... Tout est en toi.* »
Ce principe trouve sa correspondance dans les premières phrases de la Table d'Émeraude : « *Ce qui est en haut, est comme ce qui est en bas. Ce qui est en bas est comme ce qui est en haut.* »

Tout ce que possède le macrocosme, l'homme le possède aussi. Ceci correspond à la *supersymétrie* dont nous avons vu un bref extrait dans le chapitre trois, sur l'architecture du vivant et de la matière : des modèles de base universels.

Le champ d'information infuse les patrons de formes à venir - un champ de potentialités qui peut s'inscrire dans l'optique d'une succession d'univers : l'information issue de chaque univers est mémorisée sous forme d'une matrice informationnelle statique qui ne subit pas de ré actualisation, sous peine de perdre le modèle initial.

L'entropie étant nulle au sein du méta-monde superlumineux, l'ordre y règne et le rapport signal-bruit dans la propagation de l'information est infini. *Cela signifie que l'information peut se propager instantanément sans limitation de distance puisque la vitesse de la lumière en son sein est illimitée, infinie.*

Cela tend à valider les témoignages des personnes ayant vécu une NDE et qui disent pouvoir se déplacer instantanément là où leur pensée se fixe, quelque soit la distance mais aussi être capable de recevoir l'information dont ils ont besoin, à peine formulée.

Le téléchargement des connaissances dans l'au delà se fait instantanément. D'ailleurs la perception de temps y est absente. Pour eux, les jours défilent comme si c'étaient des minutes. Dès leur décorporation, ils accèdent à un champ de conscience très étendu, qu'ils oublient en grande partie une fois revenu dans leur corps. Ce serait dans cette copie de la matrice originelle que les âmes retourneraient une fois leur vie sur Terre achevée. La matrice statique ne subirait quant à elle aucune interaction.

La graine, l'avant graine, la terre et l'arbre :

La graine a besoin d'un terreau pour grandir et devenir l'arbre de la connaissance, l'arbre de la vie.

Avant de devenir arbre, la graine était information, et elle était malheureuse car son germe était comme figé en l'état... L'avant-graine portait déjà en elle toute la structure de la graine...

La graine est l'état de l'Univers à son stade embryonnaire.

L'eau de la Source irrigue la graine... Ce sont les canaux d'énergie qui traversent l'univers, sous toutes ses formes. L'arbre est bien sûr l'Univers devenu espace-temps-matière hébergeant la vie...

Tout comme le soleil est notre source principale d'énergie sur Terre, ainsi la Lumière de la Source est la conscience qui veille, qui ordonne et organise les potentialités.. Cette lumière aimante est aussi l'information car sans information la Source serait comme privée d'eau. Son essence est donc l'amour qui abreuve les hommes, les plantes, les animaux et tout ce qui existe en leur apportant chaleur, courage, joie, foi et paix.

Les membranes des dimensions échangent de l'information sous les traits de la lumière pensante et aimante qui n'aveugle pas car elle n'est pas dotée de masse, mais aussi d'une force vibratoire.

L'horizon du ciel n'existerait pas sans celui de la Terre. La délimitation nous rappelle seulement à la réunification. L'arbre est un UNI-VERS : le champs unifié de la vie.

L'information intelligente, consciente, aimante est la lumière de la vie... Cette lumière est le LOGOS dans sa voie dynamique. Elle provient de la matrice *impliée* inaccessible qui se reflète dans le miroir de sa propre lumière. La lumière de la matrice statique est comme un point lumineux concentrant l'image d'un paysage.

Les lois qui régissent notre réalité proviennent de **"l'agent producteur"** (la source) pour reprendre l'expression d'un ami panthéiste, c'est à dire que la Nature est réellement le double d'un autre monde. Son reflet dans le miroir...

Le sommeil de l'ignorance fait oublier la source qui est en soi.

Pour moi, l'information est comme un pont entre deux réalités, même si le mot Information n'est pas tout à fait celui que j'aurais voulu employer.

Peut-être devrions-nous nous tourner vers l'Intérieur, vers notre propre conscience, pour avoir accès à une plus grande perception des autres réalités... J'appellerais cela, l'Involution, contrairement à l'Évolution : ce regard tourné vers l'extérieur.

On croit généralement que les solutions à nos problèmes sont à l'extérieur de soi, alors que c'est strictement l'inverse. *L'Involution* opposé au sens d'Evolution, est l'inflexion de la lumière intérieure sur soi même, sur son âme/conscience. En projetant son regard vers sa propre lumière, les solutions se présentent spontanément, car il s'agit véritablement d'un retour aux sources. Là les idées viennent, les éclaircissements et la paix s'installent. Tout préexiste en soi. Lorsque l'homme cherche en dehors de soi les solutions à ses problèmes, il nie son propre pouvoir, sa capacité à chercher en lui ce qui lui fait actuellement défaut.

Les problèmes naissent de la dissociation entre le Soi et la source. D'où le sentiment de solitude, la peur et la difficulté d'adaptation. **L'Involution** est l'induction par laquelle l'Information dynamique qui provient de la source peut se manifester.

Aussi c'est dans l'intériorité de l'âme et de l'être dans son aspect holistique que l'induction prend vie et forme. Cela se vérifie seulement en étant acteur de sa vie : "Si l'existence poétique est effectivement l'expérience intérieure (de re-naître), elle n'est cependant pas une évasion mais une **INVASION**.", dixit mon ami Claude, peintre, sculpteur et poète.

Tout se passe en soi, car ce qui est en soi est aussi autour de soi, au delà de soi. Ce qui est au delà est le miroir de ce qui se passe en soi. La fusion et l'Infusion ne peuvent avoir lieu si les racines ne sont que superficielles. L'arbre résiste aux tempêtes car il plonge profondément ses racines dans le terreau nourricier.

Je terminerai en disant que l'Involution est comme retourner aux racines de la vie pour y redécouvrir la raison de celle-ci, pour dessiller la place de l'être dans le grand corps cosmique. La source est en soi, elle se reflète en soi. La supersymétrie préside ainsi à toute création.

La fusion a lieu dès lors que l'arbre prend conscience de ses racines terrestres et célestes... L'univers n'est pas différent de vous, de nous.

Puissiez-vous prendre ainsi conscience du lien qui vous unit aux autres et à l'univers de toute éternité et à jamais. Puissiez-vous réaliser que vous êtes immortel, indestructible et parfait. Puissiez-vous émaner de l'amour, car cet amour rayonnera autour de vous tel un flambeau en illuminant votre conscience, faisant de vous un porteur de lumière de Vie et d'Amour. Vous n'avez jamais été désuni, seul et abandonné.

Vous naissez, vivez et renaissez perpétuellement, ici et maintenant, en conscience.

En ce 21 décembre 2012, jour où j'achève ce livre (hasard?), j'ai une pensée pour ce moment unique, celui de la fin d'un cycle cosmique annonçant l'aurore d'un nouveau jour, qui, je l'espère, verra poindre le germe d'une nouvelle graine, celle de l'amour dans le cœur des hommes, et la fin de peur, source de souffrances...

Je suis heureuse de faire coïncider, tel un cadeau de l'univers, le terme de cet ouvrage avec le début de cette nouvelle ère. Puisse ce livre vous aider dans cette transition.

Avec amour...

Du même auteur :

– *Mer d'étoiles*, roman d'aventure, 2008-2009,
disponible sur : http://www.lulu.com/spotlight/buzin

– *Milcah*, roman d'aventure basé sur une
légende biblique, 2009
disponible sur : http://www.lulu.com/spotlight/buzin

– *L'astre froid du carré*, Roman de Science fiction basé
sur un dossier de l'ufologie, 2009-2010
disponible sur : http://www.lulu.com/spotlight/buzin

Blogs : iumma.net
IUMMA sur www.ubest1.com

www.ingramcontent.com/pod-product-compliance
Lightning Source LLC
Chambersburg PA
CBHW081108170526
45165CB00008B/2372